Konstantin Agouros

Software Defined Networking

Weitere empfehlenswerte Titel

SIP und Telekommunikationsnetze, 5. Auflage
U. Trick, F. Weber, 2015
ISBN 978-3-486-77853-3, e-ISBN 978-3-486-85922-5,
e-ISBN (EPUB) 978-3-11-039911-0, Set-ISBN 978-3-486-85923-2

IT-Sicherheit, 9. Auflage
Claudia Eckert, 2014
ISBN 978-3-486-77848-9, e-ISBN 978-3-486-85916-4,
e-ISBN (EPUB) 978-3-11-039910-3

Information Governance
D. Burgwinkel (Hrsg.), 2016
ISBN 978-3-11-044369-1, e-ISBN 978-3-11-044526-8,
e-ISBN (EPUB) 978-3-11-043623-5, Set-ISBN 978-3-11-044527-5

Innovationsfähigkeit technologieorientierter Netzwerke
D. Knödel, 2013
ISBN 978-3-486-77133-6, e-ISBN 978-3-486-78147-2

Konstantin Agouros

Software Defined Networking

SDN-Praxis mit Controllern und OpenFlow®

DE GRUYTER
OLDENBOURG

Autor
Dipl-Inf. Konstantin Agouros
Altersheimerstr. 1
81545 München
elwood@agouros.de

OpenFlow® ist ein eingetragenes Warenzeichen der Open Networking Foundation. Für eine bessere Verständlichkeit des Textes wird das Wort OpenFlow im gesamten Buch ohne das Symbol ® verwendet.

ISBN 978-3-11-044984-6
e-ISBN (PDF) 978-3-11-045187-0
e-ISBN (EPUB) 978-3-11-044985-3
Set-ISBN 978-3-11-045188-7

Library of Congress Cataloging-in-Publication Data
A CIP catalog record for this book has been applied for at the Library of Congress.

Bibliografische Information der Deutschen Nationalbibliothek
Die Deutsche Nationalbibliothek verzeichnet diese Publikation in der Deutschen Nationalbibliografie; detaillierte bibliografische Daten sind im Internet über http://dnb.dnb.de abrufbar.

Umschlaggestaltung: Godruma/iStock/thinkstock
Satz: PTP-Berlin, Protago-TEX-Production GmbH, Berlin
Druck und Bindung: CPI books GmbH, Leck
♾ Gedruckt auf säurefreiem Papier
Printed in Germany

www.degruyter.com

Ich danke meiner Familie für die Zeit, die in diesem Buch steckt und meinen Kollegen bei der Xantaro Deutschland GmbH für die fruchtbaren Diskussionen.

Inhalt

Abbildungsverzeichnis

Vorwort

„Software Defined Networking“ ist eines der Themen, über das viele schreiben, aber unter dem sehr viele Autoren sehr viele verschiedene Dinge verstehen.

Dabei fällt dem Leser auf, dass die meisten Texte entweder sehr abstrakt sind, viele enthalten Netzwerkgrafiken und manche beschreiben Paketflüsse, aber selten findet sich im Dokument etwas Konkretes, mit dem der Leser sich hinsetzen und loslegen kann.

Die Grundidee der Technik, dass die Computernetzwerke, die unser Leben mittlerweile so sehr beeinflussen, nicht mehr starren Regeln und Konfigurationen folgen, sondern statt dessen programmierbar sein sollen, ist ein Paradigmenwechsel, der viele IT- und Netzwerkabteilungen bei konsequenter Umsetzung erschüttern wird. Technikern eine Technologie nur in Schemazeichnungen näherbringen zu wollen, funktioniert nicht. Erst, wenn der Netzwerkingeneur mit einer neuen Technologie praktisch experimentieren kann und dabei am besten versucht, echte Probleme zu lösen, entsteht ein Gefühl für die neue Technik und sie findet Einzug in den normalen Betrieb.

Das Ziel des Autors ist es, dem Leser das Wissen zu vermitteln, das ausreicht, sich hinzusetzen und loszulegen. Da dies ein SDN-Buch ist, gibt es selbstverständlich ein Kapitel, das einen Überblick über die Theorie und die verschiedenen unter dem Begriff SDN laufenden Technologien bietet. Leser die sich hier schon auskennen sind eingeladen, diese Kapitel zu überspringen oder zu überfliegen.

Der Fokus des Buches liegt dabei im OpenFlow-Umfeld, welches momentan die größte Flexibilität und Programmierbarkeit des Netzwerkes bietet. Außerdem stehen mit Open vSwitch als Software Switch und FloodLight sowie OpenDaylight als Controller frei verfügbare Werkzeuge zur Verfügung, mit denen der Leser gleich loslegen kann.

DOI 10.1515/9783110451870-001

1 SDN-Theorie

Software Defined Networking (SDN) beschreibt in der klassischen Definition einen Ansatz zur Verwaltung von Compuernetzwerken, bei der die Kontrolle und Konfiguration aller Netzwerkkomponenten von einer zentralen Stelle im Netz aus geschieht. Das führt dazu, dass eine Änderung die das ganze Netz betrifft nur noch auf diesem einen sogenannten Controller geschieht. Der Controller verteilt diese Änderung dann auf alle betroffenen und angeschlossenen Komponenten.

Es gibt aber auch weniger strikte Ansätze, die unter dem Oberbegriff SDN laufen. Dies reicht von einem zentralen Stück Software, welches Konfigurationen entgegennimmt und diese dann an die relevanten Geräte über deren Kommandozeilen- oder API-Schnittstellen verteilt, bis zur kreativen Nutzung bestehender Protokolle um den Fluss der Daten im Netz zu beeinflussen, sodass der Netzwerkadministrator dies steuern kann, **ohne** sich auf allen beteiligten Komponenten anmelden zu müssen. Manche Herstellerbroschüren nennen jede Einflussnahme außerhalb einer klassischen Routing-Tabelle schon SDN, damit auch sie etwas im eigenen Portfolio zum Begriff haben. Dieses Kapitel wird einige dieser Technologien beleuchten. Da der Fokus des Buches auf OpenFlow liegt, werden die Technologien nur kurz behandelt, obwohl einige von ihnen mit Recht eigene Bücher füllen.

1.1 Netzwerk Abstrakt

Um die Definition von SDN im Kopf anzuwenden, müssen die klassischen Netzwerker sich erst einmal vom altgedienten Modell der Protokollschichten verabschieden. Im Speziellen der Unterschied zwischen Switching und Routing wird aufgeweicht. Alle Informationen, die in einem Datenpaket stehen und die normalerweise den ISO-Protokollschichten zugeordnet werden, können beeinflussen, was mit dem Paket in einem Netzwerkgerät geschieht.

Ein Netzwerkgerät dient als Verteiler im Computernetzwerk, indem es dafür sorgt, dass Pakete das richtige Ziel erreichen. In der „guten alten Zeit“ gab es Router, die verschiedene IP-Netze trennten und Hubs (später Switches), die Geräte im gleichen Netz miteinander verbinden. Ein Netzwerkgerät ist vereinfacht gesagt ein Gerät, welches mehrere Anschlüsse hat über die Pakete hineinlaufen, und dann aufgrund von Regeln (basierend auf den Adressen in den Paketen) auf einem oder mehreren Anschlüssen wieder hinausschickt. Die Entscheidung darüber auf welchem Port ein Paket herausgeht geschieht bei klassischen Geräten aufgrund einer Tabelle. Bei Routern ist dies die Tabelle der IP-Routen auf dem System und das Paket wird aufgrund der Ziel-IP-Adresse hinausgeschickt. Bei Switchen geschieht dies aufgrund der MAC-Adressen. Weiß der Switch noch nicht, wo das Ziel liegt, wird das Paket auf allen Anschlüssen hinausgeschickt. Ist bereits ein Paket mit der Quell-Mac-Adresse in den Switch gelau-

DOI 10.1515/9783110451870-002

fen, so hat sich der Switch den Port gemerkt und schickt Pakete, bei denen dies die Ziel-Adresse ist, über diesen Port hinaus.

Im SDN-Fall vergibt entweder ein Controller die Regeln, oder das Netzwerkgerät fragt bei einer neuen Verbindung den Controller der dann auch über komplexere Logiken eine Entscheidung über die Weiterleitung des Paketes trifft und diese dem Gerät mitteilt. Dies ermöglicht im Gegensatz zum klassischen Ansatz, wesentlich flexiblere Entscheidungen über die Weiterleitung der Pakete zu treffen. Ein lokales Gerät kann die Entscheidung nur aufgrund der Informationen im Paket (Quell- und Ziel-Adressen, Portnummern etc.) und der lokalen (Routing)-Tabelle treffen. Diese kann auch extern durch Routing-Protokolle beeinflusst sein. Auch unmittelbar das Gerät betreffende Informationen über z.B. den Zustand direkt angeschlossener Kabel können berücksichtigt werden. Externe Controller verfügen aber über Informationen über mehr Komponenten im Netz. Daher kennen sie z.B. die Auslastung über mehrere Komponenten hinweg. Ein einzelnes Gerät kennt zwar die Auslastung auf seinen eigenen Verbindungen, wenn aber die Entscheidung über das Weiterleiten zu einem Engpass auf dem übernächsten Gerät führt, so kann das lokale Gerät dies nicht wissen.

Es gibt eine Reihe von Ansätzen, von außen in die Verkehrsflüsse einzugreifen. Neben OpenFlow als Kommunikationsprotokoll und der damit verbundenen Architektur hat die Forschung einige andere Ansätze hervorgebracht, die in diesem Kapitel erläutert werden.

Die Entscheidungsmöglichkeiten, aufgrund derer ein Switch oder Router die Weiterleitung eines Paketes festlegt, sind komplexer geworden. ‚Am Anfang‘ war ausschließlich die Ziel-Adresse das Kriterium. Dem OSI-Schichtenmodell folgend, betrachteten Switches dabei nur die Layer-2-Adresse und Router die Layer-3- also die IP-Adresse. Der Switch fragt bei einem ungeklärten Ziel erst auf allen Ports nach und merkt sich dann, hinter welchem Port sich die Ziel-Adresse befindet, der Router schaut in seine (anfangs statische) Routing-Tabelle[1]. Informationen aus den höheren Protokollschichten wurden nicht benutzt. Mit dem Wachsen der Netze (sowohl eine immer größere Menge an Teilnehmern als auch viel viel viel mehr Daten) reichte dieser statische Ansatz aber nicht mehr aus. Die erste Dynamik ergab sich durch Routing-Protokolle, mit denen die Router die Informationen über die Erreichbarkeit einzelner Netze austauschen konnten. So können Router lernen, hinter welchem Gateway welche Netze erreichbar sind, aber dies führt nur dazu, dass die anfangs statische Routing-Tabelle dynamisch gepflegt wird. Dabei haben die Routing-Protokolle schon die Fähigkeit, mehrere Wege zum gleichen Ziel mit unterschiedlichen Prioritäten etwa aufgrund der Pfadlänge (wieviele Router liegen auf dem Weg, je weniger desto besser)

1 Der RFC für das IP-Protokoll beinhaltet schon das sogenannte Source-Routing, in dem der Sender eines Paketes einen Pfad vorgeben kann. Da dies aber auch zu massiven Sicherheitsproblemen führen kann, wird dies in der Praxis meist unterbunden.

oder auch aufgrund manuell gepflegter Gewichte (die Benutzung mancher Pfade kann für den Betreiber teurer sein) einzutragen. Fällt ein Pfad durch den Ausfall des Gateways weg, so wird der nächste verwendet.

Der Zugriff auf Informationen aus den höheren Protokollschichten zur Entscheidungsfindung ermöglicht es dem Administrator, den Verkehr wesentlich flexibler zu steuern. Bei Routern geschieht dies in der Regel dadurch, dass mehrere Routing-Tabellen gepflegt werden, und dann über Filter (die eher aus der Firewall-Konfiguration kommen) bestimmt wird, dass, wenn ein Paket einer bestimmten Menge von Bedingungen entspricht (z.B. Zielport 80 und Ziel-Adresse aus dem Webserver Netz), es nach der Routing-Tabelle für Webzugriffe weitergeleitet wird. Der Bezeichnung dieses Verhaltens ist meistens „Policy Routing". Linux verwendet das Kommando `ip rule add` um eine Regel hinzufügen. Für Regeln die nur nach Quell- oder Ziel-Adresse arbeiten sollen, benutzt das Kommando die Optionen `from` und `to`. Eine Regel, die zum Beispiel den Verkehr von der IP-Adresse 1.2.3.4 anders leitet als den Rest, sieht folgendermaßen aus:

```
ip rule from 1.2.3.4 lookup 1
```

Neben IP-Adressen sind noch IP Type of Service Felder auf dieser Ebene möglich. Um komplexere Konstruktionen zu benutzen, verwendet der Admin dann Linux Firewall-Regeln, die in der `mangle`-Tabelle des Kernels stehen. Um nur Web-Traffic auf Port 80 umzuleiten, sind mehrere Kommandos notwendig. Die Firewall-Regeln setzen auf die betroffenen Pakete eine Markierung, die dann von `ip rule` verwendet wird, um die Routing-Entscheidung zu treffen.

```
iptables -t mangle -A PREROUTING -p tcp --dport 80 -m conntrack
--ctstate NEW -j CONNMARK --set-xmark 0x20/0xffffffff

iptables -t mangle -A PREROUTING -j CONNMARK --restore-mark
--nfmask 0xffffffff --ctmask 0xffffffff
```

Die erste Regel markiert Pakete, die zu Verbindungen auf Port 80 gehören. Die zweite Zeile sorgt dafür, dass alle Pakete ihre normale Markierung auf den Wert der Verbindungsmarkierung gesetzt bekommen. Dies benutzt dann `ip rule`, um das Routing umzuleiten. `ip rule add from all fwmark 0x10 lookup 1` leitet die betroffenen Pakete gemäß den Einträgen in Tabelle 1 weiter.

Listing 1.1 setzt die gleiche Funktionalität auf Junos-Geräten um. Die Logik des Firewall-Filters wird genauso für Firewall-Regeln eingesetzt, sodass dies sehr analog der Logik bei Linux ist. Innerhalb der definierten Routing-Instanz kann der Admin dann wie in der Routing-Tabelle bei Linux andere Routen setzen.

Listing 1.1: Policyrouting bei Junos.

```
firewall {
    filter webtraffic {
        term web {
            from {
                destination-port [ http https ];
            }
            then {
                routing-instance webrouting;
            }
        }
    }
}

routing-instances {
    webrouting {
        instance-type virtual-router;
        interface xe-0/1/0.0;
    }
}
```

Diese Beispiele zeigen eine höhere Flexibilität in der Entscheidung des Gerätes, wie der Verkehr weitergeleitet wird, trotzdem muss der Admin die Konfigurationsänderungen, die dies bewirken, auf jedem Gerät einzeln vornehmen. Sind mehrere Systeme auf dem Weg der Pakete, so ergeben sich unterschiedliche Anweisungen, die zusammenpassen müssen. Je nach Position im Netz muss der Admin entweder die gleichen Parameter (etwa den Netzbereich einer Route) und unterschiedliche (das nächste Gateway) angeben. Kommen dabei auch noch Geräte unterschiedlicher Hersteller zum Einsatz, was in der Regel der Fall ist, so steigert sich die Komplexität durch unterschiedliche Konfigurationssprachen und in machen Fällen auch Konfigurationslogiken.

Eine zentrale Sicht auf das Netzwerk hat gegenüber der Variante, von Gerät zu Gerät zu arbeiten, den Vorteil, dass eine Gesamtsicht auf verbrauchte Ressourcen Optimierungen zulässt und damit Pfade geschaltet werden können, die nur aus den lokalen Informationen nicht als optimal angesehen würden. Abbildung 1.1 zeigt eine Beispielinfrastruktur mit mehreren möglichen Pfaden.

Der Router R1 kann sich zwischen der Verbindung zu R2 und R3 entscheiden, wenn er Pakete an R6 schicken will. Sieht er nur auf seine Schnittstellen, so sind beide Verbindungen mit 1Gbit/sek gleich schnell. Dass der Pfad R3-R5 mit 100 Mbit/sek nur ein Zehntel der Bandbreite bietet, und damit die Gesamtverbindung R1–R6 auf 100 Mbit/sek drosselt, kann R1 aus dem ihm vorliegenden Informationen nicht wissen.

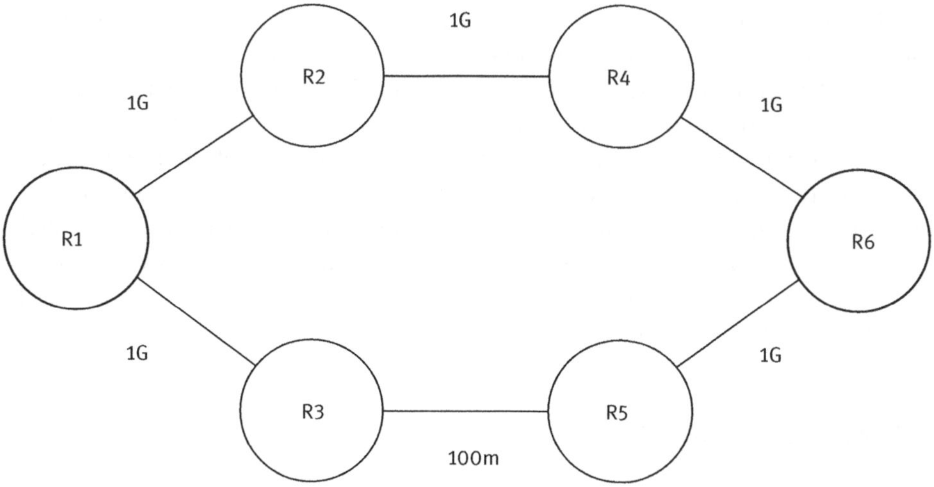

Abb. 1.1: Beispiel Verkehrsfluss.

Dieses Beispiel illustriert gleich mehrere Dinge, die eine zentrale Verwaltung wissen muss:

- Es muss bekannt sein, wer mit wem verbunden ist.
- Die Geschwindigkeiten der Verbindungen sollten bekannt sein.
- Auslastungswerte der einzelnen Leitungen erlauben eine dynamische Umverteilung. Wenn die Leitung R2–R4 mit 990 Mbit verstopft ist, dann wäre die untere mit dem 100 Mbit-Link doch schneller.

Kennen entweder der Router R1 oder eine Einheit, die ihn steuert, alle Informationen, so kann R1 die richtige Routing-Entscheidung treffen. Ein erster Ansatz, der in der Praxis wohl etabliert ist, sind Routing-Protokolle. R2 und R3 teilen R1 mit, welche Routen sie kennen. Verliert einer der beiden Router (etwa durch Ziehen eines Kabels) die Verbindung, so löscht der Router die über diesen Anschluss laufenden Routen aus der eigenen Tabelle und verteilt diese Routen auch nicht mehr weiter. Auch Bandbreiteninformationen oder die Menge der Router auf dem Weg zu einer Route verteilen manche Routing-Protokolle, um den Routern auf dem Weg einen Anhaltspunkt zu geben, den ‚besten' Weg zu wählen. Die Definition ‚bester Weg' hängt dabei allerdings vom Routing-Protokoll ab und kann in diesem auch nicht geändert werden.

Die folgenden Abschnitte betrachten verschiedene Ansätze, welche Möglichkeiten zur Topologieerkennung es gibt, und was mit Routing-Protokollen erreicht werden kann. Dem folgt eine Beschreibung, wie dies in den SDN-Kontext passt.

Eine weitere Technologie, die von einigen Herstellern im SDN-Kontext genannt wird, ist eigentlich nur Configuraton Management, also die Verwaltung der Konfiguration einer Komponente durch ein Programm. Dies allein reicht noch nicht, um der Definition von SDN zu genügen. Die Logik, dass der Verkehrsfluss über das gesamte Netz von einer logischen Instanz kontrolliert wird, lässt sich aber emulieren. Dazu muss der Configuration Manager die entsprechenden Konfigurationsänderungen am Routing der verwalteten Komponenten vornehmen. Der Vorteil ist, dass dabei keine Änderung an der Software der Netzwerkkomponenten stattfinden muss, da der Configuration Manager die manuelle Arbeit automatisiert übernimmt. Dabei gibt es Ansätze seitens der Netzwerkkomponenten – wie etwas Junipers Netconf –, die es den Controller Entwicklern deutlich einfacher machen, mit den Geräten zu kommunizieren. Der Nachteil ist, dass der Controller die Logik des Netzwerkes verstehen muss, und gegebenenfalls die vielen verschiedenen Sprachen der verwalteten Geräte verstehen muss, die sich auch noch durch Software-Updates der Geräte regelmäßig verändern.

1.2 Routing-Protokolle

Routing-Protokolle unterscheiden sich in „Interior" und „Exterior" Gateway Protokolle (IGPs und EGPs). Die inneren Protokolle beschäftigen sich dabei mit der Verteilung von Routen in einem administrativen Bereich, die externen mit der Verteilung über administrative Grenzen hinweg. Im Internetkontext ist eine administrative Domäne in der Regel ein Autonomous System (AS). Dieses beschreibt die Menge der offiziellen IP-Adressbereiche, die unter einer Hoheit stehen. Heutzutage sind aber in der Regel auch private Netze schon mittelgroßer Unternehmen so groß, dass sie den Einsatz von Routing-Protokollen rechtfertigen, ohne dass sie Routen für offizielle IP-Adressbereiche zu verteilen.

Die internen Routing-Protokolle haben die Aufgabe, aus Sicht des einzelnen Routers den „besten" Weg in der eigenen Domaene zu finden. Die externen Routing-Protokolle haben zwar im Prinzip die gleiche Aufgabe nach außen, aber hier kommen noch der Ex- und Import größerer Routing-Tabellen hinzu, bei denen auch mit Filtern entschieden wird, welche Informationen angenommen werden, während bei den internen Protokollen aufgrund des impliziten Vertrauens nach innen meistens alles akzeptiert wird. Die internen Protokolle unterscheiden sich in Distanz-Vektor-Protokolle und Verbindungs-Zustand-(Link State-)Protokolle. Distanz-Vektor-Protokolle berechnen die beste Route aufgrund von „Kosten". Dabei versteht jedes Protokoll unter Kosten etwas Anderes. Der bekannteste Vertreter ist RIP, das Routing-Information Protocol. Die Kosten sind hier einfach die Menge der Router auf dem Weg zum Ziel. Die Protokolle funktionieren in mehreren Runden. Die Funktion lässt sich an der Grafik aus Abbildung 1.2 leichter erklären.

In der ersten Runde kennt jeder Router nur die Verbindungen zu den unmittelbaren Nachbarn mit den verbundenen Kosten. R1 weiß also nur, dass der Weg zu R2 mit den Kosten 5 verbunden ist und zu R3 mit 10. Nun teilen alle Router alle diese Informationen ihren Nachbarn mit. Damit lernt R1, dass der Pfad zu R4 in der Kette R1–R2–R4 möglich und mit Kosten von 25 verbunden ist. Das gleiche gilt bis R5 mit R1–R3–R5 zu R5 und ebenfalls Kosten von 25. Entsprechend werden diese Vektoren

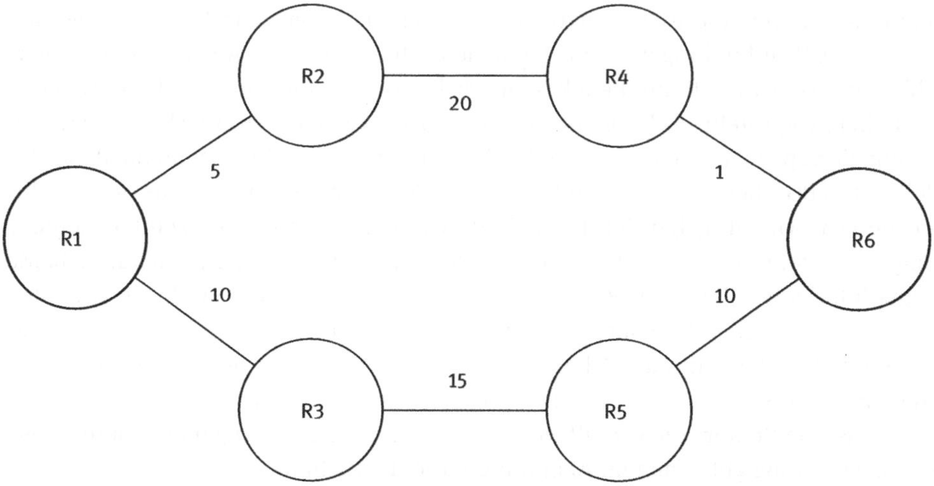

Abb. 1.2: Beispielnetz mit Kosten.

auf jedem Router angelegt. Nach dieser Runde werden die entsprechenden Routen zu den indirekt erreichbaren Geräten in die Routing-Tabellen eingetragen. Das ganze wiederholt sich in der nächsten Runde. Nun lernt R1 zwei Pfade zu R6: R1–R2–R4–R6 und R1–R3–R5–R6. Der Unterschied sind nur die Kosten. Der Pfad über R2 hat Kosten von 5 + 20 + 1 = 26 und über R3 10 + 15 + 10 = 35. Somit trägt R1 den Pfad über R2 als den „billigeren" in seine Routing-Tabelle ein. Bei RIP wäre dies nicht möglich, da die Menge der Hops gleich ist. Die Link State-Protokolle verteilen an alle Beteiligten eine vollständige Karte des Netzes. Auch diese Karte kann Kosten auf den Verbindungen enthalten. Mit dieser Karte berechnet dann jeder Teilnehme den optimalen Pfad zu allen anderen. Dazu wird bei den meisten Protokollen eine Variante des Dijkstra-Algorithmus verwendet. Die bekanntesten Vertreter sind das Open Shortest Path First (OSPF) und das Intermediate System to Intermediate System (IS-IS). Das bei den Exterior Gateway-Protokollen führende Border Gateway Protocol (BGP) ist ebenfalls ein Distanz-Vektor-Protokoll. Zusätzlich zu den Kosten verwendet es aber auch noch eine Präferenz, die in der Auswahl der gültigen Route Vorrang hat. Bei gleicher Präferenz entscheiden die Kosten. Routing-Protokolle sorgen in erster Linie dafür, aufgrund der bestehenden Verbindungen und lokal gesetzter Parameter auf diesen Verbindungen den möglichst besten Weg durch das Netz zu finden. Die Geräte kommunizieren zwar den Ist-Zustand, aber eine zentrale Steuerung ist erstmal nicht vorgesehen. Jedoch ist es möglich, Komponenten in den Verbund einzufügen, die gezielt Informationen injizieren, um den Verkehrsfluss umzuleiten.

Sogenannte Route-Reflektoren sind eigentlich zur besseren Skalierung gedacht. Da etwa bei BGP nur gerichtete Verbindungen möglich sind, müssen diese paarweise zwischen allen Routern eingerichtet werden. Ein Route-Reflektor erlaubt es, dass Gruppen von Routern nur mit ihm ihre Routen austauschen und dann die

Route-Reflektoren diese Informationen untereinander austauschen. Dies verringert die BGP-Verbindungen (und damit den administrativen Aufwand) erheblich. Üblicherweise ist der Route-Reflektor ein dedizierter Router. OpenDaylight, welches in Kapitel 5 vorgestellt wird, spricht nicht nur OpenFlow, sondern auch BGP, sofern der Admin die bgpcep Applikation installiert hat. Der OpenDaylight-Host nimmt dabei die Rolle eines BGP-Routers ein. Ein oder mehrere Router im Netz werden als Gegenstelle eingetragen. OpenDaylight lernt dabei alle von den Partnern publizierten Routen. Umgekehrt kann der Anwender aber auch Routen in eine eigene Tabelle (diese heißt Route Information Base – RIB) eintragen und diese werden an jeweils einen Router publiziert. Akzeptiert der Router den Eintrag, so ist auf diesem Weg der Verkehrsfluss manipuliert. Dabei muss der Admin jedoch beachten, dass es sich im Fall von IPv4- oder IPv6-Routen immer noch um normale Routeneinträge handelt. Das bedeutet auch, dass die Routen, die verteilt werden, aus Sicht des empfangenden Routers vom Router OpenDaylight kommen. Abbildung 1.3 verdeutlicht dies.

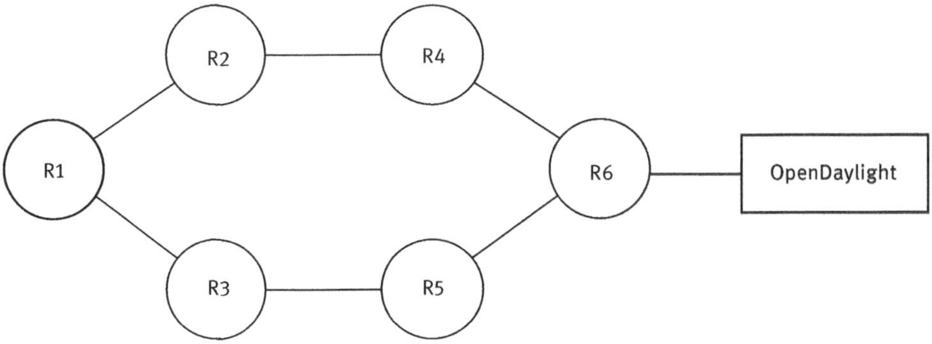

Abb. 1.3: BGP-Route-Injection mit OpenDaylight.

Kontrolliert der OpenDaylight-Controller den Router R1 in der Abbildung, so hängt es von den lokal angeschlossenen Links bzw. der vorhandenen Routing-Tabelle ab, auf welchem Interface des Routers die Pakete hinausgehen. Besitzt der Router R1 auf der Schnittstelle zu R2 das Netz 192.168.1.0/24 und zu R3 192.168.2.0, so führt das Senden einer Route mit einem Gateway im Netz 192.168.2.0 dazu, dass die Pakete auf diese Schnittstelle geschickt werden. Wird ein Gateway in der Route verwendet, für welches der Router eine Route besitzt, so werden die Pakete zu dem entsprechenden Router geschickt. Im Beispiel besitzt der Router R1 vorher eine Route für das Netz 10.0.0.0/24, welche auf den Router R3 mit der IP-Adresse 192.168.2.254 zeigt. OpenDaylight schickt jetzt eine Route für das Netz 172.16.1.0/24 mit Gateway 10.0.0.5. Daraus macht R1 jetzt eine Route, die Pakete für das Netz 172.16.1.0/24 zu 192.168.2.254 schickt. Wenn der Administrator so das Routing im Netz manipuliert, muss er die Positionen des Controllers und des oder der umkonfigurierten Router beachten.

Eine ähnliche Methode, aber mit einem anderen Protokoll und ein paar Einschränkungen, ist das sogenannte Fibbing. Hierbei werden in ein OSPF-Netz vermeintliche Hosts eingefügt, die als Router am OSPF-Verbund teilnehmen und durch entsprechende LSA-Nachrichten die Gewichte und damit das gesamte Routing manipulieren können. Da OSPF Multicast verwendet, müssen keine Ziel-Adressen bekannt sein, da die Pakete an die OSPF-Multicast-Adresse geschickt werden. Um mit Routing-Protokollen noch granularer die Verkehrsflüsse zu manipulieren, wurde mit RFC5575 das BGP-Protokoll um eine neue Adressfamilie erweitert. Ähnlich wie bei OpenFlow bietet die Adressfamilie Flowspec die Möglichkeit, einen Flow bestehend aus Quell- und Zieladressbereichen, verwendeten IP-Protokollen, Ports, TCP-Flags, Paketlänge und DSCP-Bits zu definieren und als Aktion die Pakete, die dieser Definition entsprechen, zu verwerfen, in ihrer verbrauchten Bandbreite zu beschränken, oder in eine andere Richtung zu routen. Dass das ganze als Adressfamilie innerhalb von BGP-behandelt wird, liegt daran, dass das Protokoll sich nur um Protokollfamilien erweitern lässt. Die Idee diese eher an Firewall-Regeln erinnernden Konfigurationen über ein Routing-Protokoll zu verteilen, kommt aus der Abwehr von verteilten Denial of Service-Angriffen (Distributed Denial of Service - DDoS). Bei Angriffen, die ein Netz fluten, hat das Opfer am dünnen Ende der Leitung keine Möglichkeit, den Angriff auf seiner Seite abzuwehren. Kann aber der Router auf der anderen Seite dazu gebracht werden, den Verkehr ab- oder umzuleiten, so ist der Flaschenhals wieder frei. Verbreitet sich der Filter auf der „anderen Seite“ noch weiter, wird auch das Netz des Providers weniger belastet.

Die BGP-Komponente von OpenDaylight unterstützt auch das Verteilen dieser Flowspec-„Routen“. Das Verwerfen von Paketen ist ein zentral konfigurierbarer Firewall-Filter (wenn auch nicht Stateful). Die Aktion *Umleiten* bietet in der Kombination mit einer Flow-Definition dem Admin die Möglichkeit, Policy Routing zentral im Netz zu konfigurieren.

1.3 Configuration Management

In einer idealen Welt würden alle Geräte im Netzwerk die Sprache eines SDN-Controllers sprechen. In der Realität jedoch finden sich viele Geräte, die, jedes in seiner eigenen Konfigurationssprache, über eine Kommandozeile, eine Weboberfläche oder eine proprietäre Schnittstelle, konfigurierbar sind. Im Sinne einer zentralen Konfiguration mit einer einheitlichen „Sprache“ war das SNMP-Protokoll ein erster Versuch, einen gemeinsamen Nenner zu finden. Das Protokoll bietet Lese- und Schreiboperationen, ist jedoch in den ersten Versionen ein Klartext-Protokoll (das betrifft auch die Zugangsdaten) und damit recht unsicher. Das Protokoll ist erweiterbar, um auf spezifische Funktionen diverser Geräte eingehen zu können. Hierzu gibt es pro Hersteller und zum Teil Gerätemodell spezifische „Management Information Bases“ (MIBS), in welchen in einer allgemeinen Sprache beschrieben steht, welche Parameter das Gerät zur Verwaltung bietet.

Als Anfang des Jahrtausends klar wurde, dass SNMP in der Praxis zwar zum Auslesen von Lastdaten aber nicht zum Konfigurieren benutzt wurde, suchte das Internet Architecture Board der IETF nach einer Alternative. Die Firma Juniper hatte zu dieser Zeit bereits mit der Entwicklung einer Konfigurationsmethode, die XML als Übertragungsformat verwendete, begonnen. Dieser Vorschlag wurde von der IETF aufgegriffen und in der NETCONF Working Group ausgearbeitet. Das Ergebnis war der NETCONF RFC, ein Protokoll welches XML RPCs verwendet, um Konfigurationen abzufragen und zu ändern und dabei sicherstellt, dass entweder alle Änderungen durchgehen, oder keine, damit eine konsistente Konfiguration sichergestellt ist. Ein Beispiel, wo dies zwingend erforderlich ist, ist die Fernwartung eines Gerätes, bei dem die Defaultroute geändert wird, was bedeutet, dass die alte gelöscht und die neue gesetzt werden muss. Wenn dabei aber der Zugriff auf dieses Gerät von dieser Route abhängt und in der neuen Route ein Syntax- oder ein logischer Fehler vorliegt, so ist das Gerät nach dem Löschen der alten und das durch den Fehler bedingte Nichtsetzen der neuen Route nicht mehr erreichbar.

Ein andere Gruppe an Software verwendet in Richtung der verwalteten Geräte das jeweilige Kommandozeileninterface über eine Secureshell oder Telnet-Verbindung. Zum Administrator hin stellt die Software dann eine einheitliche Schnittstelle mit Funktionen wie „Route setzen“ oder „VLAN definieren“ zur Verfügung. Die Schnittstelle zu den Geräten heißt in der Regel „Southbound“ und zum Administrator hin heißt sie „Northbound“.

1.3.1 SNMP

Das SNMP-Protokoll wird erstmals in RFC 1067 aus dem Jahre 1988 definiert. Diesem folgten mehrere Inkarnationen bis zur Reihe 3411-3418. SNMP unterscheidet zwischen lesendem und schreibendem Zugriff von einem Manager auf ein Gerät und erlaubt den Geräten, Alarmmeldungen (sogenannte Traps) an einen oder mehrere Manager zu schicken.

SNMP gibt es in drei Versionen. Version 1 ist die älteste und unterscheidet sich von Version 2c durch die Länge von Zählern. Version 1 unterstützt 32-Bit lange Zähler, was mit der Einführung von Gigabit Ethernet nicht mehr ausreichend war, da der Überlauf bei belasteten Netzen mehrfach in der Minute geschehen kann. Version 2c unterstützt daher 64bit Zähler. Den Zugriff auf die Geräte (lesend und schreibend) regelt SNMP über eine sogenannte Community, die ein Klartext-Passwort ist, welches auch im Klartext über das Netz übertragen wird. Version 3 schafft hier Abhilfe.

Der Zugriff auf ein einzelnes Datum, z.B. die Anzahl der gesendeten Pakete auf einer bestimmten Schnittstelle geschieht über die sogenannte OID (Object IDentifier). Die OID ist hierarchisch organisiert. Die OID für die Anzahl der Schnittstellen in einem

System ist etwa „.1.3.6.1.2.1.2.1“. Die erste 1 steht für die ISO und die folgende 3 zeigt an, dass es sich um eine OID handelt, die von einer der ISO anerkannten Organisation vergeben wurde. Die 6 steht für das US-Verteidigungsministerium (was gleichbedeutend mit den meisten Standard-MIBs ist, die nicht von Geräteherstellern stammen, sondern aus einem RFC hervorgingen), und die 1 steht für „Internet“. Sie wurde für die in RFCs definierten MIBs in RFC 1065 „annektiert“. Die folgende 2 steht für MIBs, die sich mit Management beschäftigen, und die 1 dahinter für die konkrete SNMP MIB-2 und die 2 vor der letzten 1 für den Teil, der sich mit Schnittstellen beschäftigt. Am einfachsten lässt sich das ganze als Baum visualisieren, bei dem jede MIB ein Teilbaum des gesamten Baumes ist. Daher ist es auch wichtig, dass die OIDs für jedes einzelne Datum über alle MIBs eindeutig sind. Daher bekommen Organisationen auf Antrag ihren eigenen Teilbaum, unterhalb dessen sie dann die Daten vergeben können, wie sie möchten.

MIBs sind in der Sprache ASN.1 codiert, einer Beschreibungssprache, die jedem Datum einen Datentyp (String, Zahl, Aufzählung, ...) zuordnet. Für die Autoren von MIBs gibt es ein Textformat, über das Netz gehen die Daten jedoch im binären BER-Format. Der Prefix für private MIB von Herstellern ist „.1.3.6.1.4.1“. Diesem folgt dann die „Enterprise Number“ die von der IETF eindeutig vergeben ist, etwa die 2 für Cisco, die 9 für IBM oder die 11129 für Google. Jedes Attribut besitzt in seiner Beschreibung auch die Eigenschaft „lesbar“ oder „les- und schreibbar“. Jedoch selbst bei den allegemeinen Standard-MIBs unterscheiden sich die Implementierungen der Hersteller. Juniper etwa unterstützt so gut wie keine Schreiboperationen, obwohl die Attribute als schreibbar markiert sind.

Cisco dagegen erlaubt sogar das vollständige Überschreiben der Konfiguration, indem per SNMP ein TFTP Server und die Datei, die die Konfiguration auf demselben Server enthält, übergeben wird.

Mit den folgenden Kommandos wird ein Cisco-Gerät dazu gebracht, seine laufende Konfiguration auf einen TFTP-Server hochzuladen:

Listing 1.2: SNMP-Set Kommandos zum Config Zugriff bei Cisco.

```
1 snmpset -c private -v 2c 10.1.1.1 1.3.6.1.4.1.9.9.96.1.1.1.1.2.336 i 1
2 snmpset -c private -v 2c 10.1.1.1 1.3.6.1.4.1.9.9.96.1.1.1.1.3.336 i 4
3 snmpset -c private -v 2c 10.1.1.1 1.3.6.1.4.1.9.9.96.1.1.1.1.4.336 i 1
4 snmpset -c private -v 2c 10.1.1.1 1.3.6.1.4.1.9.9.96.1.1.1.1.5.336 a
      10.1.1.2
5 snmpset -c private -v 2c 10.1.1.1 1.3.6.1.4.1.9.9.96.1.1.1.1.6.336 s
      runningconfig.txt
6 snmpset -c private -v 2c 10.1.1.1 1.3.6.1.4.1.9.9.96.1.1.1.1.14.336 i 1
```

Die 10.1.1.1 ist die IP-Adresse des Cisco-Gerätes, die 10.1.1.2 in Zeile 4 ist die IP-Adresse des TFTP-Servers. Zeile 5 gibt den Namen an, unter dem die Konfiguration auf dem TFTP-Server gespeichert wird.

Der Wert in der letzten Zeile gibt das Übertragungsprotokoll die 1 steht für TFTP, 2 FTP, 3 RCP, 4 SCP und 5 SFTP. Der Zahlwert in Zeile 4 gibt an, welche Datei (Startup/Running Config etc.) verwendet wird. Der Wert 4 im Beispiel steht für die aktuell laufende Konfiguration.

Das letzte Set-Kommando schließlich löst den Transfer aus.

Werden die Werte der Zeilen 2 und 3 getauscht, so dreht sich die Übertragungsrichtung um, und die Konfiguration wird vom Server auf den Router geladen.

1.3.2 NETCONF

Im Laufe der Zeit zeigte sich, dass SNMP zwar zum Monitoring angenommen wurde, aber nicht zur Konfiguration. Daher beschloss die IETF Anfang des 21. Jahrhunderts, etwas zu unternehmen und aus einem Meeting des Internet Architecture Boards und der Netzwerkmanagement Gruppe der IETF entstand RFC 3535. Etwa zur gleichen Zeit arbeitete die Firma Juniper an einem XML-basierten Management-Protokoll. Junipers Entwicklung wurde in die Überlegungen der IETF einbezogen und die NETCONF Working Group wurde gegründet, die eine Reihe von RFCs (4741, 5277, 5717, 6241 als Neuauflage von 4741, 6243, 6470 und 6536) veröffentlichte. Das Protokoll tauscht Nachrichten mit dem verwalteten Gerät im XML Format aus. Da es sich bei den übertragenen Informationen um sensitive Daten handelt, geschieht die Übertragung verschlüsselt über SSH oder TLS. Die ursprünglich unterliegenden Protokolle SOAP und BEEP wurden von der IETF als historisch deklariert und damit außer Betrieb genommen.

Das Protokoll definiert Remote Procedure-Aufrufe, die in den XML-Tag „rpc“ eingepackt sind. Die Methoden, die der RFC definiert sind:

get-config zum Herunterladen der Konfiguration, wobei eine Quelle (wie die aktuell laufende) im source-Tag und ein Filter, um nur einen Teil der Konfiguration herunterzuladen, mitgegeben werden können.

edit-config dieses Kommando ist das schreibende Gegenstück zu get-config. Statt dem source-Tag, aus dem bei get-config gelesen wird, gibt es hier einen Tag „target“ mit denselben Argumenten. Diesem folgt ein Block im Tag „config“. Ein Element enthält dabei ein XML-Attribut „operation“, welches den Wert „replace“ zum Ersetzen, „merge“ zum Zusammenfügen, „create“ zum Erzeugen, und „delete“ bzw. „remove“ zum Entfernen enthält. Der Unterschied zwischen delete und remove ist dabei der, dass bei delete ein Fehler auftritt, wenn das zu löschende Element nicht in der Konfiguration vorhanden ist, während dies bei remove einfach ignoriert wird. An welcher Stelle in dem XML-Block das operation-Attribut steht, gibt an welcher Teil geändert wird.

copy-config Diese Funktion dient dazu, die vollständige Konfiguration des Gerätes durch eine Konfiguration aus einer anderen Quelle zu ersetzen. Als Quelle kann der Admin dabei eine URL angeben, die allerdings auch im CLI zur Verfügung stehen muss (auf einem Netconf-fähigen Gerät, welches kein SCP unterstützt, wird auch eine per Netconf übertragene SCP-URL nicht funktionieren). Als Parameter gibt es source- und target-Tags.

delete-config Mit diesem Kommando wird eine ganze Konfiguration gelöscht. Allerdings ist es nicht möglich, die aktuell laufende zu löschen. Welche Konfiguration übergeben wird, steht im target-Tag.

lock und **unlock** Da unter Umständen mehrere Administratoren am selben Gerät arbeiten, ist es möglich, eine Konfiguration zu blockieren, damit nur ein Satz an Änderungen auf einmal umgesetzt wird, um inkonsistente Zustände zu verhindern. Besitzt ein Gerät mehrere Konfigurationen (running, startup etc.) so wird im target-Tag angegeben, welche.

get Dieses Kommando holt die Informationen (laufende Konfiguration und Zustandsdaten) vom Gerät.

close-session und **kill-session** Der erste Operator beendet die Verbindung mit einer ordentlichen Abmeldung, der zweite bricht die Verbindung ab.

commit Wenn das Gerät die „candidate“ Fähigkeit besitzt (dies bedeutet, dass eine Konfiguration erst einmal in einem gesonderten Speicher geändert wird und dann erst in Kraft gesetzt wird), so wird die Änderung mit diesem Operator aktiviert.

discard-changed Mit diesem Operator, der auch von „candidate“ abhängt, kann die geänderte Konfiguration verworfen werden.

validate Dies ist ein Operator und eine Fähigkeit. Besitzt das Gerät die Fähigkeit, so kann mit dem gleichnamigen Operator geprüft werden, ob Fehler vorliegen. Ein Beispiel wäre ein Interface, dem ein VLAN zugewiesen wurde, das aber nicht definiert ist.

Ein paar Beispiele sollen das ganze illustrieren. Um eine Verbindung aufzubauen dient am einfachsten SSH. Ähnlich wie bei SFTP muss der normale SSH-Client aber ein Subsystem mitgeben, damit die Gegenseite weiß, dass keine Konsolenverbindung gefragt ist. Für Juniper-Geräte ist der Aufruf: `ssh benutzer@junosgeraet -s netfonf -p 830`. Bei Cisco-Geräten (wenn sie denn Netconf unterstützen) ist der Aufruf: `ssh benutzer@ciscogeraet -s xmlagent` . Am Anfang meldet sich das Gerät mit einer Statusmeldung, die die Fähigkeiten in capability-Tags enthält. Listing 1.3 gibt dies am Beispiel einer Juniper-Firewall wieder:

Listing 1.3: NETCONF Status Meldung.

```
<!-- No zombies were killed during the creation of this user interface -->
<!-- user root, class super-user -->
<hello>
  <capabilities>
    <capability>urn:ietf:params:xml:ns:netconf:base:1.0</capability>
    <capability>urn:ietf:params:xml:ns:netconf:capability:candidate:1.0</
        capability>
    <capability>urn:ietf:params:xml:ns:netconf:capability:confirmed-
        commit:1.0</capability>
```

```
    <capability>urn:ietf:params:xml:ns:netconf:capability:validate:1.0</capability>
    <capability>urn:ietf:params:xml:ns:netconf:capability:url:1.0?protocol=http,ftp,file</capability>
    <capability>http://xml.juniper.net/netconf/junos/1.0</capability>
    <capability>http://xml.juniper.net/dmi/system/1.0</capability>
  </capabilities>
  <session-id>35652</session-id>
</hello>
]]>]]>
```

Korrekterweise muss auch der Client mit einem Hello-Dokument antworten. Junipers Implementierung ist recht fehlertolerant (und damit streng genommen nicht RFC-konform), sodass es gleich mit einem Aufruf weitergehen kann. Listing 1.4 zeigt eine Abfrage mit einem Filter, der auf die Interfaces einschränkt.

Listing 1.4: NETCONF get-config Aufruf.

```
<rpc>
  <get-config>
    <source>
      <running/>
    </source>
    <filter type="subtree">
      <configuration>
        <interfaces/>
      </configuration>
    </filter>
  </get-config>
</rpc>
```

Auf diese Anfrage antwortet das Gerät mit einer Ausgabe, wie der in Listing 1.5.

Listing 1.5: NETCONF get-config Antwort.

```
<rpc-reply xmlns="urn:ietf:params:xml:ns:netconf:base:1.0" xmlns:junos="http://xml.juniper.net/junos/12.1X47/junos">
<data>
<configuration xmlns="http://xml.juniper.net/xnm/1.1/xnm" junos:commit-seconds="1454446536" junos:commit-localtime="2016-02-02␣21:55:36␣CET" junos:commit-user="root">
    <interfaces>
        <interface>
            <name>ge-0/0/0</name>
            <mtu>1300</mtu>
            <unit>
                <name>0</name>
                <family>
```

```
                    <inet>
                        <address>
                            <name>10.0.0.254/24</name>
                        </address>
                    </inet>
                </family>
            </unit>
        </interface>
        <interface>
            <name>ge-0/0/1</name>
            <unit>
                <name>0</name>
                <family>
                    <inet>
                        <address>
                            <name>192.168.101.254/24</name>
                        </address>
                    </inet>
                </family>
            </unit>
        </interface>
    </interfaces>
</configuration>
</data>
```

Einen vollständigen Lauf mit einer Konfigurationsänderung zeigt Listing 1.6. Dabei schreibt das Beispiel nicht direkt in die laufende Konfiguration, sondern ändert erst einen Kandidaten, testet, ob die Konfiguration gültig ist und aktiviert die Konfiguration dann.

Listing 1.6: NETCONF edit-config Dialog.

```
<rpc>
  <edit-config>
    <target>
      <candidate/>
    </target>
    <config>
      <configuration>
        <security>
          <zones>
            <security-zone>
              <name>SDNTEST</name>
            </security-zone>
          </zones>
        </security>
      </configuration>
    </config>
```

```
17     </edit-config>
18 </rpc>
19 <rpc-reply xmlns="urn:ietf:params:xml:ns:netconf:base:1.0" xmlns:junos="
       http://xml.juniper.net/junos/12.1X47/junos">
20 <ok/>
21 </rpc-reply>
22 ]]>]]>
23 <rpc>
24   <validate>
25     <source>
26       <candidate/>
27     </source>
28   </validate>
29 </rpc>
30 <rpc-reply xmlns="urn:ietf:params:xml:ns:netconf:base:1.0" xmlns:junos="
       http://xml.juniper.net/junos/12.1X47/junos">
31 <commit-results>
32 </commit-results>
33 <ok/>
34 </rpc-reply>
35 ]]>]]>
36 <rpc>
37   <commit/>
38 </rpc>
39 <rpc-reply xmlns="urn:ietf:params:xml:ns:netconf:base:1.0" xmlns:junos="
       http://xml.juniper.net/junos/12.1X47/junos">
40 <ok/>
41 </rpc-reply>
42 ]]>]]>
```

Zeilen 1–18 enthalten den Aufruf, der die Konfigurationsergänzung in den Konfigurationskandidaten schreibt. Das Beispiel fügt auf einer Juniper-Firewall eine neue Sicherheitszone mit dem Namen SDNTEST hinzu. Zeile 19–22 enthalten die in diesem Fall positive Antwort der Firewall. In den Zeilen 23–29 wird das Gerät um Prüfung der Konfiguration gebeten. Dabei ist dies keine syntaktische Prüfung, da gäbe es schon bei edit-config einen Fehler. Aber ist möglich, eine syntaktisch korrekte, aber semantisch fehlerhafte Konfiguration zu übermitteln (z.B. Zuweisung eines VLAN an eine Schnittstelle, obwohl das VLAN noch nicht angelegt ist), bei denen der validate Aufruf einen Fehler zurückgeben würde. Zeile 30–35 enthalten die positive Antwort. Schließlich wird die Konfiguration in den Zeilen 36–38 aktiviert, was in den verbleibenden Zeilen bestätigt wird.

Die illustrierten Beispiele zeigen einfache Ausschnitte der Konfiguration eines speziellen Gerätetyps. Die Konfiguration ist zwar immer in XML, aber die Struktur des XML-Codes innerhalb der config-Tags ist bei jedem Gerät anders. Selbst bei Geräten des gleichen Herstellers ergeben sich je nach Modell und Software-Version Unterschiede. Um an die gültige Struktur zu kommen, gibt es zwei Ansätze, den korrekten und den pragmatischen. Der pragmatische Weg ist, mittels get-config auf einem voll konfigurierten System die XML-Struktur herunterzuladen und den passenden Teil anzupassen.

Der „richtige“ Weg ist aber, das in YANG geschriebene Datenmodell anzusehen. YANG wurde im Kontext der NETMOD Workinggroup entwickelt, um genau dem Umstand Rechnung zu tragen, dass sich die Geräte unterscheiden und eine Metasprache benötigt wird, um die unterschiedlichen Strukturen beschreiben zu können. Die Sprache sieht in der Struktur eher wie C aus. Aus der Codierung können dann Parser generiert werden, die das XML-Dokument validieren. Auch das neuere JSON-Format kann genauso beschrieben werden. YANG-Datenmodelle werden nicht nur für NETCONF verwendet, sondern auch für REST APIs, die häufig für die übergebenen Daten sowohl XML wie auch JSON akzeptieren.

1.4 Overlay-Netzwerke

Overlay-Netze sind logische Netze, die über ein physisches Netzwerk gestülpt werden. Dies dient in der Regel der Beschleunigung oder Vereinfachung der Verkehrsführung. Dabei werden die Pakete entweder mit Markierungen versehen, oder sogar in andere Pakete eingepackt, sodass ein Tunnel entsteht. Um die eingepackten Pakete an ihr Ziel zu bekommen, wird das normale Routing auf die äußeren Pakete angewendet, um sie zu einem Tunnelendpunkt zu führen, wo sie dann ausgepackt und dem eigentlichen Ziel zugeführt werden. Gerade in Virtualisierungsumgebungen mit mehreren Hypervisoren ist es oft notwendig, eigentlich geschlossene Netze zwischen VMs, die auf verschiedenen Hypervisoren laufen, zu verbinden. Hier kommen meist Ethernet in IP-Tunnel zum Einsatz und die virtuellen Switches sorgen für die Tunnel-Verbindungen.

Aus anderer Motivation stammen MPLS-Netze (Multi-Protocol-Label-Switching). Pakete bekommen ein Label verpasst, welches von Routern, die MPLS verstehen, dazu verwendet wird, direkt den weiteren Weg des Paketes zu bestimmen ohne in die unter Umständen große Routing-Tabelle zu schauen.

MPLS wird schon deutlich länger verwendet als andere SDN-Technologien und das Schalten der Pfade ist über eigene Protokolle realisiert. Streng genommen hat MPLS also nichts mit SDN zu tun. Allerdings kann OpenFlow auch MPLS-Labels manipulieren, sodass sich der Pfad, den ein Paket durch das MPLS-Netz nimmt, durch OpenFlow deutlich ändern kann. Dieser Abschnitt beschreibt die Technologien der verschiedenen Overlay-Netze, damit später klar ist, was die OpenFlow-Manipulationen eigentlich bewirken.

1.4.1 Overlay mit GRE

GRE steht für Generic Routing Encapsulation. Dieses Protokoll wurde ursprünglich von Cisco entwickelt. Auch dieses Protokoll ist deutlich älter als SDN. GRE ist ein eigenes IP-Protokoll wie TCP oder UDP und besitzt die Nummer 47. GRE kann verschiedene andere Protokolle wie rohes IP, PPTP oder auch ganze Ethernet-Pakete enthalten. Dabei können in der Praxis Probleme mit der Paketgröße auftreten. Landet ein Ethernet-Paket mit voller Größe im Tunnel, so müssen die getunnelten Pakete fragmentiert werden, was im günstigsten Fall nur (zum Teil erhebliche) Verzögerungen aber auch Paketverluste nach sich ziehen kann. Wird GRE auf einem Router eingesetzt (im Gegensatz zur Verbindung zweier L2-Netze) so sollte die MTU (Message Transfer Unit) auf der GRE-Schnittstelle um die Größe von IP- und GRE-Header reduziert sein. Werden dann größere Pakete geschickt, schickt der Router ein ICMP Need Fragment Paket zurück, welches den sendenden Host dazu veranlasst, die Paketgröße zu verkleinern. Dies funktioniert aber nur, wenn auch geroutet wird. Bei der Verbindung von zwei L2-Netzen wird aber nicht geroutet, sodass dieser Mechanismus nicht greift. Dies bedeutet, dass entweder die MTU aller beteiligten Hosts verringert werden muss, oder sichergestellt sein muss, dass im Transportnetz, welches die GRE-Pakete weiterleitet, eine höhere MTU funktioniert[2]. Auch muss der Admin darauf achten, dass jede Verbindung zwei Seiten hat, und auch die Antwortpakete nicht zu groß sein dürfen.

GRE-Tunnel sind auf allen gängigen Betriebs- und Netzwerksystemen unterstützt. Unter Linux legt der Admin einen Tunnel wie folgt an: `ip link add gretest type gre local 192.168.1.1 remote 10.1.1.1`. Danach steht das Interface gretest zur Konfiguration zur Verfügung.

Modernere Betriebssysteme für Switche und Router unterstützen auch GRE-Tunnel und bilden zum Teil das Ein- und Auspacken in Hardware ab.

Unter Junipers Junos muss der Admin zunächst einem Interface die GRE-Funktion zuweisen, dann eine IP-Adresse zuweisen und schließlich noch die lokale und die entfernte Tunnel-Endpunkt-Adresse definieren.

Listing 1.7: GRE Tunnel bei Juniper.

```
  % kollegen fragen wie das sich auf hardware abbildet und wo das
  % erste kommando herkommt
set gr-0/0/5 unit 0 family inet 10.1.1.1/24
set gr-0/0/5 unit 0 family mtu 1400
set gr-0/0/5 unit 0 tunnel source 192.168.1.1
set gr-0/0/5 unit 0 tunnel destination 172.16.1.1
```

2 Ein OpenFlow-Controller könnte hier die notwendigen Pakete einfügen.

Bei Cisco sieht dies wie folgt aus:

Listing 1.8: GRE Tunnel bei Cisco.

```
cisco(config)# interface Tunnel1
cisco(config-if)# ip address 10.1.1.1 255.255.255.0
cisco(config-if)# ip mtu 1400
cisco(config-if)# ip tcp adjust-mss 1360
cisco(config-if)# tunnel source 192.168.1.1
cisco(config-if)# tunnel destination 172.16.1.1
```

1.4.2 Overlay mit VXLAN

VXLAN ist die Abkürzung für Virtual Extensible LAN. Es ist als Erweiterung der VLAN-Technologie gedacht. Als VLANs eingeführt wurden, waren die 4092 möglichen Netze, in die unterteilt werden kann, mehr als ausreichend. Außerdem wanderten damals Server nicht durch das Rechenzentrum oder aber haben es so selten getan, dass ein manuelles Umkonfigurieren nicht weiter ins Gewicht fiel. Dank Virtualisierung hat sich dies aber gewaltig geändert. In einem mandantenfähigen Rechenzentrum will jeder Kunde seine eigenen geschlossenen Netzbereiche und 4092 Netze sind so schnell nicht mehr ausreichend. Moderne Virtualisierungsumgebungen ziehen VMs im Rechenzentrum zum Teil zur Lastverteilung (oder zum Stromsparen) automatisch um, dies ist für die Administratoren manuell nicht mehr nachzupflegen. VXLAN packt die Ethernet-Pakete in IP-Pakete ein. Verwendet allerdings im Gegensatz zu GRE UDP, sodass die Pakete auch durch Network Address Translation übertragen werden können. VXLAN läuft standardmäßig auf Port 4789 und entweder werden Punkt-zu-Punkt-Tunnel verwendet (wie bei GRE) oder aber das Ziel des Tunnels ist eine Multicast-Adresse. Wie bei VLANs gehört zu jedem Tunnel eine numerische ID. Diese wird Virtual Network ID (VNI) genannt. Im Gegensatz zu VLANs steht allerdings eine 24-Bit-Zahl zur Verfügung, sodass über 16 Millionen Netze zur Verfügung stehen.

Die Konfiguration unter Linux ist quasi analog zu GRE, nur dass als type vxlan gesetzt wird und die vni muss übergeben werden. Der Aufruf unter Linux für einen Punkt-zu-Punkt-Tunnel sieht folgendermaßen aus: `ip link add vx0 type vxlan id 5000 local 192.168.1.1 remote 192.168.1.5 dstport 4789`

Der Parameter id steht für die VNI und auch wenn 4789 der Standardport ist, so muss er angegeben werden, da der Tunnel sonst nicht funktioniert.

Bei Cisco Nexus Switchen sieht die eine Seite einer Punkt-zu-Punkt-Konfiguration etwa wie in Listing 1.9 aus.

Listing 1.9: VXLAN Tunnel bei Cisco.

```
1 nexus(config)# interface loopback0
2 nexus(config-if)# ip address 192.168.1.1/32
3 nexus(config)# interface e2/1
4 nexus(config-if)# ip address 10.1.1.1/24
5 nexus(config)# feature nv overlay
6 nexus(config)# feature vn-segment-vlan-based
7 nexus(config)# interface e1/1
8 nexus(config-if)# switchport
9 nexus(config-if)# switch port mode trunk
10 nexus(config-if)# switch port allowed vlan 100-101
11 nexus(config-if)# no shutdown
12 nexus(config)# vlan 100
13 nexus(config-vlan)# vn-segment 5100
14 nexus(config)# vlan 101
15 nexus(config-vlan)# vn-segment 5101
16 nexus(config)# interface nve1
17 nexus(config-if)# no shutdown
18 nexus(config-if)# source-interface loopback0
19 nexus(config-if)# member vni 5100
20 nexus(config-if)# ingress-replication protocol static
21 nexus(config-if)# peer_ip 192.168.1.2
22 nexus(config-if)# member vni 5101
23 nexus(config-if)# ingress-replication protocol static
24 nexus(config-if)# peer_ip 192.168.1.2
25 nexus(config-vlan)# exit
```

Die ersten beiden Zeilen definieren eine Loopback IP-Adresse. Diese Adresse wird als lokaler Endpunkt des Tunnels verwendet, das bedeutet, dass die Gegenstelle in diesem Beispiel als Ziel des Tunnels die 192.168.1.1 angeben muss. Die Zeilen 3 und 4 geben einer Schnittstelle des Switches eine IP-Adresse, damit über sie gerouteter Verkehr laufen kann. Die folgenden beiden Zeilen aktivieren überhaupt erst die VXLAN-Funktionalität auf dem Gerät. Zeile 7–11 konfigurieren Die Schnittstelle ethernet1/1 als Switch Trunk Port, der die VLANs 100 und 101 transportiert. Die nächsten beiden Zeilen weisen dem VLAN 100 die VNI 5100 zu. Das VLAN 101 wird in den nächsten beiden Zeilen der VNI 5101 zugeordnet. In den Zeilen 16–24 steht die Definition des VXLAN Interfaces. Mit der Anweisung source-interface wird die Quell-IP-Adresse des Tunnels festgesetzt. Zeile 19 definiert, dass die Definition für die VNI 5100 gilt. Zeile 20 definiert eine statische Zuordnung. Zeile 21 schließt die Definition des Tunnels für VNI 5100 ab, in dem die Ziel-Adresse des Tunnels angegeben wird. Dabei ist wichtig, dass über statische Routen oder ein Routing-Protokoll sichergestellt ist, dass die Pakete über das ethernet2/1-Interface auch den Weg zur Gegenstelle finden. Zeile 22–24 wiederholen die Definition für die VNI 5101 mit demselben Ziel, was aber nicht zwingend ist.

1.4.3 MPLS

MPLS steht für Multi-Protocol-Label-Switching und beschreibt ein Protokoll, bei dem zwischen den Protokollschichten 2 und 3 (in der Regel Ethernet und IP) ein Label eingefügt wird, aufgrund dessen ein Router eine Routing-Entscheidung treffen kann. MPLS wurde ursprünglich geschaffen, damit die Router in einem großen Providernetzwerk ihre Routing-Entscheidungen nicht aufgrund eines ggfs. aufwendigen Nachschauens in der unter Umständen sehr großen Routing-Tabelle treffen zu müssen, sondern einfach nur durch eine ressourcenschonendere Abfrage der Tabelle „Label zum nächsten Hop“. Eine wichtige Eigenschaft des Protokolls, das in RFC 3013 definiert ist, ist, dass es für den MPLS-Router vollkommen egal ist, was sich jenseits des Labels im Paket befindet, das Weiterleiten wird nur aufgrund des Labels beschlossen. Die Router im Netzwerk, die eine aufwendigere Logik implementieren müssen, sollten durch Label Switches ersetzt werden, die das Weniger an Logik vollständig in Hardware abbilden können.

Das Nachschlagen in der Routing-Tabelle ist auf moderner Router-Hardware durch ASICs so schnell wie das Suchen via Label. Trotzdem ist MPLS aus modernen Provider-Netzen nicht wegzudenken.

Router, die die Pakete mit MPLS weiterleiten, heißen im MPLS-Sprachgebrauch Label-Switch-Router (LSR). Der Pfad den die Pakete mit dem gleichen Label entlang laufen, heißt Label Switched Path (LSP). Auf dem Weg des Paketes vom Anfang zum Ziel gibt es einen Router, der das MPLS-Label in das Paket einfügt und einen der das (letzte) Label wieder entfernt und das Paket klassischer Weiterleitung übergibt. Diese Router heißen Label Edge Router (LER). Einer der häufigsten Anwendungsfälle für MPLS sind virtuelle private Netze (VPN)[3]. In diesem Kontext werden die LSRs „P“ wie Provider-Router und die LERs „PE“ wie Provider-Edge-Router genannt. Ein weiterer gebräuchlicher Begriff für die LSRs ist Transit-Router. Für die Netze außerhalb der Wolke ist der Pfad durch das MPLS-Netz eine direkte Verbindung zwischen dem eingehenden (ingress) LER/PE und dem ausgehenden (egress) Router. Im allereinfachsten Fall ist der Pfad manuell durch das Netz geschaltet, der ingress LER fügt ein MPLS-Label ein, welches alle LSRs verwenden, um das Paket bis zum egress LER zu leiten. Dieser entfernt das Label und übergibt das Paket dem äußeren Netz. Es ist jedoch möglich (und üblich), dass ein Paket mehrere Labels für den Weg durch das Netz bekommt und auf dem Weg durch das Netz Labels hinzugefügt, geändert oder weggenommen werden. Auch sind die wenigsten Pfade manuell geschaltet. Stattdessen werden eigene Protokolle verwendet, mit denen die LSRs und LERs die Labels austauschen, die sie kennen bzw. erreichen können und auch den Verbindungsstatus aktuell halten.

---

3 Diese sind nicht zu verwechseln mit IPSEC VPNs, die durch Verschlüsselung und Authentisierung auch die Sicherheit der Datenübertragung gewährleisten, sondern sind lediglich eine Möglichkeit Tunnel durch ein großes Netzwerk zu schalten.

So kann bei einem Ausfall ein neuer Pfad gefunden werden. Eines der verwendeten Protokolle heißt Label Distribution Protocol (LDP) und ist in RFC 5036 definiert.

Das Resource Reservation Protocol (RSVP) ist schon ein älterer Standard um Quality of Service (QoS), also im wesentlichen garantierte Bandbreiten, zwischen Komponenten im Netz zu vermitteln. Zu diesem Protokoll gibt es eine Erweiterung, um LSPs auszuhandeln. Das besondere dabei ist, dass im Gegensatz zu LDP auch garantierte Bandbreiten mit dem Pfad verknüpft werden können. Damit kann der Betreiber des Netzes die Pfade so schalten, dass die notwendigen Bandbreiten gesichert sind (und dabei auch bei Ausfall ein anderer Pfad durch das Netz gefunden wird) und dabei gleichzeitig die vorhandenen Leitungen optimal ausnutzen.

1.5 Open vSwitch Database (OVSDB)

Die in Abschnitt 3.1 beschriebene Lösung Open vSwitch hält ihre Konfigurationsdatenbank in einer großen JSON-Datei vor. Die Switche verbinden sich in der Standardkonfiguration zu einem Server, der auf demselben Server läuft, wie der Switch. Über ein auf JSON-RPC basierendes Protokoll erhält der Switch dann seine Portkonfigurationen und auch die Konfiguration der Tunnel wird dem Switch zugeteilt. Der Datenbankserver kann aber auch auf einem anderen Server laufen, und dabei kann sowohl der Server die Verbindung zum Switch aufbauen, wie auch der Switch zum Server. Dieses Protokoll wurde in RFC7047 zum Standard gemacht. Sämtliche Funktionen zur Konfiguration (alle Funktionen, die mit dem Kommandos ovs-vsctl ausführbar sind) sind über dieses Protokoll verwendbar.

Moderne Rechenzentrumsswitche unterstützen das Protokoll seit einiger Zeit auch. Der Hintergrund ist, dass es damit mit einer einheitlichen Schnittstelle möglich ist, auf den Switchen VLAN-Konfigurationen anzulegen, die zu den virtuellen Maschinen auf einem Hypervisor passen. Startet die Virtualisierungssoftware auf einem Compute Node eine virtuelle Maschine, die Zugang zu VLAN 2002 benötigt, ist es über diese Schnittstelle einheitlich möglich, zu dem Trunk Port, an dem der Compute Node hängt, das VLAN 2002 hinzuzufügen.

Das JSON-RPC-Protokoll benutzt die JavaScript Object Notation zur Übertragung von Kommandos und dem Empfang der Ergebnisse. JSON verwendet JavaScript Syntax um Arrays, Hashes und Kombinationen von beidem zu übertragen. Für JSON gibt es sowohl einen RFC- (7159) als auch einen ECMA-Standard (404). Eine JSON-RPC-Anfrage ist in folgendem Format: `{"method": "name_der_Funkion", "id":"eindeutige_id", "params":[`*`JSON-Array aus Parametern`*`] }`. Der Parameter „method" gibt dabei den Namen der Funktion an, die ausgeführt werden soll und hängt vom Protokoll ab, welches JSON-RPC verwendet. „id" dient dazu die Antwort zuordnen zu können und „params" enthält die Argumente für die Funktion. Die Antwort folgt immer folgendem Format `{"result":`*`JSON-Objekt Antwort des Servers`*`, "id":"`*`id des Aufrufes`*`"}`.

RFC7047 gibt in Kapitel 4 die JSON-RPC-Methoden und deren Funktion vor. Kapitel 5 beschreibt die Datenbankoperationen, die in den Parametern der JSON-RPC-Methode „transact“ übergeben werden, und mit denen die Tabellen manipuliert werden, die die Konfiguration enthalten.

Die Methode „list_dbs“ liefert als Antwort die unterstützten Datenbanken. Für Open vSwitch (und andere virtuelle Switche) heißt die Datenbank „Open_vSwitch“ und „hardware_vtep“ für „echte“ Switche. Mit der Methode „get_schema“ kann der Client das Datenbankschema abfragen. Die Inhalte der Tabellen zum Schema sind mit der Methode „monitor“ erhältlich. Im „params“-Feld für diesen Aufruf stehen die Datenbank, ein Schlüsselwert, mit dem die Antworten der Anfrage zugewiesen werden und eine Liste von Werten, die überwacht werden sollen. Die Liste besteht aus einem JSON-Hash, der als Schlüssel den Namen der Tabelle und als Wert einen Hash enthält. Dieser Hash hat zwei Schlüssel: „columns“ und „select“. „columns“ hat als Wert ein Array mit den Namen der Spalten, deren Werte zurück geliefert werden sollen. „select“ bekommt als Wert einen Hash zugeordnet, in dem festgelegt wird, wann der Server die Daten prüft. Zur Wahl stehen „initial“ für den Wert bei Verbindungsaufbau und „insert“, „delete“ und „modify“ die bei einem zugeordneten Wahrheitswert von „true“ dafür sorgen, dass der Server eine passende Results Antwort im Fall von Einfügen, Löschen oder Ändern der überwachten Werte zurückschickt.

Listing 1.10 zeigt den Anfang eines Monitor-Requests.

Listing 1.10: Anfang eines OVSDB Monitor Requests.

```
{
    "id": "c1defbae-04be-425b-831a-a07f221230a3",
    "method": "monitor",
    "params": [
        "hardware_vtep",
        "d8e06a9a-a737-4891-bf59-0fedf3b547fc",
        {
            "Mcast_Macs_Remote": {
                "columns": [
                    "_version",
                    "ipaddr",
                    "logical_switch",
                    "locator_set",
                    "MAC",
                    "_uuid"
                ],
                "select": {
                    "initial": true,
                    "insert": true,
                    "delete": true,
                    "modify": true
                }
            },
            "Logical_Binding_Stats": {
                "columns": [
                    "packets_to_local",
```

```
                    "packets_from_local",
                    "_version",
                    "bytes_to_local",
                    "bytes_from_local",
                    "_uuid"
                ],
                "select": {
                    "initial": true,
                    "insert": true,
                    "delete": true,
                    "modify": true
                }
            },
```

Die Antwort dazu findet sich in Listing 1.11.

Listing 1.11: OVSDB Monitor Antwort.

```
{
    "Interface": {
        "2978202b-f009-4f76-a06d-ac324ef76124": {
            "new": {
                "name": "testbr",
                "ofport": 65534
            }
        }
    },
    "Port": {
        "4a6b030f-1d0d-4bdd-aa6e-f897697ec81f": {
            "new": {
                "name": "testbr",
                "fake_bridge": false,
                "interfaces": [
                    "uuid",
                    "2978202b-f009-4f76-a06d-ac324ef76124"
                ],
                "tag": [
                    "set",
                    []
                ]
            }
        }
    },
    "Bridge": {
        "2e3c325f-e565-44d0-a23c-40acb57d7ddf": {
            "new": {
                "name": "testbr",
                "ports": [
                    "uuid",
                    "4a6b030f-1d0d-4bdd-aa6e-f897697ec81f"
```

```
                ],
                "fail_mode": [
                    "set",
                    []
                ],
                "controller": [
                    "set",
                    []
                ]
            }
        }
    },
    "Open_vSwitch": {
        "76536932-dcc4-4e56-908f-419d89759a5e": {
            "new": {
                "bridges": [
                    "uuid",
                    "2e3c325f-e565-44d0-a23c-40acb57d7ddf"
                ],
                "cur_cfg": 7
            }
        }
    }
}
```

Für die angefragten Tabellen werden in der ersten Antwort mit „new“ die Daten zurückgeliefert. Bei späteren Änderungen schickt der OVSDB Server allerdings ungefragt eine Update-Nachricht, bis der Client das Monitor-Request abbestellt.

Das Anlegen eines Ports auf einem Switch scheint eine einfache Operation zu sein. Tatsächlich führt das Kommando `ovs-vsctl add-port test-br eth0` jedoch zum einen zu einem neuen Eintrag in der Interface- und der Port-Tabelle sowie zu einer Aktualisierung der Tabelle Bridge (dort wird der neue Port dann zur Liste der Ports der Bridge hinzugefügt). Dies sind dann also 3 Änderungen durch eine Operation[4]. Im Vergleich zu dem aus relationalen Datenkbanken bekannten SQL sind die Funktionen zur Manipulation der Datenbank etwas komplexer. Es gibt in RFC 7047 sowohl eine Funktion „update“, wie auch „mutate“ zum Verändern. Mutate ist im Vergleich zu Update für Operationen der Art „a=a+1“ wohingegen Update Werte überschreibt ohne Bezug auf den bestehenden Wert zu nehmen. Die Funktionen „insert“ und „delete“ erfüllen die gleichen Aufgaben wie Ihre SQL-Gegenstücke.

4 Eigentlich sogar 4 Änderungen, da auch noch der Zähler für die aktuelle Konfiguration um eins erhöht wird.

2 OpenFlow

Das OpenFlow-Protokoll beziehungsweise OpenFlow als Technologie wird in vielen Publikationen mit dem Begriff SDN gleichgesetzt.

OpenFlow ist eine offene Schnittstelle, die die Grundidee von SDN, nämlich die Trennung von Control und Dataplane umzusetzen, und zum einen die Kommunikation zu standardisieren und zum anderen auch das logische Modell, *was* kommuniziert wird und *wie* die Daten strukturiert sind, festzulegen. Das Ziel ist dabei die Steuerung der Forwarding Plane, also die Kontrolle darüber, was mit Datenpaketen geschieht, die in ein OpenFlow-Gerät eintreten.

Die Kontrolle über den OpenFlow-Standard liegt bei der Open Network Foundation (ONF), deren Homepage sich unter [1] findet.

Der Standard besitzt verschiedene Versionen. Folgt der Leser den Releasenotes im Standard, so ist die erste veröffentlichte Version aus dem Jahr 2008 die Version 0.2.0 und die letzte zum Zeitpunkt als dieses Buch geschrieben wurde die Version 1.5.1 vom 26.3.2015. Dieser Standard steht unter [2] zum Download zur Verfügung.

Gebräuchlich sind die Versionen 1.0 und 1.3, auf die sich dieses Kapitel im Detail konzentriert. Die Erweiterungen der Versionen 1.4 und 1.5 werden noch dargestellt, damit der Leser auf künftige Implementierungen, die diese unterstützen, vorbereitet ist.

OpenFlow verwendet dabei noch eine hexadezimale Versionsnummer, die im Standard vermerkt ist (1.5 entspricht 0x06) und dementsprechend auch im Header der OpenFlow-Pakete steht. In manchen Implementierungen (zum Beispiel Zodiac FX, siehe Abschnitt 3.5) kommt diese Kennzeichnung zum Einsatz, um die Version einer Verbindung zwischen Switch und Controller anzuzeigen.

2.1 Die Struktur

Der OpenFlow-Standard abstrahiert das Innere eines OpenFlow-Switches und definiert dabei einige Komponenten, die auch unter anderen Begriffen bekannt sind, aber im Kontext von OpenFlow eindeutig belegt sind.

Controller Der Controller verwendet das OpenFlow-Protokoll, um Flows auf den Switch zu programmieren. Dazu kommuniziert er mit der minimalen Control Plane des Gerätes, die die Flows entgegen nimmt, und in die Flow-Tabellen einträgt. Außerdem kann die Control Plane-Statistik Informationen sammeln und an den Controller schicken. Es ist auch möglich, dass der Controller Pakete vom Switch geschickt bekommt und umgekehrt, Pakete mit der Anweisung sie über einen (oder mehrere Ports zu senden) an den Switch schickt.

(OpenFlow) Switch Die Bezeichnung Switch ist hier eigentlich nicht mehr ganz richtig, da im Gegensatz zum klassischen Switch auch Aufgaben eines Routers imple-

DOI 10.1515/9783110451870-003

mentiert werden können. Der OpenFlow-Switch enthält Ports, Flow-Tabellen, eine Group und Meter Table und den Control Channel, über den er mit dem oder den Controllern kommuniziert. Ein Switch kann mit mehreren Controllern verbunden sein.

Port Ein Port ist eine meist physische Schnittstelle, über die Pakete in den Switch gelangen, oder ihn verlassen. Neben den physischen Ports gibt es auch logische. Eine Liste der möglichen logischen Ports folgt weiter unten. Tunnel für Overlay-Netze wie GRE oder VXLAN gelten auch als Ports. Jeder Port hat eine eindeutige ID, in der Regel eine Zahl. Es gibt auch den Begriff des Interface bzw. des physischen Ports. Das läßt sich am besten an einem Verbund (LAG oder Bond) mehrer physischer zu einem logischen Interface verdeutlichen. Das Verbundinterface ist in OpenFlow-Logik der Port. Bei Filterung auf physische Interfaces kann dann aber noch differenziert werden, auf welchem Teilinterface des Verbundes das Paket hereinkam.

Flow Table Eine Flow-Tabelle enthält eine Liste von Floweinträgen. Flow-Tabellen haben einen Index, über den sie eindeutig identifizierbar sind. Mehrere hintereinander geschaltete Flow-Tabellen bilden die Pipeline zwischen Eingangs- und Ausgangsport (in OpenFlow Semantik Ingress und Egressport). OpenFlow 1.0 besitzt nur eine Flow-Tabelle.

Flow Entry Ein Floweintrag besteht aus einem Filter (dem sogenannten Match), der beschreibt, welche Pakete von diesem Eintrag verarbeitet werden, einer Priorität, die festlegt, welcher Floweintrag ein Paket verarbeiten soll, wenn die Filter mehrerer Floweinträge auf ein Paket passen, und einem Satz an Instruktionen, in denen steht, was mit dem Paket gemacht werden soll, wenn nach Auswertung von Priorität und Filter dieser Floweintrag als der richtige bestimmt wurde. Wenn im Folgenden von „Flow“ gesprochen wird, so ist damit eigentlich ein Flow Entry gemeint.

Group Table Eine Gruppentabelle enthält Gruppeneinträge, die zur strukturierten Verwaltung von Aktionen, die auf Pakete angewendet werden können, dient. Dieses Element ist ab OpenFlow 1.1 Bestandteil des Standards.

Group Eine Gruppe enthält eine Menge von Aktionen. Der Gedanke dabei ist, dass es häufiger vorkommt, dass verschiedene Filter zur gleichen Menge an Aktionen führen sollen (z.B. für alle Pakete, aus den Netzen 10.1.1.0/24 und 10.1.2.0/24, soll der VLAN-Tag 1000 eingefügt werden und sie sollen auf dem Port zum passenden Trunk ausgegeben werden). Damit die Liste der Aktionen nicht für jeden passenden Filter neu eingegeben werden muss, werden die Aktionen in einen Action Bucket in einer Gruppe geschrieben und dann nutzen die Flow Entries als Instruktion diese Gruppe.

Meter Table Neben der Steuerung, wo Pakete den Switch wieder verlassen und der Manipulation der Pakete durch Aktionen, erlaubt OpenFlow auch eine Kontrolle der Bandbreite beziehungsweise Paketrate, mit der sie weitergeleitet werden. Die

Metertabelle entält die Definitionen, die dann wieder aus Floweinträgen referenziert werden können.

Datapath Der Datapath bezeichnet den gesamten Teil des Switches, in dem die Pakete verarbeitet werden. Er ist vom durch den Controller programmierten Control Channel abgegrenzt. Bei Hardware Switches kommt für den Datapath in der Regel aus Leistungsgründen spezielle Hardware zum Einsatz, die darauf optimiert ist, schnell Pakete weiterzuleiten.

Abbildung 2.1 zeigt die Struktur in einem logischen Diagramm.

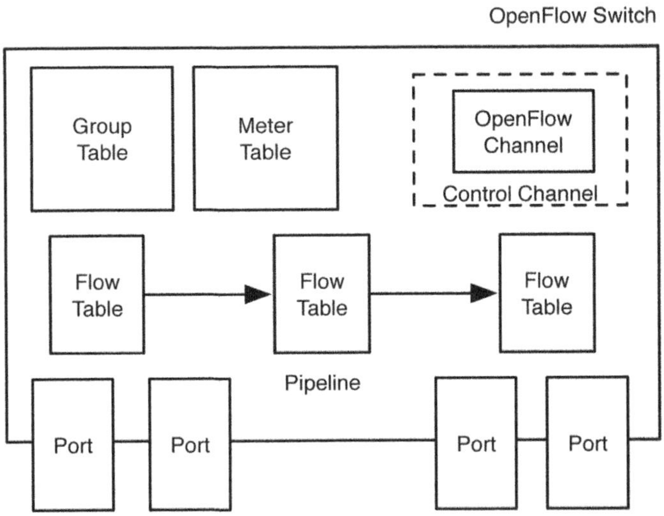

Abb. 2.1: Logische Struktur eines OpenFlow Switches.

2.1.1 Ports

Ports spielen sowohl ein- wie ausgehend eine wichtige Rolle. Zum einen kann der Eingansport als Filterkriterium dienen[1], zum anderen wird das Paket nach aller Verarbeitung am Ende in der Regel auf einem oder mehreren Ports wieder den Switch verlassen. Innerhalb der meisten Controller gibt es daher eine Datenstruktur für die Ports, die aus einem OpenFlow-Identifier des Switches gefolgt mit der ID des Ports besteht. Für die physischen (und in der Regel auch die Tunnel-Ports) gibt es eine eindeutige Zahl, die der Switch festlegt. Allerdings gibt es auch logische Ports mit im

1 Ab Version 1.5 können auch Ausgangsports verwendet werden.

Standard festgelegten Namen, die hier vorgestellt werden sollen, damit klar ist, wie sie in der Flow-Programmierung verwendet werden.

ALL Wie der Name vermuten lässt, sind damit alle Ports gemeint. Wird „ALL" als Ausgangsport gewählt, so wird das Paket wie bei einem Broadcast auf allen Ports gesendet. Allerdings mit Ausnahmen. Der Port, auf dem das Paket in den Switch gelangt ist, ist ausgenommen und alle Ports, auf die als nicht weiterleitend markiert wurde. ALL kann in Filtern nicht als Eingangsport verwendet werden.

CONTROLLER Dieser Port bezeichnet die Verbindung zum OpenFlow-Controller. Sendet der Controller ein Paket mit Sendeanweisung, welches noch per Flow-Regeln weiterverarbeitet werden soll, so funktioniert Controller als Filter. Wird es als Ausgangsport in der Aktion verwendet, so wird das Paket an den Controller gesendet, der es als „packet-in"-Nachricht zugestellt bekommt und dann den Inhalt analysieren kann. Es ist dabei möglich, die Länge der übermittelten Daten zu begrenzen.

TABLE „TABLE" kann nur als Ausgangsport verwendet werden. Das Paket wird damit zur Verarbeitung an die erste Tabelle übergeben[2]. GOTO-TABLE ist eine Instruktion, mehr dazu weiter unten.

IN_PORT Dies ist der Port, durch den das Paket in den Switch gelangt ist. Soll das Paket nach Manipulation dort wieder herausgesendet werden, ist dieser logische Port zu verwenden. Dieser Port kann nur als Ausgangsport verwendet werden.

UNSET Wird dieser Port als Ausgangsport in einer Liste von Aktionen verwendet, so ist damit angezeigt, dass der Ausgangsport noch nicht durch eine der Aktionen gesetzt wurde. Dies kann bei einer Verarbeitung durch mehrere Tabellen verwendet werden, um Pakete zu finden, die noch einen Ausgangsport benötigen.

ANY Dies entspricht bei Filtern der Wildcard. Damit kann ein Match auf beliebige Ports filtern.

NORMAL Dieser logische Port ist optional und wird auf reinrassigen OpenFlow-Switches nicht angeboten. „NORMAL" als Ausgangsport bedeutet, dass der Switch das Paket dort aussendet, wo er es als normaler nicht OpenFlow-Switch auch senden würde. Das setzt voraus, dass der Switch trotz OpenFlow z.B. die Zuordnung zwischen MAC-Adresse und Port lernt[3].

FLOOD Auch dieser logische Port ist optional. Genau wie „NORMAL" verlässt er sich auf klassische Switchfunktionen um ein Paket als Broadcast auf den „richtigen" Ports zu senden. „Richtig" bedeutet dabei im Prinzip das gleiche wie „ALL", aber unter Berücksichtigung von VLAN-IDs, die bei „ALL" keine Rolle spielen. Was ein Switch, der FLOOD unterstützt daraus macht, hängt von der Implementierung ab.

---

2 Dies kann ein bisschen wie eine Goto-Anweisung aus früheren Programmiersprachen verwendet werden, um ein bereits manipuliertes Paket mit den neuen Werten erneut durch die Flow-Regeln zu senden.

3 Der Standard spricht dabei davon, dass das Paket der normalen L2- oder L3-Pipeline übergeben wird, was aber vorraussetzt, dass eine solche existiert.

2.1.2 Switch-Typen

OpenFlow unterscheidet zwischen OpenFlow-Only und hybrid Switchen. Letztere verwenden auch noch klassische Methoden zum Lernen, sodass die logischen Ports NORMAL und FLOOD funktionieren.

2.1.3 Anmerkungen zum Protokoll

Nehmen ein Switch und ein Controller Verbindung auf, so verhandeln sie die Protokollversion, die verwendet werden soll. Beide Seiten bieten eine an und die höchste gemeinsame wird genommen.

Danach fragt der Controller die implementierten Funktionen des Switches ab.

Ein Switch kann die Verbindung zu mehreren Controllern halten. Im Zusammenspiel gibt es hier verschiedene Rollen, die der Controller einnehmen kann.

equal Der Controller hat vollen schreibenden und lesenden Zugriff auf den Switch. Gibt es mehr als einen Controller, so haben alle anderen, die auch „equal" sind, denselben Zugriff.

slave Der Controller hat lediglich lesenden Zugriff

master Der Controller hat alleine schreibenden Zugriff.

In der Kommunikation zwischen Switch und Controller gibt es auch Nachrichten, die der Switch schickt, wie das Hinzufügen eines Ports. Weiterhin ist es möglich, dass ein Switch ein eingegangenes Paket ganz oder zum Teil an den Controller geschickt. Umgekehrt kann der Controller auch ein Paket konstruieren, an den Switch übertragen und diesen anweisen, es aus einem angegebenen Port hinauszusenden.

Bei allen Operationen, die die Konfiguration des Switches verändern, wie das Anlegen eines Flows, gibt es auch passende Operationen zum Löschen und Ändern.

2.1.4 Flows und Flow-Tabellen

Der Ablauf der Verarbeitung eines Paketes durch den OpenFlow-Switch sieht folgendermaßen aus:

- Das Paket kommt durch den Eingangsport in den Switch.
- Flow-Tabelle 0 ist immer die erste, die herangezogen wird, um einen Floweintrag zu finden, der zum Paket passt.
- Ist dieser gefunden, so werden die Instruktionen des Flows in eine Liste geschrieben (Instruktionen haben eine Ordnungsnummer, die die Reihenfolge angibt).
- Ist in keiner der Instruktionen ein Verweis auf eine Weiterverarbeitung in einer anderen Tabelle, so werden die Instruktionen angewendet und dies beinhaltet in

der Regel auch mindestens eine Anweisung das Paket aus dem Switch zu senden und die Verarbeitung ist abgeschlossen.
- Andernfalls wird der Vorgang für die Flow-Tabelle auf die verwiesen wurde, wiederholt.

Wird allerdings in der Flow-Tabelle kein passender Flow gefunden, so greift der Flow Miss-Eintrag in der Tabelle. Dies ist gewissermaßen der Aufräumeintrag der beschreibt, was mit allen Paketen passieren soll, die zu keinem anderen Flow passen. Im einfachsten Fall werden die Pakete verworfen, oder zum Controller geschickt, damit dieser als Reaktion auf neue Pakete Floweinträge erzeugen kann, die diese verarbeiten.

Das Wichtigste zum Verständnis ist die Struktur eines OpenFlow-Flows. In der Netzwerkwelt beschreibt der Begriff Flow im Allgemeinen eine Verbindung, z,B. eine TCP-Verbindung zwischen zwei Hosts. In diesem Fall sind dies dann die Quell- und Ziel-IP-Adressen sowie die Ports und das gegebene Protokoll TCP. Bei OpenFlow ist die Struktur jedoch komplizierter. Ein Flowentry besteht aus einer Liste von Matches, dies sind Filter wie im Beispiel der TCP-Verbindung, jedoch sind hier weitaus mehr Filter möglich. Des weiteren enthält ein Flowentry eine Priorität, damit bei Überschneidungen in den Filtern festgelegt werden kann, welcher gilt (gibt es zum Beispiel einen Flow mit dem Filter TCP-Zielport 80 und einen anderen Flow mit dem Filter Ziel-IP-Adresse 10.1.1.1, welcher Flow ist dann der richtige für ein Paket zur IP 10.1.1.1 mit Zielport 80?). Jeder Floweintrag enthält eine Menge von Zählern, die je nach Menge und Bytes der Pakete, die im laufenden Betrieb durch diesen Flow laufen, aktualisiert werden und eine Liste von Instruktionen, die beschreiben, was mit dem Paket, welches durch den Flow läuft, geschehen soll. Auf der Ebene des Floweintrages gibt es dann noch Timeout-Werte, die angeben wie lange der Flow absolut gültig sein soll, oder wie lange nach Anlegen er gültig sein soll, wenn kein Paket, das zu den Filtern passt, vorbeikommt. Schließlich gibt es noch einen Cookie-Wert, den der Controller setzt und den er zum Wiederfinden von Flows verwenden kann.

Im Folgenden wird im Detail auf die wesentlichen Komponenten eines Flows: Matches und Instructions eingegangen.

2.1.4.1 Matches

Matches sind die Filter, die ein Flowentry verwendet, um die Pakete zu finden, auf die seine Instruktionen angewendet werden sollen. Dabei erlaubt OpenFlow Felder aus den Paketheadern von Ethernet, IP und dem darüberliegenden Transportprotokoll (ICMP, UDP, TCP oder SCTP). Bei den IP-Protokollen sind IPv4 und IPv6 möglich, wobei IPv6 erst mit der Version 1.2 des OpenFlow-Standards dazu kam. Zusätzlich sind auch Filter auf VLAN- und MPLS-Parameter von Paketen möglich, sodass auch diese „zwischen" den OSI-Schichten 2 und 3 angeordneten Protokolle als Filterkriterium dienen können. Einige der Werte müssen exakt angegeben werden (zum Beispiel das IP Type of Service-Feld), bei anderen können Masken angegeben werden (zum Beispiel IP-Adressen, bzw. -Netze). Im IPv4-Bereich gibt es außerdem Filter auf die verschiedenen Felder von ARP-Paketen.

Jeder Feldtyp kann in einem Match nur einmal vorkommen, es ist also nicht möglich, die logische Bedingung „IP-Quell-Adresse 1.2.3.4 oder IP-Quell-Adresse 2.3.4.5" in einem Match abzubilden. Weiterhin gibt es noch logische Abhängigkeiten zwischen den unterschiedlichen Protokollschichten. Soll der Match auf bestimmte IPv4-Felder zutreffen, so muss auch eine Bedingung des Matches den passenden Ethernet-Typ (0x800) enthalten.

Zusätzliche Bedingungen, die noch hinzugezogen werden können, sind der Eingangsport des Paketes sowie das Metadata-Feld, welches als Zwischenspeicher verwendet werden kann[4].

Tabelle 2.1 listet die möglichen Matchfelder des OpenFlow 1.3 Standards auf. Bei den Abhängigkeiten ist darauf zu achten, dass diese rekursiv sind. Etwa muss bei Verwendung von TCP_PORT der Wert von IP_PROTO 6 sein. Die Verwendung von IP_PROTO bedingt aber wiederum das ETH_TYPE auf 0x800 (IPv4) oder 0x86dd (IPv6) steht.

Bei den Werten die maskierbar sind, kann dem Wert (zum Beispiel der IP-Adresse) ein zweiter Wert folgen, der dieselbe Anzahl Bits enthält und anzeigt, welche Bits des Wertes im Paket gesetzt sein müssen, damit der Match „wahr" ergibt. Im Paket gibt es dazu ein Bit, welches anzeigt, ob der Wert des Matches eine Maske oder ein exakter Wert ist. Beim Angeben von Netzwerk-Adressen mag ist dies ja noch durchaus noch üblich sein, aber bei einer VLAN-ID, die Netzwerk-Admins üblicherweise als Dezimalwert verwenden, und die in Netzwerk-Designs auch meistens nicht mit den Grenzen verwendet wird, die sich aus Bitmasken ergeben, kann es zu Problemen kommen, wenn versucht wird, über eine Bitmaske die IDs 1-7 in einen Match zu bekommen.

IPv4-Adressen, sowie TCP- und UDP-Ports gibt es zwar schon seit OpenFlow-Version 1.0 dort hießen sie aber noch anders. Abschnitt 2.2 zeigt die Namen in der Version, die sich unter anderem auch in der Beschreibung der Syntax von Open vSwitch (siehe 3.1) finden.

2.1.4.2 Counter

OpenFlow-Regeln sorgen nicht nur dafür, dass Pakete klassifiziert und verarbeitet werden, sondern sie lassen den Switch auch mitzählen, wie viele Pakete welcher Größe welcher Bedingung entsprechen. Die Zähler gibt es auf den logischen Strukturen der Flow-Tabellen, der einzelnen Flows, pro Port, pro Queue, pro Gruppe, pro

4 Die Idee ist hier, ein Flow schreibt als Aktikon einen Wert zum Merken in dieses Feld, verweist dann auf eine andere Tabelle, in der ein Match nur dann greift, wenn der Merkwert enthalten war. Mit der Version 1.5 des Standards können auch Werte aus einem Feld des Paketes zum Merken kopiert werden.

Tab. 2.1: Matches in OpenFlow 1.3.

IN_PORT	Eingangsport des Paketes	32-Bit-Wert mit der ID des Ports[a]	keine	
METADATA	Metadaten aus einer vorigen Aktion	Hexadezimalwert 64bit	1.1	keine
ETH_DST	Ethernet-Ziel-Adresse maskierbar	00:11:22:33:44:55	1.0	keine
ETH_SRC	Ethernet-Quell-Adresse maskierbar	00:11:22:33:44:55	1.0	keine
ETH_TYPE	Ethernet Typ des Paketes	16-Bit-Zahl etwa 0x800	1.0	keine
VLAN_VID	VLAN ID	12-Bit-Zahl zwischen 0 und 4094. 4095 heißt kein VLAN Tag	1.1	keine
VLAN_PCP	VLAN Priorität	3-Bit-Wert zwischen 0 und 7	1.1	VLAN_VID darf nicht leer sein
IP_DSCP	IP-DSCP-Feld des Heders	6-Bit-Wert im TOS Feld	1.0	ETH_TYPE muss 0x800 oder 0x86dd sein
IP_ECN	ECN-Feld des IP-Headers	2-Bit-Wert zwischen 0 und 3	1.0 oder früher	ETH_TYPE muss 0x800 oder 0x86dd sein
IP_PROTO	Das Protkoll (ICMP, UDP, TCP oder SCTP)	Prokollnummer des Protokolls 1, 6, 17 oder 132	1.0 oder früher	ETH_TYPE muss 0x800 oder 0x86dd sein
IPV4_SRC	IPv4-Quell-Adresse, maskierbar	1.2.3.4 bzw. 1.2.3.0	1.0 oder früher	ETH_TYPE muss 0x800 sein
IPV4_DST	IPv4-Ziel-Adresse, maskierbar	1.2.3.4 bzw. 1.2.3.0	1.0 oder früher	ETH_TYPE muss 0x800 sein
TCP_SRC	TCP Quellport, maskierbar	80	1.0 oder früher	IP_PROTO muss 6 sein
TCP_DST	TCP Zielport, maskierbar	80	1.0 oder früher	IP_PROTO muss 6 sein
UDP_SRC	UDP Quellport, maskierbar	80	1.0 oder früher	IP_PROTO muss 17 sein
UDP_DST	UDP Zielport, maskierbar	80	1.0 oder früher	IP_PROTO muss 17 sein
SCTP_SRC	SCTP Quellport, maskierbar	80	1.1	IP_PROTO muss 132 sein
SCTP_DST	SCTP Zielport, maskierbar	80	1.1	IP_PROTO muss 132 sein
ICMPV4_TYPE	ICMP Typ, maskierbar	8 (Echo)	1.0 oder früher	IP_PROTO muss 1 sein
ICMPV4_CODE	ICMP Typ, maskierbar	0	1.0 oder früher	IP_PROTO muss 1 sein
ARP_OP	ARP Operation z.B. Request	2 Byte Wert 1 ist Request	1.0 oder früher	ETH_TYPE muss 0x806 sein
ARP_SPA	ARP Source-IP-Adresse, maskierbar	1.2.3.4 oder 1.2.3.0/24	1.0	ETH_TYPE muss 0x806 sein
ARP_TPA	ARP Target-IP-Adresse, maskierbar	1.2.3.4 oder 1.2.3.0/24	1.0	ETH_TYPE muss 0x806 sein

a Logische Ports haben hier feste Werte.

Tab. 2.1: (fortgesetzt)

IN_PORT	Eingangsport des Paketes	32-Bit-Wert mit der ID des Ports[a]	keine	
ARP_SHA	ARP Source-Hardware-Adresse, maskierbar	00:11:22:33:44:55	1.0 oder früher	ETH_TYPE muss 0x806 sein
ARP_THA	ARP Target-Hardware-Adresse, maskierbar	00:11:22:33:44:55	1.0 oder früher	ETH_TYPE muss 0x806 sein
IPV6_SRC	IPv6-Quell-Adresse, maskierbar	aaaa:bbbb:cccc:dddd:eeee:ffff:1111:2222 bzw. aaaa:bbbb:cccc::	1.2	ETH_TYPE muss 0x86dd sein
IPV6_DST	IPv6-Ziel-Adresse, maskierbar	aaaa:bbbb:cccc:dddd:eeee:ffff:1111:2222 bzw. aaaa:bbbb:cccc::	1.2	ETH_TYPE muss 0x86dd sein
IPV6_FLABEL	IPv6-Flowlabel, maskierbar	20-Bit-Wert	1.2	ETH_TYPE muss 0x86dd sein
ICMPV6_TYPE	ICMPv6 Typ, maskierbar	8-Bit-Wert zwischen 0 und 255	1.2	IP_PROTO muss 58 sein
ICMPV6_CODE	ICMPv6 Code, maskierbar	8-Bit-Wert zwischen 0 und 255	1.2	IP_PROTO muss 58 sein
IPV6_ND_TARGET	Ziel-Adresse einer Neighbor Discovery	aaaa:bbbb:cccc:dddd:eeee:ffff:1111:2222	1.2	ICMPV6_TYPE muss 135 oder 136 sein
IPV6_ND_SLL	Link-Layer-Quell-Adresse der Neighbor Discovery	MAC-Adresse der Discovery 00:11:22:33:44:55	1.2	ICMPV6_TYPE muss 135 sein
IPV6_ND_TLL	Link-Layer-Ziel-Adresse der Neighbor Discovery	MAC-Adresse der Discovery 00:11:22:33:44:55	1.2	ICMPV6_TYPE muss 136 sein
MPLS_LABEL	Das äußerste MPLS-Label eine Paketes	20-Bit-Wert	1.1	ETH_TYPE muss 0x8847 oder 0x8848 sein
MPLS_TC	Traffic Class Feld des äußersten MPLS-Headers	3-Bit-Wert zwischen 0 und 7	1.1	ETH_TYPE muss 0x8847 oder 0x8848 sein
MPLS_BOS	Bottom-Of-Stack-Bit des äußersten MPLS-Headers	1 oder 0	1.3	ETH_TYPE muss 0x8847 oder 0x8848 sein
PBB_ISID	ID der Provider Backbon Bridge	24-Bit-Wert	1.3	ETH_TYPE muss 0x88E7 sein
IPV6_EXTHDR	Der Extension Header eines IPv6-Paketes	9-Bit-Wert	1.3	ETH_TYPE muss 0x806 sein
TUNNEL_ID	64-Bit-Wert mit den Metadaten eines Tunnels	64-Bit-Wert	1.3	keine

a Logische Ports haben hier feste Werte.

Group Bucket sowie pro Meter und Meter Band (was die letzten 4 Begriffe bedeuten, erklären die Abschnitte 2.1.4.6 und 2.1.4.7.

Der Standard unterscheidet dabei zwischen Countern, die vorhanden sein müssen und Countern die vorhanden sein können.

Tabelle 2.2 gibt eine Übersicht der Zähler, wie sie der OpenFlow-Standard in der Version 1.3 vorgibt.

Tab. 2.2: Matches in OpenFlow 1.3.

Zähler und Einheit	Bits	Optional
Pro Flow-Tabelle		
Anzahl Flows in der Tabelle	32	
Anzahl Pakete gegen die Tabelle	64	X
Anzahl Pakete für die ein Match gefunden wurde	64	X
Pro Floweintrag		
Empfangene Pakete	64	X
Empfangene Bytes	64	X
Seit wann aktiv in Sek	32	
Seit wann aktiv nano Sek Anteil	32	X
Pro Port		
Empfangene Pakete	64	
Gesendete Pakete	64	
Empfangene Bytes	64	X
Gesendete Bytes	64	X
Drops im Empfang	64	X
Drops im Senden	64	X
Fehler beim Empfang	64	X
Fehler beim Senden	64	X
Fehler im Alignment der Pakete beim Empfang	64	X
Überlauf-Fehler beim Empfang	64	X
Checksummen-Fehler beim Empfang	64	X
Kollisionen	64	X
Dauer die der Port bekannt ist in Sekunden	32	
Dauer die der Port bekannt ist nano Sekundenanteil	32	X
Pro Queue		
Gesendete Pakete	64	
Gesendete Byte	64	X
Überlauf-Fehler beim Senden	64	X
Dauer, die die Queue angelegt ist in Sekunden	32	
Dauer, die die Queue angelegt ist, nano Sekunden Anteil	32	X

Tab. 2.2: (fortgesetzt)

Zähler und Einheit	Bits	Optional
Pro Gruppe		
Zähler in wievielen Flow Entries die Gruppe verwendet wird	32	X
Anzahl Pakete	64	X
Anzahl Bytes	64	X
Dauer, die die Gruppe angelegt ist in Sekunden	32	
Dauer, die die Gruppe angelegt ist nano Sekunden Anteil	32	X
Pro Bucket einer Gruppe		
Anzahl Pakete	64	X
Anzahl Bytes	64	X
Pro Meter		
Anzahl Flows	32	X
Anzahl Eingangspakete	64	X
Anzahl Eingangsbytes	64	X
Dauer, die das Meter bekannt ist in Sekunden	32	
Dauer, die das Meter bekannt ist nano Sekunden Anteil	32	X
Pro Meter Band		
Anzahl Pakete, die sich an das Meter halten	64	X
Anzahl Bytes, die sich an das Meter halten	64	X

Bei den Zählern für die Dauer ist gemeint, wie lange die jeweilige Komponente bekannt ist. Bei Flows ist dies noch logisch, da diese angelegt werden. Bei Ports von physischen Geräten nur bedingt, wenn sie Virtualisierung anbieten, bei virtuellen Switches wie Open vSwitch kann der Administrator einfach einen Port dazukonfigurieren, und ab dann fängt der Zeitzähler an.

2.1.4.3 Instructions

Ist der passende Flow aufgrund der Matches gefunden, geht es daran, etwas mit dem Paket anzustellen. Dazu dienen die Instruktionen. Gerade wenn man bereits mit OpenFlow-Software wie Open vSwitch experimentiert hat, ist es wichtig, diese Abstraktionsebene die logisch oberhalb der Aktionen liegt, zu verstehen[5]. Es gibt sechs verschiedene Instruktionstypen:

Meter Diese Instruktion erhält als Argument die ID eines Meters und das Paket wird durch dessen Verarbeitung geschickt, um zu kontrollieren, ob die Bandbreitenbe-

5 OpenFlow 1.0 kennt dieses Konzept noch nicht.

schränkungen eingehalten werden. Dieser Instruktionstyp muss nicht implementiert sein.

Apply-Actions Eine Liste von Aktionen, die in der Instruktion enthalten sind, werden sofort angewendet. Wird das Paket dabei verändert, wird das so veränderte Paket durch die weitere Verarbeitung geschickt. Auch diese Instruktion ist optional.

Write-Actions Eine Liste von Aktionen wird zur bereits bestehenden Liste hinzugefügt (existiert noch keine Liste wird eine neue angelegt). Existiert eine Aktion desselben Typs (z.B. MPLS-Label einfügen) bereits, wird diese überschrieben. Ist eine Aktion, die ein Feld überschreibt (z.B. die Ziel-IP-Adresse) bereits vorhanden, wird der Zielwert überschrieben, sonst wird die Set-Field Aktion hinzugefügt.

Clear-Actions Die bisher angesammelte Liste von Aktionen wird gelöscht. Diese Instruktion muss nicht implementiert sein.

Write-Metadata Diese Instruktion enthält einen (optional maskierten) 64bit Wert, der für die Verarbeitung des Paketes über mehrere Flow-Tabellen erhalten bleibt. Dies funktioniert wie ein Registerwert einer CPU, in der ein statischer Wert gespeichert werden kann. Diese Instruktion ist optional

Goto-Table Diese Instruktion sorgt dafür, dass die Verarbeitung in der angegebenen Tabelle (32-Bit-Wert) weitergeht. Dabei darf die Verarbeitung in der Liste der Tabellen immer nur vorwärts springen. Ist der Switch in der letzten seiner Tabellen angekommen, kann die Instruktion nicht mehr angewandt werden. Außer den Metadaten bleibt auch die Liste der Aktionen (das Action Set) bei dieser Verarbeitung erhalten. Diese Instruktion ist zwingend zu implementieren, außer, dass der Switch nur eine Tabelle unterstützt. Da diese dann die letzte ist, darf sie ja nicht angewendet werden.

2.1.4.4 Actions Sets und Action Lists

Der spannende Teil eines Flows sind die Aktionen, mit denen bestimmt wird, wo die Pakete den Switch verlassen, und wie sie manipuliert werden. Dabei besitzt OpenFlow zwei logisch unterschiedliche Konzepte, das Action Set, welches mit der Write Actions-Instruktion befüllt wird, und die Action List, welche bei der Apply Actions Instruktion sofort angewendet wird. Der erste Unterschied zwischen den beiden ist, dass die Liste eine geordnete Liste ist, bei der der Entwickler die Reihenfolge vorgibt, etwa zuerst die Ziel-IP ändern, dann die Ziel-MAC ändern, dann das Paket auf Port X aussenden, dann nochmal die Ziel-IP ändern und dann das Paket auch auf Port Y aussenden. Die Menge (das Set) hat aber eine vorgegebene Ausführungsreihenfolge und von jedem Typ Aktion (bzw. jedes Feld das geschrieben wird) darf es nur eine Instanz geben. So lassen sich etwa bei MPLS über das Action Set **nicht** mehrere Labels einfügen, sondern der Flow muss dann mit Apply Actions arbeiten. Bei der Verwendung von Write-Actions würde hier das zweite Label das erste überschreiben. Das angesammelte Action Set „klebt" am Paket, wenn es den Switch verlässt und alle Aktionen, die Felder manipulieren, werden dann ausgeführt, bevor das Paket gesendet wird.

Die Reihenfolge der Aktionen für das Action Set definiert der Standard folgendermaßen:

1. Alle Aktionen, die eine TTL nach innen kopieren werden ausgeführt
2. Alle Aktionen, die ein Label (VLAN oder MPLS) entfernen, werden ausgeführt
3. Alle Aktionen, die MPLS-Labels pushen, werden ausgeführt
4. Alle Aktionen, die ein Provider Backbone Bridge (PBB)-Tag pushen, werden ausgeführt
5. Alle Aktionen, die ein VLAN-Tag pushen, werden ausgeführt
6. Alle Aktionen, die eine TTL nach außen kopieren, werden ausgeführt
7. Alle Aktionen, die eine TTL verringern, werden ausgeführt
8. Alle Aktionen, die Werte in Headern mit der Set-Aktion ausführen, werden ausgeführt
9. Alle QoS-Aktionen, wie set_queue werden ausgeführt.
10. Wird eine Gruppen Aktion ausgeführt, so werden die Aktionen im Group Bucket nach der Reihenfolge dieser Liste ausgeführt.
11. Gibt es keine Gruppenaktion, so wird eine Output-Aktion (das Senden des Paketes) ausgeführt.

Die Auswahl, ob Apply-Actions mit einer geordneten Liste oder Write Action mit einem Action Set zum Einsatz kommen (oder eine Kombination aus beiden), hängt von der logischen Funktion ab, die die Flows umsetzen sollen. Manipulationen, die iterativ möglich sind, wie das Einfügen oder Entfernen von MPLS-Labels oder VLAN-Tags, benötigen eine Liste, die mit Apply Action zum Einsatz kommt. Bei der Entwicklung einer Flowlogik ist auch zu beachten, dass bei Apply-Action die Pakete im Fluss durch die Pipeline manipuliert werden, und sich damit auch die Daten, die dem Match präsentiert werden, ändern. Besitzt die Liste der Instruktionen eines Flows etwa ein Apply Actions, welches die Ziel-IP zu 1.2.3.4 umschreibt, und sie war vorher 2.3.4.5, dann würde bei einem Verweis in eine weitere Tabelle über Goto-Table **nach** dem Apply-Actions dort ein Match auf die Ziel-IP 2.3.4.5 aber kein Match auf 1.2.3.4 greifen.

2.1.4.5 Actions

Aktionen sind das A und O eines Flows. Ohne Aktion wird das Paket verworfen (was im Sinne einer Filterung beabsichtigt sein kann). Im Groben gibt es Aktionen um Felder im Paket-Header zu ändern, Felder einzufügen und Ausgabeaktionen um ein Paket auf einem oder mehreren Ports aus dem Switch zu senden. In älteren OpenFlow-Versionen gab es für die verschiedenen Aktionen zum Ändern von Werten im Header einzelne Aktionen, dieses Konzept wurde zugunsten der Set Field-Aktion geändert. Wie bei den Parametern bis hierher gibt es auch bei den Aktionen einige, die implementiert sein müssen und Aktionen die implementiert sein können. Je mehr von den Optionalen Aktionen implementiert sind, desto vollständiger ist eine OpenFlow-Implementation.

OpenFlow 1.3 definiert die Aktionen, die in Tabelle 2.3 aufgelistet sind.

Tab. 2.3: Aktionen in OpenFlow 1.3.

Aktion	**Argument**	**Beschreibung**	**Optional**
Output	Portnummer	Ausgabe des Paketes auf dem Port mit der angegebenen Nummer, Logische Ports haben ebendfalls IDs	
Group	Id der Gruppe	Paket wird durch die Aktionen der Gruppe geleitet, was das genau bedeutet, hängt von der Implementierung der Gruppe ab	
Drop		Diese Aktion ist nur symbolisch, da sie umgesetzt wird, wenn es keine Output Action in der Action List oder dem Action Set gibt	
Set-Queue	ID der Queue	Besitzt ein Port mehrere Output Queues zur Steuerung des QoS-Verhaltens, legt diese Aktion sie fest	X
Push-Tag/Pop-Tag	Ethertype	Die Aktion fügt bei Push einen Tag bzw. Label ein, und entfernt ihn bei Pop. Das Argument ist der Ethernet-Type des Tags oder Label. 0x8100 oder 0x88a8 für VLANs und 0x8847 oder 0x8848 für MPLS.	X
Set-Field	Typ und Wert	Mit dieser Aktion lassen sich Werte in den Paket Headern umschreiben. Bei mehreren Instanzen eines HEaders desselben Typs (etwa VLAN) wird nur der äußerste manipuliert.	X
Change-TTL	Neue TTL	Diese Aktion gibt es in vier Inkarnationen. Setzen der IP- oder MPLS-TTL oder das verringern von IP- oder MPLS-TTL wobei dann kein Argument übergeben wird. Es ist auch möglich die TTL vom äußersten zum nächstinneren Header bzw. umgekehrt zu kopieren. Von außen nach innen funktioniert dies IP zu IP, MPLS zu MPLS und MPLS zu IP. Entsprechend nach außen IP zu MPLS und gleiche Header untereinander	X

Zu VLANs und MPLS-Labels gehören eine ID und weitere Parameter. Die logische Funktion, die hinter dem Einfügen eines Tags oder Labels steht ist aber in der Regel nicht ‚irgendein' Wert sondern zum Beispiel „VLAN-TAG 1001 einfügen". Zum Setzen des richtigen Wertes ist dann eine Set-Field-Aktion notwendig. die eingefügten Tags haben aber Standardwerte die sich entweder aus einem bestehenden Header ergeben (das bedeutet, dass beim Einfügen eines weiteren MPLS-Tags vor einen bestehenden die MPLS-ID im neuen Header die gleiche ist, wie die im bereits existierenden), oder der Wert wird auf 0 gesetzt, wenn es keinen gleichen Header gibt. Dementsprechend müssen die Aktionen die Werte des äußeren Headers danach sinnvoll befüllen. Bei der MPLS-TTL wird die IP-TTL herangezogen. Bei Provider Backbone Bridging die

Ethernet-MAC Source- und Destination-Adressen für die PBB-C-SA- und PBB-C-DA-Felder, sowie das VLAN-PCP-Feld fuer PBB-I-SID.

Die Felder, die mit der Set-Field-Operation manipuliert werden können, sind dieselben wie die Felder, die Match versteht und in Tabelle 2.1 aufgelistet. Allerdings kann hier **nicht** mit Masken gearbeitet werden.

2.1.4.6 Groups

Gruppen sind eine Abstraktionsebene auf der aktiven Seite von OpenFlow. Ein Switch hält eine Tabelle von Gruppeneinträgen, die mit einer eindeutigen ID versehen sind. Eine Aktion kann dann sein, auf diesen Gruppeneintrag zu verweisen (vgl. 2.3).

Ein Gruppeneintrag enhält die eindeutige ID, den Typ des Eintrags (mehr dazu gleich) und Zähler (siehe 2.2). Die Typen der Gruppeneinträge sehen wie folgt aus:

indirect Der Action Bucket enthält genau ein Action Set. Dies ist dafür gedacht, eine Menge von Aktionen, die von vielen Floweinträgen ausgeführt werden soll, an einer Stelle zentral zu halten, statt sie in jeden Floweintrag schreiben zu müssen. Dies vereinfacht die Verwaltung, da bei einer Änderung dieser Menge von Aktionen nur der Gruppeneintrag angepasst werden muss.

all Bei dieser Variante stehen im Eintrag mehrere Actions Sets (Buckets), die alle nacheinander ausgeführt werden. Dabei wird eine Kopie des aktuellen Standes des Pakete für jedes Action Set erzeugt und die Aktionen werden darauf angewendet. So ist es möglich, über eine Gruppe ein Paket auf mehreren Ports auszusenden (und dabei je nach Port noch Änderungen an dem Paket vorzunehmen). So lassen sich selektive Broad- oder Multicastszenarien abbilden.

select Auch dieser Typ enthält mehrere Action Buckets. Aber es wird nur einer davon ausgeführt. Welcher dies ist, wird von einem externen Algorithmus entschieden. Gedacht ist dies für Load Balancing und der Algorithmus, mit dem der Switch das umsetzt, soll laut dem Standarddokument für eine „gleichmäßige Verteilung" sorgen. Dabei läßt sich der Standard aber nicht darüber aus, wie dies implementiert werden soll. Dieser Typ ist auch optional und muss nicht implementiert sein.

fast failover Bei diesem, ebenfalls optionalen, Typ hängt an jedem Bucket ein Port, dessen Erreichbarkeit (im Standard „liveliness") überprüft werden kann. Der Bucket des ersten Ports, der erreichbar ist wird ausgeführt. Dabei besitzen die Buckets eine Reihenfolge, in der geprüft wird, sodass die Möglichkeit zur Priorisierung besteht. Dieser Typ ist für Hochverfügbarkeitsszenarien gedacht, bei denen sichergestellt sein soll, dass ein Paket wenigstens ein Ziel erreicht.

2.1.4.7 Meters

Meters sind eine Funktion von OpenFlow, mit der einfache QoS-Mechanismen im Switch umsetzbar sind. Neben der Group Table gibt es auch eine Meter Table, die Metereinträge enthält. Im Gegensatz zur Anwendung der Gruppe ist der Sprung in die Meter Table aber eine Instruction. Die Einträge der Meter Table besitzen eine ID, über die sie referenziert werden, Zähler, Flags und eine Liste von sogenannten Meter Bands. Ein Meterband besteht aus einer Rate in der Einheit des Meters (Kilobit pro Sekunde oder Pakete pro Sekunde, dies steht in den Flags des Meter), einem Typ, der angibt was mit dem Paket passieren soll, wenn mehr als in der Rate angegeben pro Sekunde auftreten, und einer Burst Size. Sind in einer Meter Definition mehrere Meter Bands hinterlegt, so kommt das Band zur Anwendung, welches die geringste Rate besitzt die zum aktuellen Paket passt. Der Typ des Meters ist vergleichbar mit der Action des Flows. Wird die Rate überschritten, so wird das Paket entweder verworfen (Typ Drop), oder der DSCP-Header wird verändert (Typ Remark), wobei hier ein Wert als Argument dazukommt, wie er verändert wird.

2.1.4.8 Queues

Queues dienen einem ähnlichen Zweck wie Meters, der Steuerung und Priorisierung von Paketmengen. Der Unteschied ist, dass die Queues nicht von OpenFlow verwaltet werden (Meters lassen sich vollständig über OpenFlow anlegen und entfernen), sondern dass sie auf dem Switch einem Interface zugeordnet werden müssen. Dies geschieht lokal auf dem Switch. Besitzt ein Switch für einen Port mehrere Queues, so hat jede Queue eine eigene ID. In der Konfiguration des Switches (die herstellerabhängig ist) können dann die Queues verschiedene Prioritäten im Aussenden von Paketen und verschiedene Puffergrößen haben. Gelangt ein Paket beim Durchlauf der Pipeline zu einer Output Action mit einem Port mit Queues, so kann dem Paket mit einer eigenen Aktion eine Queue zugewiesen werden, und der Switch packt es dann in die entsprechende Warteschlange. Dies setzt aber auch voraus, dass bei der Flowdefinition bekannt ist, welche Queue mit welcher ID zu welchem QoS-Verhalten führt.

2.2 OpenFlow 1.0

OpenFlow in der Version 1.0 findet sich durchaus noch in einigen älteren Implementierungen. Die wichtigste Einschränkung im Vergleich zu den späteren Versionen ist die Tatsache, dass es nur eine Tabelle gibt[6]. Gruppen und Meters fehlen und auch IPv6-Felder sind nicht unterstützt. Ein weiterer Unterschied, der sich je nach Implementierung der Controller auch in der Benutzung äußert, sind die Aktionen zum Manipulieren von Feldern im Paketheader. Statt der set-field-Aktion gibt es einzelne Aktionen, die die Inhalte der Felder modifizieren (der Standard spricht in Version 1.0 auch von „Modify Field“. Dies kann dazu führen, dass ein JSON- oder XML-Block für das Anle-

6 Wie in Kapitel 3 gezeigt, gibt es auch Implementierungen, die sich als 1.3 melden, aber nur eine Tabelle anbieten.

gen eines Flows anders formuliert werden muss, wenn der betroffene Switch die alte Version spricht. OpenFlow 1.0 unterstützt auch die Abstraktionsebene der Instruktionen noch nicht.

2.3 OpenFlow 1.4 und 1.5

OpenFlow 1.4 brachte als wichtigste Neuerung ein flexibleres Protokoll zur Kommunikation zwischen Switch und Controller. Dazu kamen das Ausmisten von Flows („Eviction"), bei der ein Switch Flows, die entsprechend markiert sind, löschen kann, um Ressourcen frei zu machen, Bundles, mit denen mehrere OpenFlow-Nachrichten zu einem Block zusammengefasst werden können und als solcher atomar ausgeführt werden und ein neues Feld. Dies ist das UCA-Feld, des PBB-Headers. Außerdem änderte sich in dieser Version nach Zuteilung durch die IANA der Port für OpenFlow-Verbindungen offiziell auf 6653.

Die wichtigste Neuerung in Version 1.5 ist die Aufteilung der Flowtables auf Ingress und Egress Tabellen. Bei den Matches gab es bisher nur den IN_PORT, da ja erst durch die Flows bestimmt wird, wo das Paket hinaus geht. Ist ein Output Port gesetzt bzw. wird die Output Aktion angewendet, so startet die Pipeline durch die Egress Tabellen und kann nochmals weiterverarbeitet werden. Statt nur Ethernetpakete kann OpenFlow 1.5 auch andere Pakettypen wie etwa PPP-Pakete verarbeiten und statt Felder nur auf statische Werte zu setzen, gibt es mit 1.5 auch eine Aktion Copy-Field. Damit kann der Switch einen Wert in der Verarbeitung der Pipeline zwischenspeichern und damit weitaus intelligentere Logik in Flows abbilden. Dazu passend werden auch Register eingeführt die als Platz zum Zwischenspeichern dienen.

Es gibt als neues Feld für Matches die TCP-Flags im TCP-Header, mit denen etwa Syn- von Ack-Paketen unterschieden werden können, was die Abbildung des TCP-States in Flows ermöglicht.

Der Verweis auf Meters ist keine Instruction sondern jetzt eine Action. Damit ist es auch möglich mehrere Meters anzuwenden oder Meters in Gruppen verwenden.

2.4 Flow Kochbuch

Dieser Abschnitt soll dem Leser einige praktische Tips geben, was beim Anlegen von Flows zu beachten ist. Gerade die Tatsache, dass alle Schichten eine Paketes manipuliert werden können, heißt aber auch, dass sie es gegebenenfalls werden müssen. Im Text wurden schon Abhängigkeiten, die erfüllt sein müssen (wie Ethertype 0x800 bei Matches auf IPv4-Werte) angegeben. Es gibt aber auch semantisch notwendige Kombinationen, die erfüllt sein müssen, damit die Pakete auch am Ziel angenommen werden. Es ist durchaus möglich durch die Manipulation der Header Pakete zu erzeugen, die im Netz oder am Zielhost ungültig sind.

Bei einem reinen OpenFlow-Switch müssen **alle** Verkehrsflüsse in Flows abgebildet werden. Die NORMAL Action macht zwar vieles einfacher, aber ein reiner OpenFlow-Switch bietet diese per Definition nicht.

Bei der Umsetzung auf verschiedenen Switche kann es bei gleicher Struktur der Flows auch zu erheblichen Performanceunterschieden kommen, je nachdem wie die Hardware die Tabellen und die Suche in ihnen umsetzt. Es kann sein, dass eine Verzweigung in viele kleinere Tabellen bei einem Modell schnell ist und es bei einer anderen Architektur weitaus effizienter ist, eine lange statt vieler kleiner Tabellen zu verwenden. Hier sind die Dokumentation des Herstellers und letzten Endes ausprobieren das richtige Mittel, bevor die Konfiguration in Produktion geht.

2.4.1 Layer 2

Ein klassischer Switch lernt die MAC-Adressen, die hinter den Ports hängen, und trägt diese in eine Tabelle ein. Ist der Port zur Ziel-Adresse eines Paketes nicht bekannt, so wird das Paket an alle Ports geschickt (außer dem, auf dem es hereinkam) in der Hoffnung, dass es beim richtigen ankommt und dann über die Antwort auch diese MAC-Adresse gelernt wird.

In Flows lässt sich dies zum Teil folgendermaßen modellieren. Ein Flow mit niedriger Priorität schickt alle Pakete an den logischen Port ALL. Ohne OpenFlow 1.5 ist dann allerdings ein Controller notwendig, der alle ARP-Pakete mit einer etwas höheren Priorität über eine Flow-Regel erhält. Gleichzeitig werden auch diese Pakete an den ALL Port weitergeleitet[7]. Der Controller schiebt dann wiederum Flows mit einer höheren Priorität auf den Switch, die als Match nur die Ziel-MAC-Adresse haben und als Aktion die Pakete auf dem Port aussenden, der vorher gelernt wurde.

Klassische Switche speichern die gelernten Informationen nicht endlos, dies kann mittels Timeouts in den Flows für die gelernten MAC-Adressen nachgebildet werden.

Um das Ganze zu optimieren, kann der Controller nun auch noch die IP-Adressen in den ARP-Requests auswerten und sich merken, welche IP-Adresse hinter welchem Switchport liegt. Fragt der Host 1.2.3.4 nach der MAC-Adresse für die IP-Adresse 1.2.3.5, so sorgt ein Flow, der im Match auf ARP_TPA=1.2.3.5 filtert und den richtigen Port als Output Action hat, dafür, dass der Rest des Netzes die ARP-Anfragen nicht sieht.

Verwenden Switches VLANs, so gibt es die Unterscheidung zwischen Access und Trunk Ports. Ein Access-Port ist fest einem VLAN zugeordnet und Pakete, die dort ausgesendet werden, enthalten keinen VLAN-Tag. Ein Trunk Port ist mehreren VLANs zugeordnet, und um die Pakete, die dort versendet werden auseinanderzuhalten, werden die VLAN-Tags eingefügt, damit die Gegenseite die Pakete wieder richtig einsor-

7 Beim Einsatz von IPv6 muss das gleiche mit den Neighbor Solicitation Paketen passieren.

tieren kann. Welcher Port zu welchem VLAN gehört, konfiguriert der Admin normalerweise auf dem Switch. Mittels OpenFlow funktioniert dies aber auch.

Hier bietet es sich an, mit mehreren Tabellen zu arbeiten und zwar pro VLAN eine. Tabelle 0 dient dabei zur Verzweigung. Als Beispiel sei Port 1 in VLAN 101. In Tabelle 0 steht ein Flow, der für Pakete, die auf diesem Port hereinkommen in die für VLAN 101 zuständige Tabelle verzweigt. In dieser Tabelle gibt es Flows, wie sie für einen Switch ohne VLANs beschrieben waren, mit der Ausnahme, dass ALL nicht als Output Connector verwendet werden darf, sondern nur an eine Liste der Ports, die zum VLAN gehören, gesendet werden darf. Dies wird am besten über eine Group vom Typ all realisiert, in der in den Action Buckets die entsprechenden Ports als Output Action stehen. Der Flow, der dorthin verweist, bekommt die Priorität 5. Mit Priorität 10 werden für die bekannten Ziel-MACs Flows angelegt, die die Zuordnung MAC zu Ausgansport am selben Switch erzeugen. Bleibt das Weiterleiten auf den Trunk. Hier sind drei Aktionen notwendig, Einfügen des VLAN-Tags, Setzen der VLAN-ID und dann Ausgabe des modifizierten Paketes auf dem Trunk Port, der dieses VLAN enthält. Dies ist ebenfalls am besten mit einer Gruppe implementiert, allerdings vom Typ indirect, die nur einen Action Bucket mit den drei Aktionen enthält. Ein solcher Action Bucket sollte auch in der Gruppe zum „Fluten" des Paketes enthalten sein.

Für den umgekehrten Weg (ein Paket kommt vom Trunk Port) steht in Tabelle 0 pro VLAN ein Flow der auf IN_PORT=ID des Trunk, Ethertype 0x8100 (VLAN) und VLAN-ID X matched und als Instruktionen ein Apply Actions zum Strippen des VLAN-Tags und dann ein Goto-Table auf die Tabelle des richtigen VLANs ausführt. Für die Gruppenaktionen zum Fluten ist jetzt ein zweiter Satz notwendig, der das Action Bucket zum Senden auf das Trunk-Interface nicht enthält, da sonst Pakete im Kreis geschickt werden könnten. Dieses zweite Action Set wird entgegen dem ersten mit einer Priorität unter 10 (die statischen MAC zu Port-Regeln) aber über 5 ausgeführt, sodass es nur greift, wenn das Paket vom Trunk von keiner der bekannten MAC-Address-Regeln verarbeitet wird.

In den Tabellen gibt es damit folgende Einträge (am Beispiel VLAN 101 der Trunk-Port hat die ID 999, die Ports 1,5 und 6 sind access Ports von VLAN 101):

Tab. 2.4: Flow Table 0.

ID	Match	Instruction	Actions
1	IN_PORT=1	Goto-Table 101	
2	IN_PORT=999 Ethertype=0x8100, VLAN_VID=101	Apply-Actions, Goto-Table 101	Strip-VLAN-Tag

Streng genommen müssten es mehr Tabellen sein, da jeweils der Eingangsport ausgenommen werden müsste, aber dies würde den Rahmen sprengen.

Tab. 2.5: Flow Table 101.

ID	Priorität	Match	Instruction	Actions
1	10	ETH_DST hinter Port 1	Apply-Actions	Output Port 1
2	10	ETH_DST hinter Port 5	Apply-Actions	Output Port 5
2	10	ETH_DST hinter Port 6	Apply-Actions	Output Port 6
		...		
20	6	IN_PORT=999	Apply-Actions	Group 2
21	5		Apply-Actions	Group 1

Tab. 2.6: Group Table.

ID	Typ	Action Buckets	
1	All	ID	Actions
		1	OUTPUT Port 1
		2	OUTPUT Port 5
		3	OUTPUT Port 6
		4	Push VLAN,Set VLAN_VID=101, OUTPUT Port 999
2	All	ID	Actions
		1	OUTPUT Port 1
		2	OUTPUT Port 5
		3	OUTPUT Port 6

2.4.2 Routing

Sendet ein Host ein Paket an einen Router, so hat das Ethernet Paket die Ziel-MAC-Adresse des Routers und die Ziel-IP-Adresse eines Hosts hinter dem Router. Die Zuordnung MAC- zu IP-Adresse erfolgt hier genauso über ARP bei IPv4 und die Neighbor Discovery bei IPv6. Leitet der Router das Paket über einen anderen Router weiter, wiederholt sich dies, sonst löst er die Ziel-MAC-Adresse des Hosts auf.

Soll ein OpenFlow-Switch routen, so sehen die Matches genauso aus, wie in der Routing-Tabelle, mit dem Match Feld IPV4_DST bzw. IPV6_DST.

Als Action muss der Output-Port gesetzt werden, hinter dem es „weiter geht", also entweder der nächste Router oder der Zielhost. Diese Information setzt der Admin per Hand in den Flow oder der steuernde Controller hat eine Möglichkeit durch entsprechende Applikationen die Informationen zu lernen. Dies reicht aber nicht. Per Set-Field muss auch die MAC-Ziel-Adresse umgesetzt werden, entweder auf die des nächsten Routers oder die des Zielhost. Um dem IP-Standard zu genügen, fehlt noch eine Manipulation. Jeder Router auf dem Weg eines Paketes zählt die TTL des Paketes um eins herunter. Daher muss die Aktion dec_ttl zum Einsatz kommen, sonst ist das Verhalten nicht RFC-konform.

Der sendende Host muss allerdings auch einen ARP Eintrag des Routers haben oder ermitteln können. Entweder zeigt die Defaultroute dafür auf einen anderen Host im gleichen LAN-Segment, der auf ARP-Anfragen antwortet (dieser Host sieht dank der Flows und der Ableitung die Pakete, die über ihn gesendet werden sollen, nie) oder die ARP-Anfragen nach dem Router werden an einen Controller geleitet, der eine Applikation besitzt, die ein Antwortpaket erzeugt und den Switch versenden läßt (auch dies ist Teil des OpenFlow-Standards), dies ist jedoch langsamer und aufwendiger.

Einen OpenFlow-Switch auf diese Art und Weise routen zu lassen, kann sinnvoll sein, um Router zu entlasten. Es kommt nicht selten vor, dass mehrere Router (durch VLANs auf dem Switch getrennt) am selben Switch hängen. Sollen bestimmte Verkehrsströme optimiert werden, so können sie auf diese Weise die Daten an den Routern vorbei direkter zum Ziel geschickt werden, indem der Switch direkt VLAN-IDs, MAC-Adressen und Ausgabeports umschreibt.

2.4.3 Firewalling

Im OpenFlow-Kontext den Begriff „Firewalling" zu verwenden ist eigentlich etwas übertrieben, gemessen am heutigen Standard von Firewalls. „Paketfilter" ist der passendere Begriff.

Firewall-Regelwerke besitzen in der Regel eine Struktur, in der sie die Ports für die erlaubten Dienste öffnen und am Schluss alle anderen Pakete verwerfen. Dabei sind die Regeln „Stateful", das bedeutet, dass beim Anlegen der Regel nur die Hin-Richtung des Verbindungsaufbaus berücksichtigt werden muss und die Firewall implizit die Rückrichtung erkennt (aufgrund von Quell- und Zielport sowie bei TCP den Flags im Header). Unerwünschte Pakete zu sperren, ist in OpenFlow einfach. Ein Match auf die Quell- und Ziel-IP-Adressen, IP-Protokoll und in der Regel nur den Zielport führen ohne Aktion zum Verwerfen des Paketes.

Um Verbindungen auf einem bestimmten Port von Netz A zu Netz B zu erlauben, sind zwei Flows notwendig. Als Beispiel sollen Webzugriffe aus dem Netz 10.0.0.0/16 auf den Host 1.2.3.4 auf Port 80 zugelassen werden[8].

Der erste Flow muss die folgenden Bedingungen erfüllen:

- IPV4_SRC=10.0.0.0/255.255.255.0
- IP_PROTO=6
- IPV4_DST=1.2.3.4
- TCP_DST=80

8 Zum Erlauben müssen noch wie weiter unten die Output Actions hinzugefügt werden.

Der Flow für die Antwortpakete sieht entsprechend umgekehrt aus:
- IPV4_DST=10.0.0.0/255.255.255.0
- IP_PROTO=6
- IPV4_SRC=1.2.3.4
- TCP_SRC=80

Zum Verbieten reichen die Matches im ersten Flow. Zum Erlauben muss bei beiden Flows noch ein Output-Port in der Aktion angegeben werden. Sofern kein Controller hinter dem Switch steckt, der vorher ausgewertet hat hinter welchem Port sich das Ziel des Hin- bzw. Rückpaketes befindet, wird es schwierig. In einem Netzwerkszenario, in dem ein Port der Port des Servers mit der Adresse 1.2.3.4 ist und ein Port den Rest des Netzes erreicht, ist dies praktikabel, da in einem solchen Netz klar ist, welches der Ausgangsport ist.

2.4.4 Address Translation

Bei IP-Adress-Umsetzung (auch als NAT bekannt) gibt es ähnliche Dinge zu bedenken, wie bei den Firewall-Regeln. Es reicht in den seltensten Fällen, nur die Pakete in einer Richtung mit neuen IP-Adressen zu versehen, in der Regel gibt es auch Antwortpakete, bei denen bei den meisten Protokollen die Adressen zurück umgesetzt werden müssen.

Bei Änderung der Quell-IP-Adresse muss es eine „zurück"-Regel geben, die bei den Antwort-Paketen die Ziel-IP auf die des originalen Senders setzt. Jetzt sind aber noch die MAC-Adressen zu beachten. Beim Hinweg lernt der Zielhost (gleich ob Router oder eigentlicher Zielhost im selben Netzsegment) die MAC des Originalhosts zur umgesetzten IP-Adresse und schickt die Antwortpakete richtig zurück, sodass der zweite Flow, der die Ziel-IP der Antworten umsetzt, funktioniert. Liegt aber zwischen Hin- und Rückpaket zu viel Zeit, so ist der ARP-Eintrag vergessen und der Host wird für das Antwortpaket erneut nachfragen. Um hier Abhilfe zu schaffen sind also auch noch Flows notwendig, die die ARP-Pakete manipulieren und die gesuchte IP-Adresse in der Anfrage ändern und entsprechend die ARP-Antwort auch anpassen. Da Flows aber auch noch einen Ausgabeport brauchen, muss auch dieser gesetzt werden. Damit ergeben sich folgende Flows um eine Quell-Adressumsetzung durchzuführen.

Im Beispiel soll aus der Quell-IP 10.1.1.1 die IP 10.10.1.1 werden. Der Host mit der 10.1.1.1 hängt am OpenFlow Port 1, der Router, an der er alle Pakete schicken will, an Port 2 und besitzt die IP-Adresse 10.10.1.254. Tabelle 2.7 zeigt die Flow-Tabelle.

Tab. 2.7: Flow Table 0.

ID	Match	Instruction	Actions
1	IN_PORT=1 Ethertype=0x800 IPV4_SOURCE=10.1.1.1	Apply-Actions	Set-Field IPV4_SOURCE=10.10.1.1 OUTPUT 2
2	IN_PORT=2 Ethertype=0x800 IPV4_DESTINATION=10.10.1.1	Apply-Actions	Set-Field IPV4_DESTINATION=10.1.1.1 OUTPUT 1
3	IN_PORT=2 Ethertype=0x806 ARP_TPA=10.10.1.1 ARP_OP=1	Apply-Actions	Set-Field ARP_TPA=10.1.1.1 OUTPUT 1
4	IN_PORT=1 Ethertype=0x806 ARP_SPA=10.1.1.1 ARP_OP=2 ARP_TPA=10.10.1.254	Apply-Actions	Set-Field ARP_SPA=10.10.1.1 OUTPUT 2

2.5 Fazit

Diese Beispiele zeigen, dass die Tatsache, dass OpenFlow es erlaubt Informationen aus verschiedenen Protokollschichten zu kombinieren, Fluch und Segen zugleich ist. Damit nicht nur einzelne Pakete erfolgreich manipuliert werden, sondern auch der Verkehrsfluss in beiden Richtungen funktioniert, muss der Flowprogrammierer immer im Hinterkopf behalten, wie die etablierten Protokolle in alter Technik funktionieren, da die Endpunkte der Verbindungen keine Rücksicht darauf nehmen, dass in der Mitte die Pakete manipuliert werden, und ihr gewohntes Verhalten erwarten. Andererseits erlaubt die Technik Optimierungen, die in klassischer Technik nicht mehr abbildbar sind. Die volle Kapazität entfaltet der Einsatz von OpenFlow aber erst, wenn ein Controller eine intelligente Applikation hat, die frei programmierbar erlaubt auf Pakete und Daten zu reagieren und daraufhin dynamisch mit gelernten Informationen Flows einfügt oder entfernt und so auf den aktuellen Zustand des Netzwerkes reagiert.

3 OpenFlow-Implementierungen

Dieses Kapitel betrachtet die praktischen Implementierungen des OpenFlow-Protokolls auf verschiedenen Plattformen. Der Abschnitt über Open vSwitch ist dabei etwas ausführlicher, damit der Leser schnell ein Labor zum Experimentieren aufbauen kann. Die anderen beschriebenen Plattformen sind Hardware-basierend, auch wenn für Laborumgebungen Aristas Betriebssystem und auch Junos, zumindest in der Router-Version, in einer virtuellen Umgebung möglich sind. Dieses Kapitel zeigt die Konfigurationsanweisungen, um einen OpenFlow-Controller anzuschließen und das Zuweisen von Ports. Sollten Besonderheiten bei der Plattform vorliegen, was z.B. die Menge Flow Entries angeht, so wird dies beschrieben.

3.1 Open vSwitch

Open vSwitch wurde als virtueller Switch entwickelt, um mehrere virtuelle Maschinen über einen Switch statt nur über Brücken auf dem Hypervisor zu verbinden. Da diese Plattform sich zum Experimentieren (mit Mininet, auf welches das Kapitel später noch eingeht, sogar in einer sehr komfortablen Version) mit OpenFlow sehr gut eignet, da in nur einem physischen Host auch komplexe Netzwerke aufgespannt werden können, geht dieser Abschnitt über die OpenFlow-Integration etwas hinaus und erklärt etwas mehr Funktionen, damit der Leser ein OpenFlow-Testlabor mit Hilfe von Open vSwitch aufbauen kann. Die Homepage des Projektes findet sich unter [8]

Die Software unterstützt die meisten Funktionen, die ein Hardware Switch auch besitzt, wie virtuelle Lans (VLANs) oder Gruppen von Links für Ausfallsicherheit, die per LACP ihren Zustand kontrollieren. Wie bei echten Switchen auch, ordnet der Admin einzelne Ports bestimmten VLANs zu, um einzelne Netze voneinander zu trennen. Zunächst definiert der Admin einen virtuellen Switch. Diesem werden dann Ports zugeordnet, die entweder physische Schnittstellen, TAP-Interfaces an denen Gast-VMs hängen oder Tunnel-Interfaces für Overlay-Netze sind.

3.1.1 Grundkonfiguration

Nach der Installation der Software ist der erste Schritt die Initialisierung der Datenbank. Abschnitt 1.5 beschreibt das OVSDB-Format und Kommunikationprotokoll. Sofern die Installation von Open vSwitch die Datenbank noch nicht angelegt hat, muss das der Admin mit dem Kommando `ovsdb-tool create /var/lib/openvswitch/conf.db/usr/share/openvswitch/vswitch.ovsschema`[1]

1 Alternativ geht dies auch mit ovs-vsctl init.

DOI 10.1515/9783110451870-004

ausführen. Die Pfade der Schemadatei und der Datenbank, die der OVSDB-Prozess verwenden, hängen dabei aber vom verwendeten Betriebssystem bzw. bei Linux von der verwendeten Distribution ab.

Wenn die Prozesse `ovsdb-server` und `ovs-vswitchd` laufen, kann die Konfiguration beginnen. Zudem sollte das Kernelmodul openvswitch geladen sein, damit das Switching im Kernel und damit performanter geschieht. Das zentrale Werkzeug zur Konfiguration der virtuellen Infrastruktur ist das Kommando `ovs-vsctl`. Der erste Arbeitsschritt ist das Anlegen eines virtuellen Switches. Da die Entwicklung der Werkzeuge an die Linux Bridge Utils angelehnt war, heißt das Unterkommando `add-br` *`Name`*. Das ganze Kommando sieht also folgendermaßen aus: `ovs-vsctl add-br test-switch`. Nun benötigt der Switch Ports. Diese können alle Interfacetypen des Hostbetriebssystems sein. Bei Linux sind dies typischerweise entweder physische Interfaces, um den virtuellen Switch mit dem Rest des Netzwerkes zu verbinden, oder TAP-Interfaces, die von Gast VMs angelegt werden. Das Kommando `ovs-vsctl add-port test-switch eth1` fügt die physische Schnittstelle eth1 zu dem eben angelegten virtuellen Switch hinzu[2]. Fügt der Admin das gleiche Kommando mit der TAP-Schnittstelle vnet1 (eines KVM-Gastes) aus, so wird ab nun der Verkehr zwischen der zugehörigen VM und dem Netz an Interface eth1 geswitched[3]. Zu den wichtigsten Funktionen, die jeder Switchadmin im Tagesgeschäft benötigt gehören VLANs, Bonds (auch unter dem Namen Link Aggregation Group – LAG bekannt) und Dinge wie das Spanning Tree Protocol (STP). Diese Funktionen beherrscht Open vSwitch auch, ebenso wie Overlay-Netzwerke mittels GRE, VXLAN und sogar dem relativ jungen GENEVE als Tunnelprotokollen.

Viele der Funktionen werden über zusätzliche Einträge in der OVSDB konfiguriert. Dazu gibt es zwei Möglichkeiten. Der Admin kann die Syntax `ovs-vsctl set` *`Tabelle Eintrag Spalte=Wert`* verwenden, um nachträglich den Wert etwa des VLAN-Tags zu verändern. Es ist auch möglich direkt beim Erzeugen eines Objekts im Aufruf von `ovs-vsctl` das Set-Kommando gleich nach zwei Bindestrichen anzufügen. Ein Beispiel, welches einen Switch auf OpenFlow-Version 1.3 festlegt, sieht folgendermaßen aus: `ovs-vsctl add-br br0 -- set bridge br0 protocols=openflow13`.

Die folgenden Abschnitte beschäftigen sich damit, wie diese Eigenschaften bei Open vSwitch konfiguriert werden.

---

2 Dabei sollte eth1 keine IP-Adresse haben und sich im Zustand „up" befinden.

3 Kommt zur Verwaltung der KVM Gäste libvirt zum Einsatz, so ist es dort möglich, die virtuellen Netze unter der Verwaltung von libvirt mit dem Attribut `<virtualport type="openvswitch">` zu versehen. Dazu muss der virtuelle Switch aber bereits angelegt sein. In den Definitionen der Interfaces eines Hosts kommt dann das gleiche Attribut zum Einsatz. Beim stoppen und Starten der VMs wird das Interface dann jeweils hinzugefügt oder entfernt.

3.1.2 STP

Das Spanning Tree Protocol (STP) wird in Netzwerken mit mehr als einem Switch verwendet, um Schleifen zu entdecken und zu verhindern. Bei klassischem Switching ist dies notwendig, da sonst die Pakete endlos im Kreis geschickt werden könnten. Neuere Setups schließen STP unter Umständen sogar aus.

Damit Open vSwitch wie ein physischer Switch in einem Netzwerk mit STP mitspielen kann, kann STP pro virtuellem Switch mit dem Kommando `ovs-vsctl set Bridge testswitch stp_enable=true` aktiviert werden. STP verwendet Prioritäten auf den Switchen, über die die Struktur der Verkabelung (Backbone-Switch im Zentrum vs. Access Switch am Rand) widergespiegelt wird. Soll der OVS-Switch auch eine Priorität erhalten, so geschieht dies mit dem Kommando `ovs-vsctl set Bridge testswitch other_config:stp-priority=0x7800`. STP verwendet zur Kalkulation des schnellsten Pfades zur „Root Bridge“ (dies ist der Switch, der in der Hierarchie ganz oben steht, und es sollte der Backbone-Switch sein) Kosten der Ports. Dabei werden je nach Geschwindigkeit des Ports niedrigere Kosten vergeben. Will der Admin dies manipulieren, so ist auch das über ein Set Kommando möglich: `ovs-vsctl set Port eth0 other_config:stp-path-cost=10`.

3.1.3 VLANs

VLANs dienen zur Trennung eines physischen Netzes in logische Netze, sodass das gleiche Kabel und auch derselbe Switch für mehrere getrennte Netze verwendet werden können. Dazu wird ein 12 Bit breiter VLAN-Tag in das Ethernet-Paket eingefügt. Die Werte 0 und 4095 sind reserviert, sodass 4094 VLANs verwendet werden können. In größeren Umgebungen hat sich aber selbst das als „zu wenig“ herausgestellt.

Die Nummer des VLANs wird als „Tag“ bezeichnet (englisch auszusprechen). Ohne eine Konfiguration sind alle Ports eines Switches im „Default VLAN“ und zwischen ihnen wird geswitched. Sollen jetzt die Ports 1, 2 und 3 zusammengehören und vom Rest des Netzes getrennt sein, so kann der Admin sie dem VLAN 2 zuweisen und damit wird nur noch zwischen diesen Ports geswitcht die Ports 4 bis zum letzten Port sehen von diesem Verkehr nichts. Damit der Verkehr eines VLANs auch jenseits eines einzelnen Switches sichtbar ist, gibt es auch die Möglichkeit, mehrere VLANs auf einen Port zu konfigurieren. Ein solcher Port heißt dann Trunk-Port (im Gegensatz zu einem Access-Port, dem nur ein VLAN zugeordnet ist). Der Standard zu VLANs stammt von der IEEE und heißt IEEE 802.1Q.

Um einen Port bei Open vSwitch zu einem Access-Port für VLAN 100 zu machen, dient folgendes Kommando: `ovs-vsctl add-port testswitch tap0 tag=100`. Um nachträglich den Tag zu setzen bzw. zu ändern, gilt folgendes Kommando: `ovs-vsctl set Port tap0 tag=200`.

Um einen Port zu einem Trunk Port zu machen, dient ein anderes Feld in der OVSDB. Das dazugehörige Kommando sieht folgendermaßen aus: `ovs-vsctl set Port tap0 trunks=100,101,102`.

Im Zusammenspiel mit Linux-Hosts und deren physischen Schnittstellen sind zwei Szenarien möglich: Entweder wird statt der tap0 Schnittstelle im Beispiel eine eth-Schnittstelle mit dem entsprechenden VLAN-Tag ausgestattet. Ist dabei der Port zwischen Host und Switch als Trunk-Port gedacht, da etwa verschiedene VMs in dem Host auf unterschiedlichen VLANs laufen, so muss die Variante mit „trunk" gewählt werden, damit Open vSwitch den passenden VLAN-Tag einfügt.

Alternativ ist es möglich, dass der Host das Tagging übernimmt. Unter Linux mittels des `vconfig` bzw. dem `ip link` Kommando. Dieses erzeugt dann Subinterfaces, etwa eth0.1000 für VLAN 1000 auf der Schnittstelle eth0. Der Port eth0.1000 kann dann wie jedes andere Interface auch zu einem virtuellen Switch hinzugefügt werden und für Open vSwitch ist es dann transparent, dass die Pakete gegenüber dem Switch getaggt werden.

3.1.4 Bonding/LAG

Eine wichtige Funktion in Switchen ist das Bündeln von Ports zu einem logischen Port. Dies dient zum einen der Lastverteilung (2 1Gbit Ports werden zu einem 2Gbit Port) aber auch (mindestens genauso wichtig, wenn nicht noch wichtiger) zur Redundanz. Wenn ein Switch mit zwei (oder mehr) in der Hierarchie weiter oben stehenden Switchen verbunden ist, so kann einer davon ausfallen und die Verbindung funktioniert weiterhin. Die in Rechenzentren übliche Spine-Leaf-Vernetzung verlässt sich auf diese Methode.

Zur Verteilung der Pakete und zum Erkennen, welche der Gegenstellen noch erreichbar ist, dient das Link Aggregation Control Protocol (LACP). Open vSwitch unterstützt diese Technik. Um ein Bond anzulegen dient nicht das `add-port` sondern das `add-bond` Unterkommando. Das Kommando `ovs-vsctl add-bond testswitch bond0 eth1 eth2` legt eine Bündelung aus den zwei Schnittstellen an. Folgt dem Kommando noch `lacp=active` oder gibt der Admin das Kommando `ovs-vsctl set port bond0 lacp=active` ein, so spricht dieses Port Bundle mit seinen Gegenübern LACP.

Mit dem Kommando `ovs-appctl lacp show bond0` kann der Admin den Status des eben angelegten Bonds prüfen. Das Beispiel verwendet zur Verteilung der Pakete den balance-slb-Algorithmus, der einen Hash über die Source-MAC-Adresse der Pakete verwendet. Über den Parameter `bond_mode` sind auch balance-tcp, um nach Informationen bis hin zu den Quell- und Zielports zu hashen und active-backup für eine reine Backup-Konfiguration, in der nur ein Port verwendet wird, bis dieser ausfällt, möglich. Die Manualseite von ovs-vswitch.conf.db zeigt alle Optionen. Wichtig ist beim Zusammenspiel mit einem physischen Switch, dass die Parameter auf beiden Seiten der LACP-Verbindung zusammenpassen.

3.1.5 Overlay-Netze

Overlay-Netze zwischen Switchen sind erst durch die Virtualisierungstechnik eine dringendere Notwendigkeit geworden. Die Verteilung von virtuellen Maschinen, die über viele Hosts im selben Subnetz und in einem Rechenzentrum ggfs. Racks verbunden sein müssen, führt entweder dazu, dass sehr dynamisch viele VLANs geschaltet werden müssen, oder aber Overlaynetze übernehmen die Arbeit, die durch IP als Trägerprotokoll der Daten sogar über Routergrenzen hinweg arbeiten können[4].

Open vSwitch unterstützt mehrere Trägerprotokolle. In der Konfiguration unterscheiden sie sich nur in den Parametern. Über den Parameter `type` gibt der Admin das Protokoll an. Die Kommandos für eine GRE-, VXLAN- und GENEVE-Verbindung sehen folgendemaßen aus:

```
ovs-vsctl add-port testswitch greport -- set interface greport type=gre
options:remote_ip=192.168.5.5

ovs-vsctl add-port testswitch vxlanport -- set interface vxlanport type=
vxlan options:remote\_ip=192.168.5.5 options:key=10000

ovs-vsctl add-port testswitch geneveport -- set interface geneveport type
=geneve options:remote_ip=192.168.5.5 options:key=10001
```

Auch bei GRE ist eine Tunnel-ID im key-Parameter möglich. Wird sie weggelassen, so besitzt sie den Wert 0. Neben diesen Protokollen stehen noch GRE über IPSEC (Typ ipsec_gre), Stateless TCP (Typ stt) und Locator/ID Separator Protocol (Typ LISP) zur Verfügung. GRE über IPSEC verwendet mehr Parameter, um die Verschlüsselung zu konfigurieren. Ein wichtiger Aspekt bei diesen Technologien ist die Paketgröße. Dadurch, dass ein weiterer Header um das Paket herumgepackt wird, führen Ethernet-Pakete mit voller Größe zu einer Fragmentierung der IP-Pakete, was im günstigsten Fall zu Verzögerungen, meist aber zu Verlusten führt. Daher sollte sichergestellt sein, dass die MTU des Transfernetzes groß genug ist, um Pakete voller Größe + Header des jeweiligen Tunnelprotokolls zu transportieren.

3.1.6 „Interne Verkabelung"

Gelegentlich ist es notwendig, dass virtuelle Switches auf demselben Host miteinander verbunden werden müssen. Hierfür ist eine spezielle Verbindung notwendig, die

4 Und sich dabei sogar dynamaschie Routing-Protokolle zunutze machen, um die Gegenstellen zu finden.

auf beiden Switchen gegengleich konfiguriert werden muss. Der Typ eines solchen Verbindungsports muss „patch“ sein (so wie die Overlay-Netzwerk-Ports). Als Parameter wird der Name des Peer-Ports angegeben. Abbildung 3.1 zeigt das Szenario.

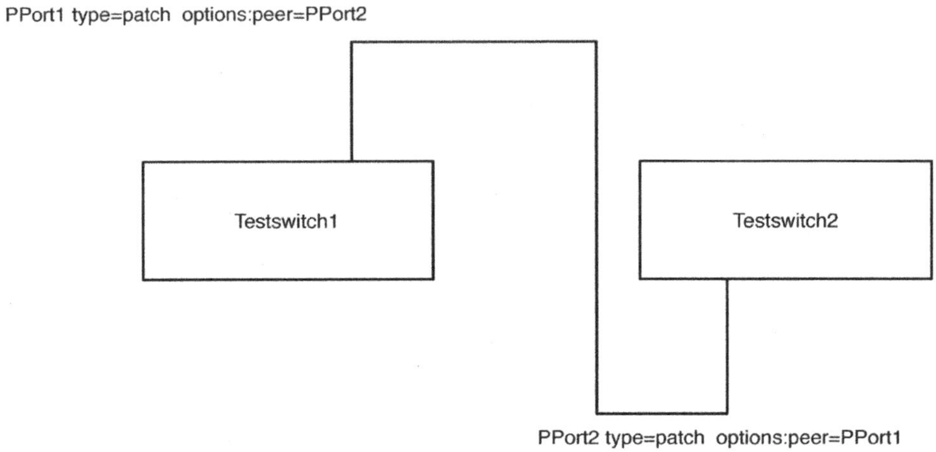

Abb. 3.1: Verbindung zwei virtueller Switche.

Die folgenden Kommandos in Listing 3.1 erzeugen die passende Konfiguration.

Listing 3.1: Kommandos zum Erzeugen einer Verbindung zwischen zwei virtuellen Switchen.

```
ovs-vsctl add-br Testswitch1
ovs-vsctl add-br Testswitch2
ovs-vsctl add-port Testswitch1 PPort1
ovs-vsctl set interface PPort1 type=patch
ovs-vsctl set interface PPort1 options:peer=PPort2
ovs-vsctl add-port Testswitch2 PPort2
ovs-vsctl set interface PPort2 type=patch
ovs-vsctl set interface PPort2 options:peer=PPort1
```

3.1.7 Verschiedenes

Abschnitt 1.5 beschreibt die Open vSwitch-Datenbank und das zugehörige Protokoll. Der Prozess ovs-vswitchd verwendet normalerweise eine lokal laufende Instanz der OVSDB. Mittels des ovs-vsctl Unterkommandos set-manager kann dies entweder umgestellt werden oder es ist auch möglich, eingehende Verbindungen zu akzeptieren.

Das Argument des Kommandos ist in einem Format, welches mit dem Protokoll beginnt. Die weiteren durch Doppelpunkt getrennten Argumente hängen vom Protokoll ab.

tcp:host:port für eine Klartext-Verbindung vom ovs-vswitchd zur Datenbank. Port ist dabei optional und der ovs-vswitchd baut eine Verbindung zu dieser Datenbank auf.

ptcp:port:ip das „p" steht für passiv. Dies bedeutet das eingehende Verbindungen akzeptiert werden. Die Verbindungen werden auf dem angegebenen Port angenommen. Alternativ kann hinter dem Port noch eine IP angegeben werden, dann werden Verbindungen nur auf diese Verbindung akzeptiert.

ssl:host:port In dieser Form baut der ovs-vswitchd die Verbindung zur Datenbankinstanz verschlüsselt auf. Damit die Verschlüsselung funktioniert (und der Server die Verbindung authentifizieren kann) sind ein Zertifikat, ein Private Key und ein CA-Zertifikat zur Verifikation notwendig. Diese werden in Form der Kommandozeilenargumente `--certificate`, `--private-key` und `--ca-cert` mitgegeben.

pssl:port:ip Wie ptcp dient diese Version zum Akzeptieren von Verbindungen. Die Argumente für Zertifikate und Private Key sind die gleichen und auch hier notwendig. Die IP ist optional, und nur notwendig, wenn eingeschränkt werden soll, auf welcher IP die Verbindungen akzeptiert werden soll.

unix:file Auf Systemen, die Unix Domain Sockets im Dateisystem unterstützen verbindet sich der ovs-vswitchd über diesen Kanal mit der Datenbank. Das Argument ist der Dateiname des Sockets.

punix:file Diese Version ist das Gegenstück zu unix:file. Der ovs-vswitchd akzeptiert eingehende Verbindungen.

Open vSwitch unterstützt auch das Sammeln von Verbindungsdaten. Diese Informationen werden auch als Flows[5] bezeichnet. Es gibt mehrere Protokolle, um diese Daten an eine Sammelstelle weiterzuleiten: NetFlow, sFlow und IPFIX. Ein Flow ist in diesem Zusammenhang das Tupel aus Quell- und Ziel-Adresse sowie Quell- und Zielport mit Übertragungsprotokoll und die Menge der übertragenen Pakete/Bytes. Open vSwitch unterstützt diese drei Protokolle. Die Konfiguration dazu besteht aus einer etwas komplizierteren Anweisung, die sich aus der OVSDB erst einen Wert holt, um diesen dann in einen Platzhalter einzusetzen.

Das Kommando um einen NetFlow Collector einem virtuellen Switch zuzuordnen sieht folgendermaßen aus:

```
ovs-vsctl -- set Bridge testswitch netflow=@nf -- --id=@nf\
create NetFlow targets=\"192.168.55.11:5566\" active-timeout=30
```

Weitere Parameter für die Verbindung zum Collector stehen in der Tabelle Netflow und können dort mit `ovs-vsctl set` manipuliert werden. Da sFlow und IPFIX etwas

5 Nicht zu verwechseln mit den OpenFlow-Flows. Im Rest des Buches wird „Flow" im OpenFlow-Kontext verwendet.

andere Parameter benötigen, sehen die Aufrufe anders aus, sind aber ähnlich gebaut. Für sFlow zeigt das folgende Beispiel eine Konfiguration:

```
ovs-vsctl -- --id=@s create sFlow agent=eth1 \
target=\"192.168.55.11:6343\" header=128 sampling=64 polling=10 \
-- set Bridge testswitch sflow=@s
```

Ein Beispielaufruf für IPFIX schließt die Runde ab:

```
ovs-vsctl -- set Bridge testswitch ipfix=@i -- --id=@i create IPFIX \
targets=\"192.168.55.11:4739\" obs_domain_id=111 obs_point_id=222 \
cache_active_timeout=60 cache_max_flows=12
```

Um den Collector für eines der Protokolle wieder abzuschalten, wird er mit `ovs-vsctl clear Bridge` *`Protokollname`* wieder entfernt.

3.1.8 OpenFlow

Wie in Kapitel 2 beschrieben, gibt es seit dem Start der Entwicklung mit Version 1.5 die sechste Version des Protokolls. Open vSwitch unterstützt alle Versionen in der Verbindung mit einem externen Controller. Dabei sollte der Admin auf die installierte Version achten, wenn Version 1.4 oder 1.5 zum Einsatz kommen sollen[6].

Das Anbinden eines Controllers erfolgt pro virtuellem Switch und es ist auch möglich, dass mehrere virtuelle Switches von verschiedenen Controllern gesteuert werden. Die Verbindung zwischen Switch und Controller erstellt das Kommando `ovs-vsctl set-controller testswitch tcp:192.168.55.1:6653.` Die Syntax für die Angabe des Controllers ist genau die gleiche, wie für die Angabe der Datenbank mit dem `set-manager`-Unterkommando, das in Abschnitt 3.1.7 beschrieben ist. Für verschlüsselte Verbindungen gibt es die gleichen Zusatzoptionen, für Zertifikate und Schlüssel. Ein Unterschied ist die Angabe des Ports. Dieser kann beim Aufruf fehlen und dann wird der Standardport 6653[7] verwendet. Das Unterkommando `get-controller` zeigt den aktuell gesetzten Controller an und mit `del-controller` kann dieser gelöscht werden.

Open vSwitch erlaubt die Manipulation der Flow-Tabellen nicht nur über einen Controller sondern auch direkt. Dazu dient das Kommando `ovs-ofctl`. Mit diesem Kommando lässt sich die Flow-Tabelle anschauen und manipulieren. Mit dem Kommando kann der Admin allerdings auch Eigenschaften der Ports anschauen und manipulieren, sowie der Kommunikation zwischen Controller und Switch zuschauen. `ovs-ofctl` versteht die im letzten Abschnitt beschriebene Syntax zur Angabe ei-

6 Da der OpenFlow-Standard auch viele Felder als „optional" deklariert bedeutet „unterstützt Version X" nicht zwingend „alle Features von Version X".

7 Ältere Versionen verwenden 6633.

nes entfernten Controllers, wobei die passiven Varianten sinnlos und nicht unterstützt sind.

Das Kommando `ovs-ofctl dump-flows testswitch` zeigt die Flows für den Switch „testswitch“ an. Dies ergibt bei einem Switch ohne definierte Flows eine Ausgabe wie die Folgende:

```
NXST_FLOW reply (xid=0x4):
 cookie=0x0, duration=1932827.729s, table=0, n_packets=342970, n_bytes
     =36547342, idle_age=0, hard_age=65534, priority=0 actions=NORMAL
```

Zu jedem Flow zeigt das Kommando auch an, wie lange er aktiv ist, wieviele Bytes und Pakete in diesem Flow gesendet wurden, und wann der Flow inaktiv wird. Das Unterkommando `add-flow` fügt einen Flow hinzu. Dabei besteht die Definition eines Flows aus einer Menge von Schlüssel=Wert Paaren, die die Bedingungen enthalten, die den Flow beschreiben(den Match), sowie die Aktion(en), die ausgeführt werden soll(en) und Verwaltungsinformationen, wie die Nummer der Tabelle, in die der Flow eingetragen werden soll, Timeoutwerte und die Priorität.

Das folgende Kommando erzeugt einen einfachen Flow, der alle Pakete von der MAC-Adresse 00:11:22:33:44:55 verwirft:

```
ovs-ofctl add-flow testswitch dl_src=00:11:22:33:44:55,actions=drop
```

Wie statt der MAC-Adresse die IP-Adresse verwendet wird, zeigt das nächste Beispiel.

```
ovs-ofctl add-flow testswitch ip,nw_src=10.1.1.1,actions=drop
```

Sollen Filter auf der Basis von IP-Adressen (oder Protokollen) zum Einsatz kommen, so ist entweder die Angabe des Ethernet-Protokolls (Ethertype) mit dem Filter `dl_type=WERT` oder einem Kurzwort wie im Beispiel `ip` anzugeben.

Alle Filter die sich auf Layer 2 eines Paketes beziehen beginnen mit `dl_`, alle Filter auf Layer 3 mit `nw_` oder in einigen Fällen `ip_`. Es gibt auch eine logische Struktur, die sich bedingt, und ohne die ein Fehler zurückgegeben wird. Verwendet der Admin etwa eine Regel, die bei einen TCP-Port greifen soll, so muss auch IP als Layer 2-Protokoll und TCP als IP-Protokoll angegeben sein. Um dem Admin das Leben leichter zu machen, gibt es unter anderem folgende Abkürzungen:

arp ist gleichbedeutend mit `dl_type=0x0806`
ip ist gleichbedeutend mit `dl_type=0x0800`
rarp ist gleichbedeutend mit `dl_type=0x0835`
icmp ist gleichbedeutend mit `dl_type=0x0800,nw_proto=1`
tcp ist gleichbedeutend `dl_type=0x0800,nw_proto=6`
udp ist gleichbedeutend mit `dl_type=0x0800,nw_proto=17`
sctp ist gleichbedeutend mit `dl_type=0x0800,nw_proto=132`

Für IPv6 gibt es ipv6, tcp6, udp6 und sctp6, bei denen der Wert für `dl_type` auf 0x086dd gesetzt ist.

Filter, für die es in einem Paket jeweils einen Wert für Quelle und Ziel gibt (Adressen in Layer 2 und Layer 3, sowie Ports), werden mit den Postfixen `_src` bzw. `_dst` angegeben.

Der Filter `in_port` spezifiziert den Eingangsport, auf dem ein Paket in den Switch kommt. Das Argument ist eine Zahl, die den Index des Ports repräsentiert oder es wird ein logischer Port wie CONTROLLER verwendet. Welches Interface welchen Index hat, gibt das Kommando `ovs-ofctl show` *`switchname`* aus.

Am Schluss der Flowdefinition steht eine Liste von Aktionen. Wenn keine Aktion angegeben wird, werden die Pakete verworfen. Die Aktion `normal` sorgt dafür, dass Pakete „normal" weitergeleitet werden, wie es von einem Switch zu erwarten ist. Mit der Aktion `output:`*`portnummer`* gibt der vswitchd das Paket auf dem Port mit der übergebenen Nummer aus. Soll das Paket auf mehreren Ports ausgegeben werden, so akzeptiert das Kommando auch eine mit Kommas separierte Liste von Ports. Die Action „controller" dient dazu, dass das Paket an den OpenFlow-Controller geschickt wird. Dieser kann dann aufgrund des ganzen Paketes eine Entscheidung treffen, was mit dem Paket und den weiteren Paketen dieses Flows passieren soll. Die L2-Switch Applikation von OpenDaylight zum Beispiel lässt sich per Flow zum Controller nicht klassifizierte Pakete (in dem Fall Pakete, bei denen zur Ziel-MAC-Adresse kein Ausgangsport bekannt ist) schicken. Hat der Controller die Ziel-MAC-Adresse schon einmal durch ein Eingangspaket gesehen und weiß, zu welchem Port das Paket gesendet werden muss, so wird ein Flow auf den Switch geschoben, der eine höhere Priorität als der Flow, der zum Controller geht. So wird ein lernender Switch implementiert. Das erste Paket geht nicht nur zum Controller, sondern wird auch auf alle anderen Pakete geflutet. Die Aktion „flood" führt dazu, dass das Paket auf alle außer den Eingangsport geschickt wird. Ausgenommen sind auch Ports auf denen Flooding deaktiviert ist. Die Aktion „all" nimmt lediglich den Eingangsport aus. Die Aktion „in_port" macht genau das Gegenteil und schickt das Paket nur auf dem Eingangport wieder hinaus. Neben dem Ausgangsport kann ein Flow auch das Paket modifizieren. Zu den wichtigsten Modifikationen gehören das Umschreiben von Quell- und Ziel-Adressen auf Layer 2- und 3-Ebene, sowie das Ändern der Quell- und Zielports. Auch VLAN-Tags und MPLS-Labels können modifiziert werden. Appendix A listet die gebräuchlichsten Aktionen und Filter auf. Da Open vSwitch ein sehr dynamisches Projekt ist, empfiehlt sich ein Blick in die Manualseite von ovs-ofctl, um die aktuellen Optionen zu sehen. Dies ist auch interessant, da Open vSwitch mehr implementiert als der OpenFlow-Standard vorsieht und dies über das gleiche Kommando administriert wird.

Weiterhin gibt es die Schlüsselworte „priority" und „table". Mit der Priorität wird die Reihenfolge der Flows bestimmt, ein höherer Wert bedeutet dabei „wichtiger" oder „kommt zuerst dran". Haben zwei Flows sich überschneidende Bedingungen (z.B. Flow 1 Quell-Adresse 1.2.3.4 und Flow 2 Quell-Adresse 1.2.3.4 und tcp und Port 80) so wird über die Priorität und nicht die Reihenfolge, in der sie angegeben wurden oder welcher Flow genauere Bedingungen enthält, entschieden, welcher Flow angewandt wird. Open vSwitch unterstützt mehrere Tabellen und mit der „goto_table"

Aktion/Instruktion[8] kann ein Paket mehrere Flow-Tabellen durchlaufen, sodass sich komplexere Logiken abbilden lassen.

Die folgenden Beispiele zeigen etwas komplexere Flows.

```
ovs-ofctl add-flow testswitch tcp,nw_dst=10.1.1.1,tcp_dst=80,priority=5,
    table=2,actions=mod_nw_dst:10.2.1.1,mod_tp_dst:88,output:5
```

Dieses Beispiel fügt einen Flow in die Tabelle 2 ein, der auf Pakete zutrifft, die an die IP-Adresse 10.1.1.1 mit dem IP-Protokoll und darin TCP auf Zielport 80 gerichtet sind. Bevor das Paket auf Port 5 hinausgesendet wird, wird die Ziel-IP zur 10.2.1.1 und der Zielport auf 88 geändert. Für Administratoren, die moderne Geräte zur Adress- und Portumsetzung gewohnt sind, sei angemerkt, dass OpenFlow hier zustandslos ist, und auch eine Regel in Gegenrichtung eingefügt werden muss. Protokolle wie FTP lassen sich so nicht umsetzen. Außerdem muss beim Umschreiben von Layer 3-Paketen, darauf geachtet werden, dass auch die Zuordnung Layer 2- zu Layer 3-Adresse stimmt. Wenn keine statischen ARP-Einträge verwendet werden, findet der sendende Host (oder Router) keine MAC-Adresse, zu der er das Paket senden kann.

Das zweite Beispiel beschäftigt sich mit den Layer 2-Eigenschaften eines Paketes.

```
ovs-ofctl -O OpenFlow13 add-flow testswitch dl_src=00:11:22:33:44:55,
    priority=6,table=3,arp,actions=mod_dl_src=55:44:33:22:11:00,push_vlan
    :0x8100,mod_vlan_vid:555,output:4
```

Dieses Beispiel modifiziert die Source-MAC-Adresse zu 55:44:33:22:11:00, wenn die Quell-Adresse 00:11:22:33:44:55 ist und es sich um ein ARP-Paket handelt. Außerdem fügt der Flow einen VLAN-Tag in das Paket ein und setzt die VLAN-ID auf 555.

Ist ein virtueller Switch mit einem OpenFlow-Controller verbunden, hilft das Kommando `ovs-ofctl snoop testswitch` bzw. `ovs-ofctl monitor testswitch`. Beide Kommandos geben zu jeder OpenFlow-Nachricht eine Meldung aus, die den Typ der Nachricht und ggfs. den Inhalt enthält. Die `snoop` Variante gibt dabei auch Paketnachrichten aus, die an den Controller gehen. Die Monitor-Variante versteht eine Filterliste, mit der eingeschränkt werden kann, welche Nachrichten ausgegeben werden.

3.1.9 Mininet

Experimente und Testaufbauten in Netzwerken bedeuten in physischen Netzen eine Menge von Geräten und viele Kabel. In einer virtuellen Umgebung sind immer noch größere Hosts notwendig, die als Hypervisor Platz für die virtuellen Maschinen bieten. Bei einem Test mit einigen wenigen Maschinen ist dies noch möglich, wenn der Host genug Speicher hat, aber sollen 100 IP-Adressen und die Kommunikation zwischen ihnen simuliert werden, so ist dies auch mit virtuellen Maschinen schwierig.

8 Ob es eine Aktion oder Instruktion ist, hängt von der OpenFlow-Version ab.

Mininet [5] löst dieses Problem und ermöglicht selbst auf eher bescheidener Hardware die Simulation größerer Netzwerke. Dazu verwendet die in Python geschriebene Software Open vSwitch und Linux Namespaces. Dies ist eine Abstraktionsmethode, die der Linux-Kernel anbietet, um in einer Betriebssysteminstanz abgetrennte Ausführungskontexte bereitzustellen, in denen die darin laufenden Prozesse keinen Zugriff auf Prozesse und Ressourcen in anderen Namespaces haben. Namespaces können auch unterschiedliche IP-Konfigurationen und Routing-Tabellen besitzen. Dies lässt sich auch manuell konfigurieren, aber Mininet bietet eine einfacher zu bedienende Oberfläche vor allem, wenn es darum geht, 20 Switche mit je 3 Hosts durch einen Aufruf zu erzeugen.

Auf der Webseite des Projektes gibt es eine Virtuelle Maschine zum Herunterladen, die eine Linux-Distribution mit allen notwendigen Software-Paketen enthält. Alternativ lässt sich das Paket auch auf ein bestehendes Linux installieren. In der Regel findet es sich unter dem Namen „mininet". Gibt es kein passendes Paket für das vorhandene Linux, so findet sich auch eine Anleitung, wie das Paket aus den Quellen installiert werden kann.

Das Kommando zum Start der Software heißt „mn". Der Aufruf startet ohne Parameter ein Netzwerk mit einem Switch und zwei Hosts, die mit dem Switch verbunden sind. Danach landet der Aufrufende auf dem Mininet-Kommandoprompt. Der Aufruf sieht wie folgt aus:

Listing 3.2: Start von Mininet.

```
# mn
*** Creating network
*** Adding controller
*** Adding hosts:
h1 h2
*** Adding switches:
s1
*** Adding links:
(h1, s1) (h2, s1)
*** Configuring hosts
h1 h2
*** Starting controller
*** Starting 1 switches
s1
*** Starting CLI:
mininet>
```

Auf dem Mininet-Prompt gibt es jetzt einige Kommandos zur Statusabfrage. Das Kommando „hosts" gibt eine Liste der erzeugten Hosts aus, „nodes" eine Liste aller Komponenten (Controller, Nodes, Switches). „network" listet für die Hosts und Switches auf, welches Interface mit welchem verbunden ist. Das Kommando dump schließlich zeigt eine Liste der für die Nodes erzeugten Prozesse und bei den Hosts auch die zugeordneten IP-Adressen. Beispielausgaben für die oben erzeugte Konfiguration zeigt Listing 3.3

Listing 3.3: Start von Mininet.

```
mininet> nodes
available nodes are:
c0 h1 h2 s1
mininet> switches
*** Unknown command: switches
mininet> net
h1 h1-eth0:s1-eth1
h2 h2-eth0:s1-eth2
s1 lo:  s1-eth1:h1-eth0 s1-eth2:h2-eth0
c0
mininet> dump
<Host h1: h1-eth0:10.0.0.1 pid=15076>
<Host h2: h2-eth0:10.0.0.2 pid=15077>
<OVSSwitch s1: lo:127.0.0.1,s1-eth1:None,s1-eth2:None pid=15080>
<OVSController c0: 127.0.0.1:6633 pid=15068>
```

Der Clou ist jetzt, dass der Mininet-Prompt es erlaubt, Kommandos aus Sicht der Nodes zu starten. Das Kommando „h1 ping 10.0.0.2“ startet das Ping Kommando im Namespace von Host 1 und es laufen alle notwendigen Pakete inklusive der ARP-Auflösung durch den Switch S1. Das Kommando „h1 ifconfig -a“ zeigt die Abgrenzung zum Rest des Betriebssystems, da hier die Schnittstelle h1-eth0 aufgelistet wird, die in der Ausgabe von „ifconfig -a“ auf dem Rechner, auf dem Mininet läuft, nicht sichtbar ist.

Der Mininet-Kommandoprompt versteht auch das Zeichen „&“ um einen Prozess in den Hintergrund zu schicken. So zeigt das Tutorial, wie das Kommando „h1 python -m SimpleHTTPServer 80 &“ den in Python eingebauten Webserver startet und dann kann von Host 2 darauf zugegriffen werden. Dazu dient das Kommando „h2 wget -O - h1“.

Um zu messen, wie schnell Pakete in M (oder G)bit durch das System laufen können, dient das Mininet Kommando iperf, welches im Hintergrund einen Iperf Server auf dem einen Host startet und gegen diesen dann vom anderen Host testet. Mit „exit“ wird die Simulation wieder beendet.

Um komplexere Strukturen als h1-s1-h2 aufzubauen, dient der Startparameter „--topo“. Die Option „--topo single,X“ erzeugt einen Switch mit X Hosts, die an ihn angeschlossen sind.

Mit dem Argument „--topo linear,X“ erzeugt Mininet X Switches die in Reihe geschaltet sind (S1 an S2, S2 an S3 usw.) und an jedem Switch hängt ein Host. In der Topologie Ansicht von OpenDaylight sieht dies aus, wie in Abbildung 3.2 dargestellt.

Schließlich gibt es noch das Argument „--topo tree,X,Y“. Dies erzeugt eine Topologie, bei der in der Mitte ein Switch steht. Von diesem Switch aus werden X Switche Y mal aufgespannt. Das heißt bei ,2,4, dass vom zentralen Switch aus vier mal zwei Switche abgehen. An jedem dieser Switche hängen dann 4 Hosts. Abbildung 3.3 zeigt ein Beispiel für ,2,4.

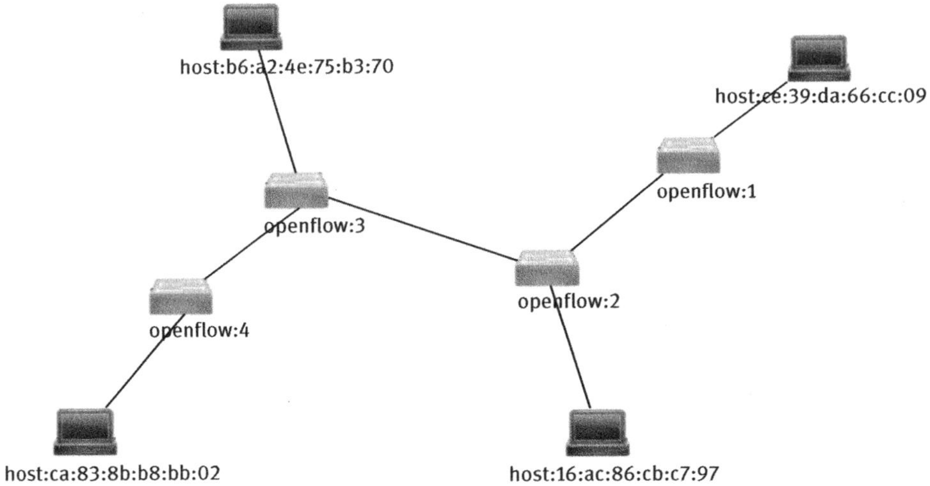

Abb. 3.2: Netzwerk bei mn --topo linear,4.

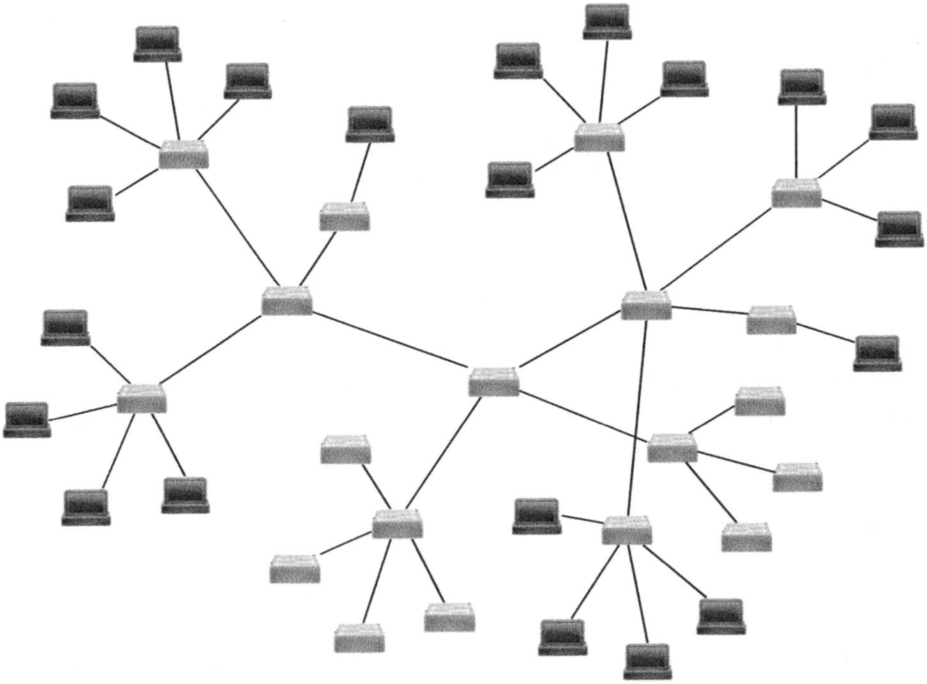

Abb. 3.3: Netzwerk bei mn --topo tree,2,4.

Neben diesen statischen Setups gibt es aber auch die Möglichkeit, die Topologie in Python frei zu programmieren. Das Argument im Aufruf von Mininet heißt dann „--custom datei.py". Im Paket gibt es ein Verzeichnis examples, welches eine ganze Reihe Beispiele für diverse Netzwerke enthält. Die in Listing 3.4 abgebildete Datei zeigt die Python-Datei für das Netzwerk, welches beim Aufruf von Mininet ohne Parameter erzeugt wird.

Listing 3.4: emptynet.py.

```
#!/usr/bin/python

"""
This example shows how to create an empty Mininet object
(without a topology object) and add nodes to it manually.
"""

from mininet.net import Mininet
from mininet.node import Controller
from mininet.cli import CLI
from mininet.log import setLogLevel, info

def emptyNet():

    "Create␣an␣empty␣network␣and␣add␣nodes␣to␣it."

    net = Mininet( controller=Controller )

    info( '***␣Adding␣controller\n' )
    net.addController( 'c0' )

    info( '***␣Adding␣hosts\n' )
    h1 = net.addHost( 'h1', ip='10.0.0.1' )
    h2 = net.addHost( 'h2', ip='10.0.0.2' )

    info( '***␣Adding␣switch\n' )
    s3 = net.addSwitch( 's3' )

    info( '***␣Creating␣links\n' )
    net.addLink( h1, s3 )
    net.addLink( h2, s3 )

    info( '***␣Starting␣network\n')
    net.start()

    info( '***␣Running␣CLI\n' )
    CLI( net )

    info( '***␣Stopping␣network' )
    net.stop()

if __name__ == '__main__':
    setLogLevel( 'info' )
    emptyNet()
```

Zwei Optionen verdienen noch Erwähnung: „--controller remote,ip=1.2.3.4" verbindet die Switche mit einem OpenFlow-Controller, der auf der IP-Adresse 1.2.3.4 und Port 6633 erreichbar ist. Mit der Option „--pre=datei" kann eine Reihe von Anweisungen übergeben werden, die vor den Tests als Initialisierung ausgeführt werden.

3.2 PicOS

PicOS der Firma Pica8 ist ein auf Linux basierendes Betriebssystem für sogenannte Whitelabel Switche. Diese Switche zeichnen sich dadurch aus, dass die nicht nur mit dem Betriebssystem des Herstellers funktionieren, sondern Alternativen zulassen. PicOS unterstützt Switche verschiedener Hersteller, bietet dem Admin aber immer die gleiche Schnittstelle zur Konfiguration.

Die OpenFlow-Konfiguration erfolgt über Open vSwitch. Dabei wurde die Software erweitert, sodass die Abbildung auf die Hardware möglich wird, und die Verarbeitung der Pakete nicht in Software passiert. Im Sprachgebrauch wird davon gesprochen, dass die Dataplane von Open vSwitch in Hardware abgebildet wird.

PicOS besitzt zwei Betriebsmodi, einen der den ganzen Switch mit allen Schnittstellen unter die Kontrolle von Open vSwitch versetzt und einen L2/L3-Modus, in dem das Gerät wie ein gewöhnlicher Switch arbeitet und einzelne Schnittstellen unter die Kontrolle von Open vSwitch gestellt werden können. Die Konfiguration erfolgt dann über das an Junos angelehnte CLI und die normalen ovs-vsctl-Kommandos von der Unix Shell aus. Zum Umschalten zwischen den beiden Modi dient das Programm picos_boot, welches menugeführt das Umschalten ermöglicht.

Die Verwaltung der virtuellen Switches und die Zuordnung von Schnittstellen sowie VLANs und Portgruppen etc. erfolgt wie bei Open vSwitch. Einzig beim Anlegen der Bridges und dem Zuordnen der Ports muss dem vswitch-Daemon mitgeteilt werden, dass Port bzw. Bridge in Hardware abgebildet werden. Das Anlegen der Bridge sieht in PicOS folgendermaßen aus:

```
ovs-vsctl add-br testbr -- set Bridge testbr datapath_type=pica8
```

Entsprechend wird ein physischer Port zugewiesen:

```
ovs-vsctl add-port testbr te-1/1/1 -- set Interface te-1/1/1 type=pica8
```

Die PicOS-Version von Open vSwitch unterstützt als Aktion im Gegensatz zu den meisten anderen die Manipulation von MPLS-Labeln in den Paketen[9].

9 Selbst das normale Open vSwitch verweigert einige Funktionen bei MPLS, wie das Weiterleiten von MPLS-Paketen über Tunnel oder das Auspacken von Paketen mit mehreren MPLS-Labels.

Wie in Abschnitt 1.4 beschrieben ist, werden Overlay-Netze durch Tunnel über IP-Verbindungen implementiert. Dabei werden als Tunnel-Protokolle GRE, VXLAN oder GENEVE eingesetzt. Einige Chipsätze für die Switches, auf denen PicOS läuft unterstützen das Ein- und Auspacken in die Tunnel. Auch die Umsetzung von einem VLAN auf einen bestimmten Tunnel wird zum Teil im Chip abgebildet.

Das Anlegen eines GRE-Tunnels mit Hardware-Beschleunigung sieht fast aus, wie das Anlegen eines normalen GRE-Tunnels:

```
ovs-vsctl add-port testswitch gre1 -- set Interface gre1 type=pica8_gre
options:remote_ip=10.1.1.1 options:local_ip=10.2.1.1 options:vlan=1
options:src_mac=00:11:11:11:11:11 options:dst_mac=00:22:22:22:22:22
options:egress_port=te-1/1/5
```

Im Unterschied zur Situation auf einem Hypervisor, bei dem sich das Weiterleiten der getunnelten IP-Pakete aus der Routing-Tabelle ergibt. wird auf dem Switch explizit das schnellere Switchinterface angegeben. Auch eine MAC-Adresse wird mitgegeben, da der Switch unter Umständen in dem Netzwerk über das die GRE-Pakete gesendet werden sollen, gar keine IP-Konfiguration besitzt. Dementsprechend würde auch der ARP-Prozess nicht funktionieren (und Zeit kosten). Wichtig für die Hardware Beschleunigung ist auch der type-Parameter.

Ähnlich sieht das Anlegen eines VXLAN-Tunnels aus, das aber zum Zeitpunkt, als das Buch geschrieben wurde, nur bei Switchen mit dem Chipsatz Trident-II unterstützt ist:

```
ovs-vsctl add-port testswitch vxlan1 -- set interface vxlan1
type=pica8_vxlan options:remote_ip=10.1.1.1
options:local_ip=10.2.1.1 options:vlan=1 options:vnid=4444
options:udp_dst_port=4789 options:src_mac=12:23:34:45:56:67
options:dst_mac=21:32:43:54:65:76 options:egress_port=te-1/1/2
```

Spezifisch für die PiCOS Plattform ist auch hier wieder der Typ.

3.3 Juniper

Juniper stellt Router, Switches und Firewalls her. Auf den Routern der MX-Serie sowie Switchen der Serien QFX und EX kann die Funktion über ein Software-Paket nachinstalliert werden[10].

Die OpenFlow-Protokollversion hängt von der Junos-Version und der Hardware ab. Junos-Version 13, welches auf MX-Routern und EX-Switchen unterstützt wird,

10 Die Software ist auf der Juniper Webseite unter Support → Downloads → All Downloads → Software Defined Networking → Openflow verfügbar.

spricht mit dem Controller OpenFlow in der Protokollversion 1.0. Junos 14 und größer verwenden Version 1.3.1.

Die Konfigurationslogik unter Junos ist dabei wie folgt: Mehrere Interfaces werden zu einem OpenFlow-Switch zusammengefasst. Der OpenFlow-Switch bekommt dann einen Controller zugewiesen. Auf Routern muss zusätzlich noch ein logischer Switch angelegt werden, dem die Interfaces zugeordnet werden. Listing 3.5 zeigt eine Beispielkonfiguration.

Listing 3.5: OpenFlow auf Arista Switchen.

```
1  set protocols openflow switch of-switch interfaces ge-0/0/3.0
2  set protocols openflow switch of-switch interfaces ge-0/0/4.0
3  set protocols openflow switch of-switch interfaces ge-0/0/5.0
4  set protocols openflow switch of-switch purge-flow-timer 60
5  set protocols openflow switch of-switch controller protocol tcp port 6653
6  set protocols openflow switch of-switch controller address 10.1.1.1
7
8  set interfaces ge-0/0/3 encapsulation ethernet-bridge
9  set interfaces ge-0/0/3 unit 0 family bridge
10 set interfaces ge-0/0/4 encapsulation ethernet-bridge
11 set interfaces ge-0/0/4 unit 0 family bridge
12 set interfaces ge-0/0/5 encapsulation ethernet-bridge
13 set interfaces ge-0/0/5 unit 0 family bridge
14
15 set routing-instances of-instance instance-type virtual-switch
16 set routing-instances of-instance bridge-domains ovs-domain interface ge
       -0/0/3.0
17 set routing-instances of-instance bridge-domains ovs-domain interface ge
       -0/0/4.0
18 set routing-instances of-instance bridge-domains ovs-domain interface ge
       -0/0/5.0
```

Die Zeilen 8–18 sind dabei spezifisch für den Einsatz auf einem Router. Bei einem Switch fällt die Definition der Routing-Instanz vollkommen weg (Zeile 15–18). Die Definition der Interfaces ist auf einem Switch einfacher. Hier genügt die Anweisung `set interfaces ge-0/0/3 unit 0 family ethernet-switching`.

Zur Kontrolle der OpenFlow-Eigenschaften des Gerätes stellt Junos das Kommando `show openflow` mit Argumenten bereit. Die folgenden Ansichten stehen zur Auswahl:

capability Dieses Argument zeigt die unterstützten OpenFlow-Filter, Statistiken und Aktionen an.

controller Mit diesem Argument erhält der Admin einen Status zu den konfigurierten Controllern. Zu jedem Controller werden IP-Adresse, Port, Protokollversion (diese wird allerdings durch eine Zahl repräsentiert 4 entspricht der 1.3) und Verbindungsstatus ausgegeben.

flows Mit diesem Argument wird eine Zusammenfassung der Flows, die vom Controller installiert wurden ausgegeben. Für jeden Flow werden eine lokale ID, die Priorität, der Switch auf dem sie installiert sind sowie die Anzahl der Pakete, Filter und Aktionen des Flows ausgegeben. Wird das Argument `detail` angehängt, so werden für jeden Flow auch die Filter und Aktionen ausgegeben.

groups Dieses Argument sorgt dafür, dass die angelegten Gruppendefinitionen angezeigt werden.

interfaces Dieses Argument sorgt dafür, dass die Schnittstellen ausgegeben werden, die OpenFlow-Switchen zugeordnet sind. Wichtig ist hierbei der Wert bei „Interface Port Number". Für Flows bei denen auf einen Eingangsport gefiltert wird, bzw. ein Ausgabeport angegeben wird, müssen bei Juniper-Geräten diese Werte angegeben werden, da in der OpenFlow-Logik von Juniper keine laufenden Nummern vergeben werden.

statistics Dieses Argument erlaubt diverse Statistiken und benötigt ein Folgeargument (flows, groups, interfaces, packet, queue, summary und tables), welches Informationen zu dem jeweiligen Thema ausgibt.

summary Mit diesem Argument gibt das Kommando eine Zusammenfassung über den OpenFlow-Status aus.

switch Dieses Argument listet die konfigurierten OpenFlow-Switches auf. Dabei enthält die Ausgabe eine Zusammenfassung der OpenFlow-Nachrichten zwischen Switch und Controller.

Die Ausgabe von `show openflow capability` zeigt, dass, obwohl die Geräte OpenFlow 1.3 sprechen, die Menge der unterstützten Filter und Aktionen sehr bescheiden ist. Als Filter sind Eingangsport, VLAN-ID und Priorität, Ethernet-Quell- und Ziel-Adresse, IPv4- und IPv6-Quell- und Ziel-Adresse, UDP/TCP-Quell- und -Zielports, IP-Protokoll, Ethernet-Typ und IP-Type of Service-Feld möglich.

Die möglichen Aktionen bestehen aus dem Setzen des Ausgangsport, dem Setzen der VLAN-ID, dem Wegnehmen der VLAN-Headers und dem Ändern der IPv4- und Ethernet-Ziel-Adresse. Trotz Version 1.3 unterstützt Junos nur eine Tabelle, die abhängig vom Hardwarespeicher des Gerätes unterschiedlich viele Einträge halten kann. Der Ausgangsport NORMAL für normales Paketswitchen wird unterstützt. In der Praxis ließen sich die Aktionen IPv4-Ziel-Adresse, Ziel-Ethernet und VLAN-ID-Setzen zwar auf das Gerät schicken, aber die Ausgabe von `show flow detail` zeigte die Aktion nicht an. Ein Filter auf die VLAN-ID wurde von Juniper Gerät gar nicht angenommen.

3.4 Arista

Die Firma Arista stellt Switches für Rechenzentren her. Die Modellreihe 7050 [11] unterstützt OpenFlow in der Protokollversion 1.0.

Die Konfiguration besteht aus der Definition eines Controllers und der Zuordnung von Switchports zum Controller.

Die Konfiguration erfolgt unter der Kommandohierarchie `openflow`. Listing 3.6 zeigt die Konfiguration für den Controller 10.1.1.1 und die Interfaces 1-4.

Listing 3.6: OpenFlow auf Arista Switchen.

```
varista(config)#openflow
varista(config-openflow)#controller tcp:10.1.1.1:6653
varista(config-openflow)#bind interface Ethernet 1-4
```

Neben den im Listing gezeigten Kommandos gibt es noch die Anweisungen `default-action` um zu steuern, was mit Paketen geschieht, die zu keinem Flow passen. Mögliche Argumente sind `drop` zum Verwerfen und `controller`, um die Pakete als Packet-In-Nachricht zum Controller zu senden. Statt einzelnen Interfaces kann auch ein VLAN gebunden werden (sodass alle Pakete in diesem VLAN von OpenFlow verwaltet werden. Es ist auch möglich, dass der Verkehr zwar nicht von OpenFlow kontrolliert wird, sondern nur überwacht (sodass nur Performance-Daten via OpenFlow gesammelt werden). Dazu dient die Anweisung `bind mode monitor`.

Zur Kontrolle der OpenFlow-Konfiguration bzw. des Zustandes gibt es in Aristas Betriebssystem EOS das `show openflow` Kommando. Die Anweisung `show openflow flows` zeigt die aktuell angelegten Flows an. Listing 3.7 zeigt einen Ausschnitt einer Beispielausgabe.

Listing 3.7: OpenFlow auf Arista Switchen.

```
Flow flow00000000000000000006:
  priority: 100
  cookie: 3098476543630901255 (0x2b00000000000007)
  match:
    Ethernet type: 0x88cc
  actions:
    output to controller
  matched: 374 packets, 68816 bytes
Flow flow00000000000000000009:
  priority: 2
  cookie: 3098476543630901278 (0x2b0000000000001e)
```

11 Dies war zum Zeitpunkt, als das Buch geschrieben wurde. Für den aktuellen Stand sollte der Leser die Webseite des Herstellers besuchen.

```
  match:
    ingress interface: Ethernet1
  actions:
    output interfaces: Ethernet2, Ethernet3
    output to controller
  matched: 7622 packets, 769046 bytes
```

Für jeden Flow gibt das Kommando die Eckdaten (Priorität, Filter, Aktionen sowie Menge der Pakete und Bytes) aus.

Das Kommando `show openflow profiles` gibt die unterstützten OpenFlow-Filter und -Aktionen aus. Da EOS nur Version 1.0 des OpenFlow-Protokolls unterstützt, ist der Funktionsumfang beschränkt. Laut der Ausgabe des Kommandos erlaubt EOS Filter auf Quell- und Ziel-IP- und Ethernet-Adressen (mit Wildcards), Eingangsinterface, VLAN-ID und Priorität, Ethernet-Typ (damit ist das Protokoll im Ethernet Paket wie IP oder ARP gemeint), das IP-Protokoll, IP-Type of Service sowie Quell- und Zielport bei UDP und Typ und Code bei ICMP. Unterstützte Aktionen sind laut der Ausgabe: Kopieren oder Spiegeln des Eingangsinterfaces, Ändern der Quell- und Ziel- Ethernet und IP-Adressen, Setzen des Quell- und Zielports bei UDP- und TCP-Paketen, Setzen des IP-Type of Service und die Ausgabe des Paketes auf bestimmen Ports. In der dem Buch zugrundeliegenden Software Version 4.14.5F führte das Einfügen einer Aktion zum Umschreiben der IP-Adresse zu einem „internal error" auf dem System. Auch die Output-Aktion „Normal" funktionierte nicht. Durch OpenFlow 1.0 unterstützt das System auch nur 1 Tabelle. Diese kann auch nur 1000 Einträge enthalten. Dies schränkt die praktischen Einsatzmöglichkeiten deutlich ein.

3.5 Zodiac FX

Der Zodiac FX ist ein kleines Entwicklerboard, das als Kickstarter Kampagne anfing. Die Firma Northbound Networks aus Australien verkauft das System. Es besitzt eine Atmel CPU und einen vier mal 100 Mbit Switch. Ein Port davon dient zur Kommunikation mit dem Controller, die anderen drei Ports stehen unter OpenFlow-Kontrolle.

Das Gerät hat eine sehr einfache Benutzeroberfläche. Mit dem Kommando `config` gelangt der Admin in den Konfigurationmodus. Das folgende Listing stellt IP-Adresse, Netzmaske, Defaultrouter, OpenFlow-Controller sowie Port des Controllers ein.

Listing 3.8: OpenFlow auf Arista Switchen.

```
set ip-address 10.1.1.1
set netmask 255.255.255.0
set gateway 10.1.1.254
set of-controller 10.2.1.1
set of-port 6653
```

Das Kommando `save` speichert die Konfiguration im Flash des Systems ab. Neben dem Konfigurationsmodus gibt es noch den Modus `openflow` mit dem Kommando `show status`, welches den aktuellen Status der Verbindung anzeigt. Mit dem Kommando `show flows` werden die aktuell im System befindlcihen Flows ausgegeben. Die Kommandos `enable` und `disable` aktivieren bzw. deaktivieren im OpenFlow-Modus die Kommunikation mit dem Controller.

Was Filter und Aktionen angeht, so unterstützt der Switch den OpenFlow 1.3-Standard. Leider waren die Firmware des Switches und der OpenDaylight-Controller zum Zeitpunkt, als das Buch geschrieben wurde, nicht kompatibel, die Verbindungsaushandlung blieb stecken, und wurde von Java-Fehlermeldungen im Logfile begleitet. Mit Floodlight funktionierte die Kommunikation allerdings einwandfrei.

4 Project Floodlight

Project Floodlight ist ein OpenFlow-Controller, der ursprünglich von der Firma BigSwitch Networks entwickelt wurde. Das Projekt ist mittlerweile quelloffen. Die Webseite findet sich unter [4] http://www.projectfloodlight.org.

Die Software ist in Java geschrieben und läuft relativ monolithisch. Applikationen, die sich einklinken können, werden ebenfalls in Java geschrieben. Die Software bietet eine grafische Weboberfläche die einige Verwaltungsinformationen über die beim Controller gemeldeten Switches anbietet und stellt die REST-APIs der eingebetteten Module zur Verfügung.

4.1 Die Installation

Die Software lässt sich auf der Projektwebseite als Quellcode herunterladen. Außerdem bietet das Projekt noch eine vollständige virtuelle Maschine mit vorinstallierter Software. Das Archiv der Quellen steht auch auf Github.

Nach dem Auspacken des Archivs befindet sich das vollständige Paket im Ordner floodlight-*version*, bei der als Grundlage für dieses Buch dienenden Version 1.2 also floodlight-1.2. Zum Übersetzen sind ein installiertes JDK sowie ant[1] notwendig. Für die Version 1.2 empfiehlt die Webseite Java7, für die aktuelle Entwicklerversion soll es Java Version 8 sein.

Nach dem Compilerlauf kann der Server mit dem im Hauptverzeichnis befindlichen Shellscript „floodlight.sh" gestartet werden.

Bei Einsatz von Java 8 zum Betrieb ist darauf zu achten, dass aus der Zeile

```
JVM_OPTS="$JVM_OPTS -XX:CompileThreshold=1500 -XX:PreBlockSpin=8"
```

die zweite Option PreBlockSpin entfernt wird, da diese von Java nicht mehr unterstützt ist und es sonst zu einer Fehlermeldung kommt.

Im Verzeichnis target/bin existiert die Konfigurationsdatei, die die äußeren Parameter steuert. Die Datei heißt „floodlightdefault.properties" und steuert, welche Module (Applikationen) eingebunden werden, Listing 4.1 zeigt die Datei.

Die ersten Zeilen beschreiben die einzubindenden Module. Bei der Entwicklung von eigenen Applikationen werden die Klassen in diesen Pfad mit aufgenommen, damit Floodlight sie beim Hochfahren lädt und startet. Zeile 27 setzt den Port für OpenFlow-Verbindungen von den Switchen fest. Ab Zeile 31 werden weitere Parameter der OpenFlow-Konfiguration definiert. Wichtig ist in Zeile 37 die Angabe ob der Port SSL-Verbindungen annehmen soll. Wenn dieser Wert auf YES steht, geben die Zeilen darüber den Zugang zu einer Keystore-Datei vor, in der das Server-Zertifikat und

1 ant ist ein Entwicklungswerkzeug zum Übersetzen größerer Java-Projekte.

DOI 10.1515/9783110451870-005

Listing 4.1: setfilter.json.

```
floodlight.modules=\
net.floodlightcontroller.jython.JythonDebugInterface,\
net.floodlightcontroller.storage.memory.MemoryStorageSource,\
net.floodlightcontroller.core.internal.FloodlightProvider,\
net.floodlightcontroller.threadpool.ThreadPool,\
net.floodlightcontroller.debugcounter.DebugCounterServiceImpl,\
net.floodlightcontroller.perfmon.PktInProcessingTime,\
net.floodlightcontroller.debugevent.DebugEventService,\
net.floodlightcontroller.staticflowentry.StaticFlowEntryPusher,\
net.floodlightcontroller.restserver.RestApiServer,\
net.floodlightcontroller.topology.TopologyManager,\
net.floodlightcontroller.learningswitch.LearningSwitch,\
net.floodlightcontroller.forwarding.Forwarding,\
net.floodlightcontroller.linkdiscovery.internal.LinkDiscoveryManager,\
net.floodlightcontroller.ui.web.StaticWebRoutable,\
net.floodlightcontroller.loadbalancer.LoadBalancer,\
net.floodlightcontroller.firewall.Firewall,\
net.floodlightcontroller.devicemanager.internal.DeviceManagerImpl,\
net.floodlightcontroller.accesscontrollist.ACL,\
net.floodlightcontroller.statistics.StatisticsCollector
org.sdnplatform.sync.internal.SyncManager.authScheme=CHALLENGE_RESPONSE
org.sdnplatform.sync.internal.SyncManager.keyStorePath=/etc/floodlight/
    auth_credentials.jceks
org.sdnplatform.sync.internal.SyncManager.dbPath=/var/lib/floodlight/
org.sdnplatform.sync.internal.SyncManager.port=6642
net.floodlightcontroller.forwarding.Forwarding.match=vlan, mac, ip,
    transport
net.floodlightcontroller.forwarding.Forwarding.flood-arp=YES
net.floodlightcontroller.core.internal.FloodlightProvider.openFlowPort
    =6653
net.floodlightcontroller.core.internal.FloodlightProvider.role=ACTIVE
net.floodlightcontroller.linkdiscovery.internal.LinkDiscoveryManager.
    latency-history-size=10
net.floodlightcontroller.linkdiscovery.internal.LinkDiscoveryManager.
    latency-update-threshold=0.5
net.floodlightcontroller.core.internal.OFSwitchManager.
    defaultMaxTablesToReceiveTableMissFlow=1
net.floodlightcontroller.core.internal.OFSwitchManager.
    maxTablesToReceiveTableMissFlowPerDpid
    ={"00:00:00:00:00:00:00:01":"1","2":"1"}
net.floodlightcontroller.core.internal.OFSwitchManager.
    clearTablesOnInitialHandshakeAsMaster=YES
net.floodlightcontroller.core.internal.OFSwitchManager.
    clearTablesOnEachTransitionToMaster=YES
```

```
35 net.floodlightcontroller.core.internal.OFSwitchManager.keyStorePath=/path
       /to/your/keystore-file.jks
36 net.floodlightcontroller.core.internal.OFSwitchManager.keyStorePassword=
       your-keystore-password
37 net.floodlightcontroller.core.internal.OFSwitchManager.useSsl=NO
38 net.floodlightcontroller.core.internal.OFSwitchManager.
       supportedOpenFlowVersions=1.0, 1.1, 1.2, 1.3, 1.4
39 net.floodlightcontroller.restserver.RestApiServer.keyStorePath=/path/to/
       your/keystore-file.jks
40 net.floodlightcontroller.restserver.RestApiServer.keyStorePassword=your-
       keystore-password
41 net.floodlightcontroller.restserver.RestApiServer.
       httpsNeedClientAuthentication=NO
42 net.floodlightcontroller.restserver.RestApiServer.useHttps=NO
43 net.floodlightcontroller.restserver.RestApiServer.useHttp=YES
44 net.floodlightcontroller.restserver.RestApiServer.httpsPort=8081
45 net.floodlightcontroller.restserver.RestApiServer.httpPort=8080
46 net.floodlightcontroller.statistics.StatisticsCollector.enable=TRUE
47 net.floodlightcontroller.statistics.StatisticsCollector.
       collectionIntervalPortStatsSeconds=30
```

der Private Key stehen. Unter Zeile 37 steht eine Liste der unterstützten OpenFlow-Versionen. Ebenso wichtig ist Zeile 44 und die darunter, in der die Ports für die Web-Komponenten stehen. Zeile 44 für https und die darunter für unverschlüsselten HTTP-Zugang.

4.2 Die grafische Weboberfläche

Floodlight bietet eine einfache grafische Oberfläche, die einen aufbereiteten lesenden Zugriff auf die bekannten Daten erlaubt. Abbildung 4.1 zeigt den Startbildschirm.

Ein Click auf einen der aufgelisteten Switche zeigt Informationen über den Switch an. Abbildung 4.2 zeigt dies am Beispiel eines Zodiac-Switches.

Die Seite zeigt den im OpenFlow-Handshake übermittelten Namen, die ausgehandelte OpenFlow-Version und weitere Informationen über das Gerät. Darunter findet sich eine Liste der Ports mit Informationen über die Anzahl der empfangenen und gesendeten Pakete sowie der dabei protokollierten Feher.

Abgeschlossen wird die Seite mit einer Liste der FLows auf dem Gerät, die die Matches der Flows sowie Zähler enthält.

Unter dem Menuepunkt Topology zeichnet Floodlight aus den angemeldeten Switchen, erkannten Links zwischen den Switchen und erkannten Hosts eine Topologie oder Karte. Abbildung 4.3 zeigt ein einfaches Beispiel.

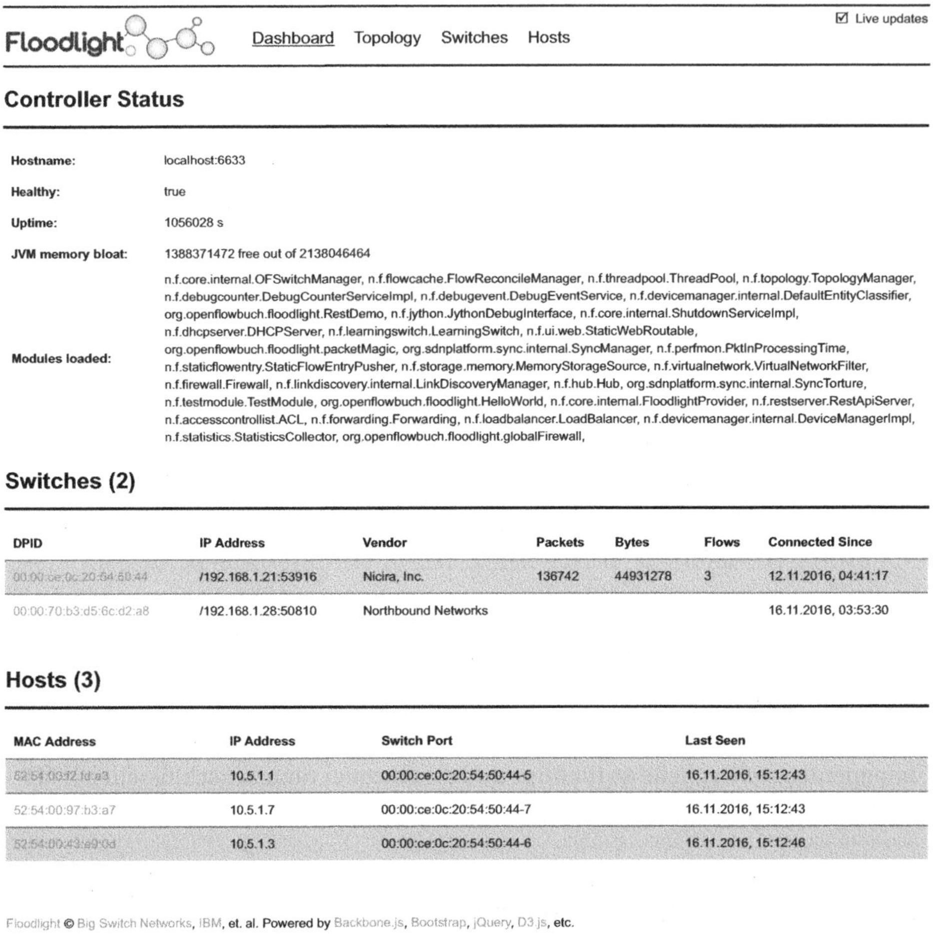
Floodlight Dashboard Topology Switches Hosts ☑ Live updates

Controller Status

Hostname:	localhost:6633
Healthy:	true
Uptime:	1056028 s
JVM memory bloat:	1388371472 free out of 2138046464
Modules loaded:	n.f.core.internal.OFSwitchManager, n.f.flowcache.FlowReconcileManager, n.f.threadpool.ThreadPool, n.f.topology.TopologyManager, n.f.debugcounter.DebugCounterServiceImpl, n.f.debugevent.DebugEventService, n.f.devicemanager.internal.DefaultEntityClassifier, org.openflowbuch.floodlight.RestDemo, n.f.jython.JythonDebugInterface, n.f.core.internal.ShutdownServiceImpl, n.f.dhcpserver.DHCPServer, n.f.learningswitch.LearningSwitch, n.f.ui.web.StaticWebRoutable, org.openflowbuch.floodlight.packetMagic, org.sdnplatform.sync.internal.SyncManager, n.f.perfmon.PktInProcessingTime, n.f.staticflowentry.StaticFlowEntryPusher, n.f.storage.memory.MemoryStorageSource, n.f.virtualnetwork.VirtualNetworkFilter, n.f.firewall.Firewall, n.f.linkdiscovery.internal.LinkDiscoveryManager, n.f.hub.Hub, org.sdnplatform.sync.internal.SyncTorture, n.f.testmodule.TestModule, org.openflowbuch.floodlight.HelloWorld, n.f.core.internal.FloodlightProvider, n.f.restserver.RestApiServer, n.f.accesscontrollist.ACL, n.f.forwarding.Forwarding, n.f.loadbalancer.LoadBalancer, n.f.devicemanager.internal.DeviceManagerImpl, n.f.statistics.StatisticsCollector, org.openflowbuch.floodlight.globalFirewall,

Switches (2)

DPID	IP Address	Vendor	Packets	Bytes	Flows	Connected Since
00:00:ce:0c:20:54:50:44	/192.168.1.21:53916	Nicira, Inc.	136742	44931278	3	12.11.2016, 04:41:17
00:00:70:b3:d5:6c:d2:a8	/192.168.1.28:50810	Northbound Networks				16.11.2016, 03:53:30

Hosts (3)

MAC Address	IP Address	Switch Port	Last Seen
52:54:00:f2:fd:a3	10.5.1.1	00:00:ce:0c:20:54:50:44-5	16.11.2016, 15:12:43
52:54:00:97:b3:a7	10.5.1.7	00:00:ce:0c:20:54:50:44-7	16.11.2016, 15:12:43
52:54:00:43:e9:0d	10.5.1.3	00:00:ce:0c:20:54:50:44-6	16.11.2016, 15:12:46

Floodlight © Big Switch Networks, IBM, et. al. Powered by Backbone.js, Bootstrap, jQuery, D3.js, etc.

Abb. 4.1: Startseite des Floodlight UI.

4.3 REST APIs von FloodLight

Floodlight bietet eine Reihe von APIs an, die an den Modulen/Applikationen hängen. Als Datenformat in beiden Richtungen verwendet Floodlight JSON.

Der Zugriff auf die URL http://FLHOST:8080/wm/core/controller/switches/json liefert die JSON Ausgabe in Listing 4.2, allerdings ist der zurückgelieferte JSON-Code kompakter formatiert als im Listing dargestellt.

Ein wichtiger Parameter in diesem Listing ist „switchDPID" oder kurz DPID. Dies ist die eindeutige ID des Switches, eine 64-Bit-Zahl, die aus der MAC-Adresse des Switches mit zwei vorangestellten Nullen gebildet wird (oder manuell vom Switch gesetzt werden kann). An allen Stellen im API, bei denen eine Switch-ID notwendig ist (dies

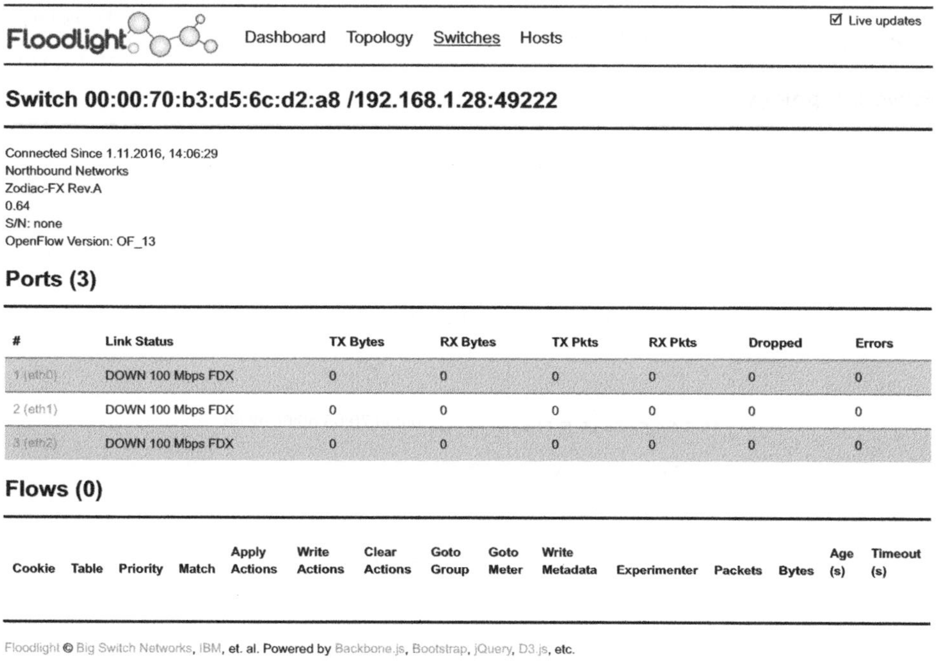

Abb. 4.2: Switchinformationen in Floodlight.

kann im JSON-Code des Arguments aber auch im Pfad der URL sein), kommt dieser Wert zum Einsatz.

Listing 4.2: JSON-Ausgabe der Switchliste.

```
[
    {
        "inetAddress": "\/192.168.1.28:49285",
        "connectedSince": 1467834825576,
        "switchDPID": "00:00:70:b3:d5:6c:d2:a8"
    },
    {
        "inetAddress": "\/192.168.1.21:37510",
        "connectedSince": 1467834828532,
        "switchDPID": "00:00:ce:0c:20:54:50:44"
    }
]
```

Die in der Distribution integrierten Applikationen besitzen REST APIs, die dokumentiert sind. Für die Flowprogrammierung sind nicht alle relevant. Die wichtigsten URL-Pfade relativ zu http://FLHOST:8080 sind:

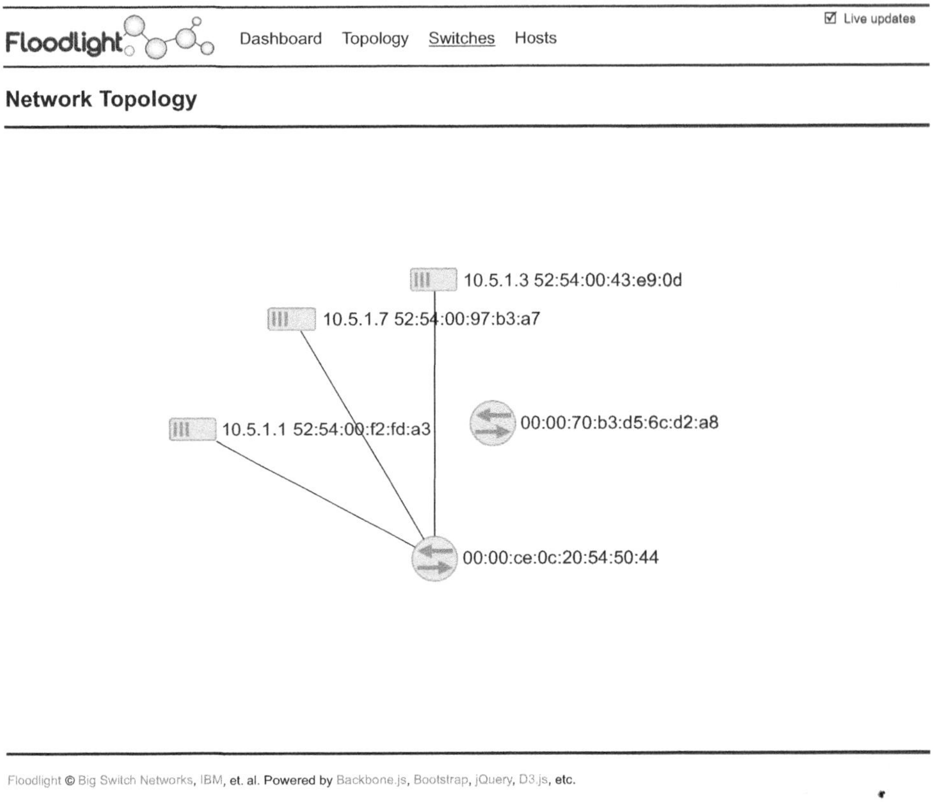

Abb. 4.3: Topologiekarte in Floodlight.

/wm/core/controller/summary/json Gibt mit der Methode GET eine Zusammenfassung aus, wie viele Switche und Links zwischen Ihnen bekannt sind.

/wm/core/switch/all/role/json Gibt mit der Methode GET eine Liste der Switches aus, und zeigt an, in welcher Rolle der Controller zu diesem Switch steht (Master, Equal, Slave). Mit der Methode POST und den Daten

`{"role":"MATSTER"}`

setzt Floodlight die Rule im Beispiel auf MASTER.

/wm/core/switch/*DPID*/role/json Mit dieser URL lässt sich die Rolle für den einzelnen Switch auslesen oder setzen.

/wm/core/switch/all/*Statistiktyp*/json Hinter dieser URL verbergen sich Statisikwerte. Der Statistiktyp kann laut Dokumentation einer der folgenden Werte sein: aggregate, desc, flow, group, group-desc, group-features, meter, meter-config, meter-features, port, port-desc, queue, table, features. Dabei ist aber nicht gesagt, dass alle Switche jeden Typ unterstützen. Statt „all" kann auch eine DPID eingetragen werden, dann fragt Floodlight nur die Werte des einen Switches ab.

/wm/device Der Rückgabewert ist eine Liste aller Devices, die Floodlight gelernt hat (etwa Hosts, deren MAC- und IP-Adressen der Controller gesehen hat.

/wm/staticflowpusher/json Hinter dieser URL verbirgt sich der „Static Flow Pusher“, die Schnittstelle zum Anlegen und Löschen der Flows. POST legt Flows an, DELETE löscht sie. Der nächste Abschnitt erklärt dies im Detail.

/wm/staticflowpusher/list/*DPID*/json Listet alle Flows des Switches mit der angegebenen DPID auf.

/wm/staticflowpusher/clear/*DPID*/json Löscht alle Flows auf dem Switch mit der eingefügten DPID.

4.3.1 Static Flow Pusher

Der Static Flow Pusher ist die REST-Schnittstelle, um Flows auf die Switche zu schieben oder sie zu entfernen. Flows haben bei Floodlight einen Namen, der als eindeutige Kennung gilt. Der Name dient auch als Argument beim Löschen des Flows. Da der Name über alle Flows auf allen Switchen eindeutig sein muss, empfiehlt es sich mit einem Namensschema zu arbeiten, welches unter anderem den Switch-Namen oder eine andere Zuordnung zum Switch beinhalten sollte.

Flows akzeptiert Floodlight im Format JSON. Die Grundstruktur eines Flows ohne Matches und Actions zeigt Listing 4.3.

Listing 4.3: Flow Basis.

```
{
    "switch": "00:00:00:00:00:00:00:01",
    "name": "Beispiel",
    "active": "true",
    ...
}
```

Im Feld Switch muss die DPID übergeben werden. Das Feld „name“ enthält den eindeutigen Namen. Das Schlüsselwort „active“ kann weggelassen werden, wenn der Flow aktiv sein soll. Mit dem Wert „false“ wird der Flow zwar in die Datenbank eingetragen, aber nicht auf das Gerät geschoben.

In der Standardkonfiguration ist bei Floodlight keine Benutzerauthentisierung aktiviert, sodass ein Aufruf wie der folgende einen Flow anlegt:

```
curl -X POST -d '{"switch": "00:00:00:00:00:00:00:01", "name":"foo",
"active":"false"}' http://FLHOST:8080/wm/staticflowpusher/json
```

Die Priorität des Flows codiert das Feld „priority“. Die Felder des Matches sind einzeln codiert und die Aktionen werden im Feld „actions“ hinterlegt.

Den JSON-Code für einen einfachen Flow, der Pakete von Port 1 mit IP-Adresse 1.2.3.4 auf Port 3 ausgibt, zeigt das Listing 4.4.

Listing 4.4: Einfacher Flow.

```
{
    "switch": "00:00:00:00:00:00:00:01",
    "name": "Beispiel",
    "priority": "1",
    "in_port": "1",
    "eth_type": "0x800",
    "ipv4_src": "1.2.3.4",
    "active": "true",
    "actions": "output=3"
}
```

Wird die Priorität weggelassen, so wird der Maximalwert (65535) eingesetzt. Fehlt der Wert für die Tabelle, landet der Flow in Tabelle 0. Das Schlüsselwort für die Tabelle ist „table“. Soll der Flow mit Timeouts versehen werden, so sind dafür die Schlüsselworte „hard_timeout“ und „idle_timeout“ zuständig. Das Argument der beiden Werte ist in Sekunden anzugeben.

Ein Post Request mit demselben Namen aber einem anderen Flow überschreibt den alten Flow.

Der Flow aus Listing 4.4 lässt sich mit dem folgenden Kommando wieder löschen:

```
curl -X DELETE -d '{"name":"Beispiel"}'
http://FLHOST:8080/wm/staticflowpusher/json}
```

4.3.1.1 Matches

Das Schlüsselwort für eine Filterung auf den Eingangsport ist „in_port“. Das Argument ist entweder die ID des Ports oder einer der reservierten Ports, wie „local“ oder „controller“.

Die Matches für Felder im Ethernetheader heißen:

eth_src Das Argument ist die Quell-MAC-Adresse des Paketes im Format XX:XX:XX:XX:XX:XX.

eth_dst Das Argument ist die Ziel-MAC-Adresse des Paketes im Format XX:XX:XX:XX:XX:XX.

eth_type Das Argument ist eine 32-Bit-Zahl als Dezimalzahl oder als Hexadezimalzahl mit dem Prefix „0x“.

eth_vlan_vid Die ID des VLAN-Tags. Das Argument ist eine Zahl zwischen 1 und 4094.

eth_vlan_pcp VLAN-Priorität als Zahl. Als Voraussetzung muss eth_vlan_vid vorhanden sein.

Listing 4.5 zeigt einen Flow, der die Ethernet-Header verwendet.

Listing 4.5: Flow mit Ethernet Matches.

```
{
    "switch": "00:00:00:00:00:00:00:01",
    "name": "Beispiel",
    "priority": "1",
    "eth_type": "0x800",
    "eth_src": "00:11:22:33:44:55",
    "eth_dst": "11:22:33:44:55:66",
    "eth_vlan_vid": "55",
    "eth_vlan_pcp": "2",
    "active": "true"
}
```

Der Inhalt von ARP-Paketen kann auch als Filterkriterium dienen. Die folgenden Felder stehen zur Verfügung.

arp_opcode Dieses Feld enthält den Typ des Paketes. 1 ist eine Anfrage, 2 die Antwort.

arp_sha Die Quell-MAC-Adresse des Paketes des Paketes im Format XX:XX:XX:XX:XX:XX. Dies ist nicht die Adresse des Ethernet-Paketes selber.

arp_tha Die Ziel-MAC-Adresse des Paketes des Paketes im Format XX:XX:XX:XX:XX:XX. Dies ist nicht die Adresse des Ethernet-Paketes selber.

arp_spa Die Quell-IP-Adresse. Bei der ARP-Suchanfrage ist dies die IP-Adresse des Hosts der eine MAC sucht, bei der Antwort die Adresse des Hosts der Antwortet. Die Adresse ist im Format A.B.C.D.

arp_tpa Die Ziel-IP-Adresse. Bei der ARP-Suchanfrage ist dies die IP-Adresse des Hosts, dessen MAC-Adresse gesucht ist, bei der Antwort die Adresse des Hosts, der sucht. Die Adresse ist im Format A.B.C.D.

Der eth_type für alle diese Pakete muss 0x806 sein.

Das Listing 4.6 filtert auf ARP-Anfragen vom Host 1.2.3.4 mit der MAC-Adresse 00:00:01:02:03:04 der nach der MAC-Adresse für die IP-Adresse 2.3.4.5 sucht.

Listing 4.6: Flow mit Ethernet-Matches.

```
{
    "switch": "00:00:00:00:00:00:00:01",
    "name": "Beispiel",
    "priority": "1",
    "eth_type": "0x806",
    "arp_sha": "00:00:01:02:03:04",
    "arp_spa": "1.2.3.4",
    "arp_tpa": "2.3.4.5",
    "arp_op": "1",
    "active": "true"
}
```

Die Felder, die für IP-Header (v4 und v6) zuständig sind, definiert Floodlight folgendermaßen.

ip_proto Das IP-Protokoll (meistens UDP, TCP, ICMP oder SCP) als Zahlwert.

ip_dscp Den DSCP-Header des IP-Headers zur QoS-Steuerung als Zahl. Eine 6-Bit-Zahl.

ip_tos Das Type of Service-Feld des Headers als Zahl. DSCP und ECN zusammen ergeben dieses Feld.

ip_ecn Die übrigen 2 bit des TOS-Feldes als Zahl. Ein Wert zwischen 0 und 3.

Bei allen diesen Match Feldern muss das Feld eth_type auf dem Wert 0x800 für IPv4 oder 0x86dd für IPv6 stehen.

Listing 4.7 zeigt einen Match der diese Felder nutzt.

Listing 4.7: Flow mit IP-Match.

```
{
    "switch": "00:00:00:00:00:00:00:01",
    "name": "Beispiel",
    "priority": "1",
    "eth_type": "0x800",
    "ip_proto": "6",
    "ip_dscp": "0",
    "ip_ecn": "0",
    "active": "true"
}
```

Das Beispiel nutzt nicht den gesamten TOS Header, da er in den Einzelteilen referenziert wird.

Die Filterung auf die IPv4-Adressen erledigen die Felder „ipv4_src“ und „ipv4_dst“. Das Argument ist eine IP-Adresse in der Form „1.2.3.4“ oder ein Netzwerk in der Form „1.2.3.0/24“. Der Parameter „eth_type“ muss den Wert 0x800 für IPv4 besitzen. In Listing 4.8 ist ein Flow abgebildet, der Verbindungen von der IP-Adresse 1.2.3.4 in das Netz 10.10.0.0/16 blockiert.

Listing 4.8: Flow mit IP-Match.

```
{
    "switch": "00:00:00:00:00:00:00:01",
    "name": "Beispiel",
    "priority": "1",
    "eth_type": "0x800",
    "ipv4_src": "1.2.3.4",
    "ipv4_dst": "10.10.0.0/16",
    "active": "true"
}
```

Für IPv6 gibt es neben einer Filterung auf Quell- und Ziel-Adresse auch noch ein Feld für den Flowlabel. Weiterhin gibt es Felder für die IPv6 Neighbor Discovery Felder, die ähnlich agieren, wie bei ARP für IPv4. Die Felder sind im einzelnen:

ipv6_src Die IPv6-Quell-Adresse des Paketes im Format XXXX:XXXX:XXXX:XXXX:XXXX:XXXX:XXXX:XXXX oder als Netzmaske im Format XXXX:XXXX::/YY.

ipv6_dst Die IPv6-Quell-Adresse des Paketes im Format XXXX:XXXX:XXXX:XXXX:XXXX:XXXX:XXXX:XXXX oder als Netzmaske im Format XXXX:XXXX::/YY.

ipv6_label Das Flow-Label des Paketes als Zahl. Dies ist im Paket Header ein 20-Bit-Wert.

ipv6_nd_sll Die MAC-Adresse des Hosts, der die Discovery Nachricht sendet. Das Feld icmpv6_type muss den Wert 0x87 besitzen.

ipv6_nd_dll Die MAC-Adresse des Hosts, der die Discovery Nachricht sendet. Das Feld icmpv6_type muss den Wert 0x88 besitzen.

Der Flow im folgenden Listing filtert allen Verkehr aus dem Netz 2001:db8:1::/64 zur Adresse 2001:db:2::1.

Listing 4.9: Flow mit IP-Match.

```
{
    "switch": "00:00:00:00:00:00:00:01",
    "name": "Beispiel",
    "priority": "1",
    "eth_type": "0x86dd",
    "ipv6_src": "2001:db8:1::/64",
    "ipv6_dst": "2001:db:2::1",
    "active": "true"
}
```

Oberhalb des IP-Headers gibt es noch UDP, TCP, ICMP und SCTP. Außer bei ICMP zeichnet diese Protokolle ein Quell- und ein Zielport aus. Bei ICMP gibt es den Code und den Typ des Paketes.

In der Umsetzung in Floodlight gibt es zwei Varianten, die von der Version des verwendeten OpenFlow-Protokolls abhängen. Für OpenFlow 1.3 heißen die Felder bei UDP, TCP und SCTP *protokoll*_src und *protokoll*_dst. Das Feld ip_proto muss dabei immer gesetzt sein und dazu passen, also z.B. ip_proto=17 bei Verwendung von udp_src oder udp_dst. Außerdem muss das Feld eth_type auf einem der Werte für die IP-Protokolle stehen, also 0x800 oder 0x86dd.

Vor OpenFlow 1.2 heißen die Felder tp_src und tp_dst für den Quell- und den Zielport, und ob der Match dann auf UDP, TCP oder SCTP anwendbar ist, hängt vom Wert der Feldes ip_proto ab.

In der Praxis macht es keinen Unterschied, da Floodlight beide Versionen akzeptiert und auf dem Gerät richtig umsetzt.

Listing 4.10 zeigt zwei Flows, die einmal in alter und einmal in neuer Syntax einen Filter auf TCP-Port 80 zeigen.

Listing 4.10: Flow mit TCP Port Match.

```
{
    "switch": "00:00:00:00:00:00:00:01",
    "name": "Beispiel",
    "priority": "1",
    "eth_type": "0x800",
    "ip_proto": "6",
    "tp_dst": "80",
    "active": "true"
}
{
    "switch": "00:00:00:00:00:00:00:01",
    "name": "Beispiel",
    "priority": "1",
    "eth_type": "0x800",
    "ip_proto": "6",
    "tcp_dst": "80",
    "active": "true"
}
```

Die Felder für ICMP heißen icmpv4_type, icmpv4_code, icmpv6_code und icmpv6_type. Das Feld ip_proto muss bei deren Verwendung den Wert 1 bei IPv4 und den Wert 58 bei IPv6 besitzen.

Die verbleibenden fünf Filter erfassen MPLS-Pakete und betrachten Metadaten.

Das Feld „mpls_label“ akzeptiert eine Zahl und filtert auf den Wert des äußersten Labels. „mpls_tc“ erlaubt eine Filterung auf den 3-Bit-Wert der MPLS-Traffic Class. Das Feld „mpls_bos“ schließlich prüft auf das „Bottom-Of-Stack“-Bit, welches anzeigt, ob es das letzte Label im Paket ist. Das Listing 4.11 zeigt ein Beispiel.

Listing 4.11: Flow mit MPLS-Match.

```
{
    "switch": "00:00:00:00:00:00:00:01",
    "name": "Beispiel",
    "priority": "1",
    "eth_type": "0x8848",
    "mpls_label":"1234",
    "mpls_bos":"0",
    "mpls_tc":"0",
    "active": "true"
}
```

Das Feld „metadata" enthält eine 64-Bit Zahl, die beliebig gesetzt werden kann, gewissermaßen als Zwischenspeicher. Das Feld „tunnel_id" enthält Metadaten des Tunnels, wenn dies vom Switch unterstützt wird. Die Empfehlung des OpenFlow-Standard sieht vor, dass in den unteren X Bit (abhängig vom verwendeten Tunneltyp) eine ID des Tunnels wie die VxLAN VID oder das GRE Key-Feld eingetragen werden.

4.3.2 Instruktionen und Aktionen

Aktionen codiert Floodlight hinter dem JSON-Feld „actions". Der Wert dieses Feldes ist in einem String eine durch Kommata getrennte Liste der Aktionen, die ausgeführt werden sollen, etwa „output=1,output=2". Dabei ist die Reihenfolge die, die auch angewendet wird. Dieses Schüsselwort ist streng genommen aus der Version 1.0 des OpenFlow-Protokolls. Statt „actions" kann auch das ab Version 1.1 passende Schlüsselwort „instruction_apply_actions" verwendet werden. Neben der Apply Actions Instruktion unterstützt Floodlight auch „instruction_write_actions", um eine Liste von Aktionen zu speichern, die am Ende der Pipeline ausgeführt wird, „instruction_clear_actions" um diese Liste zu löschen. Die Write-Aktion bekommt genauso eine Liste von Aktionen als Argument, wie Apply. Die Clear-Aktion erhält kein Argument. „instruction_write_metadata" schreibt die Metadaten in das Metadata-Feld. Das Argument ist eine 64-Bit-Zahl. Den Sprung in eine weitere Tabelle erlaubt die Instruktion „instruction_goto_table" mit dem Index der Tabelle als Argument. „instruction_goto_meter" führt den Sprung zu einem Meter aus.

4.3.2.1 Aktionen

Bei den Aktionen, die Felder manipulieren, gibt es einen Unterschied zwischen OpenFlow vor 1.2 und ab 1.2.

In den neueren Versionen wird der Wert eines Feldes mit der Aktion „set_field" und dem Namen des Feldes im Match geändert. Das Setzen der Ziel-IPv4-Adresse sieht folgendermaßen aus: `"actions":"set_field=ipv4_dst->10.1.1.1"`. Die Syntax für die Versionen 1.0 und 1.1 sieht für dieselbe Aktion so aus:

```
"actions":"set_ipv4_src=10.1.1.1".
```

Mehrere Aktionen werden mit Komma getrennt.

Das Heraussenden des Pakets auf einen Port erledigt die Aktion „output", die als Argument die ID des Ports oder einen der logischen Ports, „controller", „all", „local", „flood", „in_port", „normal" oder „any" erhält. Einen Beispiel-Flow, der alle Pakete aus Port 1 an Port 2 und den Controller leitet, zeigt Listing 4.12.

Unterstützt der Switch Queues, sorgt die Aktion „enqueue" bei OpenFlow-Version 1.0 mit einem Argument in der Form „Portnummer:Queuenummer" dafür, dass das Paket in der Queue landet. Ab Protokollversion 1.1 heißt die Aktion „set_queue“ und ihr Argument ist die Queue-ID, die zugeordnet wurde.

Listing 4.12: Flow mit Ausgabe auf einen Port.

```
{
    "switch": "00:00:00:00:00:00:00:01",
    "name": "Beispiel",
    "priority": "1",
    "in_port": "1",
    "actions":"output=2,output=controller",
    "active": "true"
}
```

Die Manipulation auf Ethernetebene unterscheidet sich in das Setzen von Werten und das Einfügen bzw. Entfernen von Tags. Die Manipulation der Ethernet-Adressen erfolgt in alter Syntax mit den Aktionen „set_eth_src“ und „set_etc_dst“. Die folgenden zwei Flowdefinitionen setzen die Quell- und Ziel-Adresse eines Paketes aus Port 1 einmal in alter und einmal in neuer Syntax.

Listing 4.13: Flows mit Manipulation der MAC-Adressen.

```
{
    "switch": "00:00:00:00:00:00:00:01",
    "name": "Beispiel",
    "priority": "1",
    "in_port": "1",
    "actions":"set_eth_src=00:11:22:33:44:55,set_eth_dst
        =00:01:02:03:04:05,output=2",
    "active": "true"
}
{
    "switch": "00:00:00:00:00:00:00:01",
    "name": "Beispiel",
    "priority": "1",
    "in_port": "1",
    "actions":"set_fieldc=eth_src->00:11:22:33:44:55,set_field=eth_dst
        ->00:01:02:03:04:05,output=2",
    "active": "true"
}
```

Das Einfügen und Entfernen von VLAN-Tags erledigen die Aktionen „push_vlan“ und „pop_vlan“. In der Version 1.0 des Protokolls gibt es noch die Aktion „strip_vlan“. „push_vlan“ muss den Ethertype, der eingefügt wird, enthalten, dieser sollte 0x8100 sein. Die Manipulation der VLAN-Felder erledigen die Aktionen „set_vlan_vid“ und „set_vlan_pcp“ oder die Variante in der set_field Syntax. Die Flows in Listing 4.14 zeigen das Einfügen eines VLAN-Tags sowie das Setzen der VLAN-ID in beiden Versionen.

Listing 4.14: Flows mit Manipulation der VLAN-Eigenschaften.

```
{
    "switch": "00:00:00:00:00:00:00:01",
    "name": "Beispiel",
    "priority": "1",
    "in_port": "1",
    "actions":"push_vlan=0x8100,set_vlan_vid=1000,output=2",
    "active": "true"
}
{
    "switch": "00:00:00:00:00:00:00:01",
    "name": "Beispiel",
    "priority": "1",
    "in_port": "1",
    "actions":"push_vlan,set_field=vlan_vid->1000,output=2",
    "active": "true"
}
```

Grob in den Bereich VLAN gehört das Provider Backbone Briding (auch bekannt als Mac in Mac, welches eine Weiterentwicklung des mit Q in Q implementierten gestapelten VLAN-Taggings ist. Provider Backbone Bridging ist im IEEE Standards 802.1ah definiert. Mit der Aktion „push_pbb" lässt sich ein entsprechendes Label einfügen. Das Argument ist wie beim Push eines VLAN-Tags der Ethertype, der 0x88e7 sein muss. Mit „pop_pbb" wird das äußerste Label wieder entfernt.

Die meisten Manipulationen im IP-Header setzen Werte. Die Ausnahmen sind die Aktionen „dec_ip_ttl", die das TTL Feld der IP-Headers um eins verringert, „copy_ip_ttl_in", das die TTL von einem äußeren IP-Header in einen inneren, bzw. umgekehrt mit der Aktion „copy_ip_ttl_out" kopiert.

Für das direkte Schreiben der Werte in den Feldern gibt es wieder „set_"-Methoden in alter Syntax oder „set_field" mit dem entsprechenden Match Field als Argument. In Prä 1.2 Syntax heißen die Aktionen „set_ip_tos", um das gesamte TOS Feld zu überschreiben, „set_ip_ecn" für die ECN-Bits im Header und „set_ip_ttl", um die TTL direkt zu überschreiben. Damit diese Aktionen funktionieren, muss der „eth_type" entweder auf 0x800 oder 0x86dd stehen. Der folgende Flow zeigt das Umschreiben der Werte in beiden Syntaxversionen.

Listing 4.15: Flows mit Manipulation des IP-Headers.

```
{
    "switch": "00:00:00:00:00:00:00:01",
    "name": "Beispiel",
    "priority": "1",
    "in_port": "1",
    "eth_type": "0x800",
    "actions":"set_ip_tos=0,set_ip_ttl=55,dec_ip_ttl,output=2",
    "active": "true"
}
```

```
{
    "switch": "00:00:00:00:00:00:00:01",
    "name": "Beispiel",
    "priority": "1",
    "in_port": "1",
    "eth_type": "0x800",
    "actions":"set_field=ip_tos->0,set_field=ip_ttl->55,dec_ip_ttl,output=2",
    "active": "true"
}
```

Bei den IPv4-Adressen gibt es zwei Syntax-Varianten, bei IPv6 nicht, da IPv6-Support erst nach Version 1.1 eingeführt wurde. Entsprechend der Logik bei der Vergabe der Feldnamen heißen die Aktionen „set_ipv4_src" und „set_ipv4_dst".

Dementsprechend sehen die Flows folgendermaßen aus:

Listing 4.16: Flows mit Manipulation der IPv4-Adressen.

```
{
    "switch": "00:00:00:00:00:00:00:01",
    "name": "Beispiel",
    "priority": "1",
    "in_port": "1",
    "eth_type": "0x800",
    "actions":"set_ipv4_src=192.168.1.1,set_ip4_dst=10.1.1.1,output=2",
    "active": "true"
}
{
    "switch": "00:00:00:00:00:00:00:01",
    "name": "Beispiel",
    "priority": "1",
    "in_port": "1",
    "eth_type": "0x800",
    "actions":"set_field=ipv4_src->192.168.1.1,set_field=ipv4_dst->10.1.1.1,output=2",
    "active": "true"
}
```

Das Verändern von Quell- und Zielports in OpenFlow 1.0 passiert mit den Schlüsselwörtern „tp_src" und „tp_dst". Dabei muss dann das Feld „ip_proto" einen der Werte für UDP, TCP oder SCTP enthalten. Die Manipulation von ICMP-Code und -Typ ist nur mit set_field möglich. Die folgenden Flows ändern den TCP-Zielport.

Listing 4.17: Flows mit Manipulation des TCP-Ports.

```
{
    "switch": "00:00:00:00:00:00:00:01",
    "name": "Beispiel",
```

```
    "priority": "1",
    "in_port": "1",
    "eth_type": "0x800",
    "ip_proto":"6",
    "actions":"set_tp_dst=80,output=2",
    "active": "true"
}
{
    "switch": "00:00:00:00:00:00:00:01",
    "name": "Beispiel",
    "priority": "1",
    "in_port": "1",
    "eth_type": "0x800",
    "actions":"set_field=tcp_dst->80,output=2",
    "active": "true"
}
```

Der letzte Bereich, in dem es zwei Varianten gibt, wie die Feldmanipulation in JSON codiert werden kann, ist MPLS. Wie bei VLAN-Tags können diese eingefügt und entfernt werden. MPLS-Labels enthalten allerdings auch noch eine TTL, die wie beim IP-Header mit einer eigenen Operation heruntergezählt werden kann.

Das Einfügen des Labels erledigt die Aktion „push_mpls", welches wie die Push-Funktion für VLANs einen Ethertype als Argument bekommt, der den Wert 0x8848 oder 0x8847 besitzen muss. „pop_mpls" erhält als Gegenstück ebenfalls ein Argument, welches der Ethertype des Paketes ist, das nach Entfernen des MPLS-Labels übrig ist. Steht hinter dem MPLS-Header ein IPv6-Paket, dann ist das richtige Argument für „pop_mpls" 0x86dd. Zwei Werte im Header können manipuliert werden, das Label und die Traffic Class. „set_mpls_label" setzt das Label und „set_mpls_tc" den Wert für die Traffic Class. Das Bottom-Of-Stack-Bit kann Floodlight nur mit der set_field Syntax setzen.

Der Flow in Listing 4.18 zeigt das Einfügen eines MPLS-Tags und Setzen der Werte in beiden Syntax-Varianten[2].

Listing 4.18: Flows mit Einfügen eines MPLS-Labels.

```
{
    "switch": "00:00:00:00:00:00:00:01",
    "name": "Beispiel",
    "priority": "1",
    "in_port": "1",
    "eth_type": "0x800",
    "actions":"push_mpls=0x8848,set_mpls_label=1234,set_mpls_tc=0,output
        =2",
    "active": "true"
}
```

2 Nur der zweite Flow enthält das BoS Bit.

```
{
    "switch": "00:00:00:00:00:00:00:01",
    "name": "Beispiel",
    "priority": "1",
    "in_port": "1",
    "eth_type": "0x800",
    "actions":"push_mpls=0x8848,set_field=mpls_label->1234,set_field=
        mpls_tc->0,set_field=mpls_bos->1,output=2",
    "active": "true"
}
```

Die Manipulation von ARP-Paketen und IPv6-Feldern ist nur in der set_field-Syntax möglich. Das Umschreiben von ARP-Requests ist im Kontext von IPv4-Adressumsetzung notwendig (siehe Abschnitt 2.4), wenn der Switch Pakete in derselben Broadcast-Domain umschreibt.

Der erste der folgenden Flows schreibt das ARP-Paket so um, dass, wenn der Host 10.1.1.1 nach dem Host 10.1.1.2 sucht, die Anfrage beim Host 10.10.1.2 herauskommt. Der zweite Flow setzt die Antwort für Host 10.10.1.2 auf 10.1.1.2 um, sodass der ursprünglich fragende Host die Antwort bekommt, die er sucht. IP-Pakete an die 10.1.1.2 wird 10.1.1.1 dann mit der MAC-Adresse von 10.10.1.2 aussenden, sodass ein Flow, der diese Umsetzung macht, auch funktioniert.

Listing 4.19: Flows mit Manipulation der ARP-Header.

```
{
    "switch": "00:00:00:00:00:00:00:01",
    "name": "Beispiel",
    "priority": "1",
    "in_port": "1",
    "eth_type": "0x806",
    "active": "true",
    "arp_tpa": "10.1.1.2",
    "actions": "set_field=arp_tpa->10.10.1.2,set_field=arp_spa
        ->10.10.1.1,output=2"
}
{
    "switch": "00:00:00:00:00:00:00:01",
    "name": "Beispiel2",
    "priority": "1",
    "in_port": "2",
    "eth_type": "0x806",
    "active": "true",
    "arp_opcode": "2",
    "arp_tpa": "10.10.1.1",
    "actions": "set_field=arp_spa->10.1.1.2,set_field=arp_tpa->10.1.1.1,
        output=1"
}
```

Die Hardware-Adressen wurden in diesem Beispiel gleich gelassen, da diese ja von den Hosts richtig ausgefüllt sind. Ist dies notwendig, so muss die „actions“ Liste noch um Anweisungen

```
set_field=arp_sha->00:11:22:33:4:55
```

bzw.

```
set_field=arp_tha->00:11:22:33:4:55
```

ergänzt werden.

Bei IPv6 können die Quell- und Ziel-Adresse, das Flowlabel, die Hardware-Adressen und die Ziel-IP-Neighbor Discovery-Pakete sowie der ExtHeader des Paketes manipuliert werden.

Der erste Flow in 4.20 zeigt das Umschreiben der IPv6-Ziel-Adresse. Der zweite Flow schreibt die ND Pakete passend dazu um.

Listing 4.20: Flows mit Manipulation der ARP-Header.

```
{
    "switch": "00:00:00:00:00:00:00:01",
    "name": "Beispiel",
    "priority": "1",
    "in_port": "1",
    "eth_type": "0x86dd",
    "active": "true",
    "ipv6_dst": "2001:db8:1:1::/64",
    "actions": "set_field=ipv6_dst->2001:db8::1,output=2"
}
{
    "switch": "00:00:00:00:00:00:00:01",
    "name": "Beispiel2",
    "priority": "1",
    "in_port": "1",
    "eth_type": "0x86dd",
    "ip_proto": "58",
    "icmpv6_type": "0x87",
    "active": "true",
    "ipv6_dst": "2001:db8:1:1::/64",
    "actions": "set_field=ipv6_nd_target->2001:db8::1,output=2"
}
```

Floodlight unterstützt auch bereits die Aktion „meter“, die in OpenFlow 1.5 die Instruktion des gleichen Namens ersetzt und die Aktion „copy_field“ aus OpenFlow 1.5, mit der ein Wert aus einem in ein anderes Feld kopiert werden kann.

4.3.3 Groups und Meters

Das REST-API des Flow Pushers unterstützt zwar den Verweis auf Meters und Groups aber noch nicht das Anlegen. Zum Zeitpunkt, als dieses Buch geschrieben wurde, kam die Ankündigung, dass das REST-API das Anlegen von Gruppen in der Entwicklerversion unterstützt. Zum Anlegen muss der Entwickler eine eigene Applikation in Floodlight einbinden. In der Entwicklerversion ändert sich auch die URL von „staticflowpusher“ zu „staticentrypusher“.

4.4 Eigene Module entwickeln

Applikationen, die im Controller arbeiten und direkt mit den Daten ohne Umweg über ein REST-API interagieren können, heißen bei FloodLight Module.

Module können auf zum Controller gesendete Pakete reagieren, ein eigenes REST API bereitstellen, Flows verwalten und auf Statistikdaten zugreifen.

Floodlight kommt mit einigen vorgefertigten Applikationen, etwa einer Firewall-Applikation und auch der Flowpusher, dessen REST-API im letzten Abschnitt zum Einsatz kam, ist ein Modul.

Die Beispielmodule in diesem Kapitel gehen in derselben Struktur und Funktionalität vor, wie die in Kapitel 5 über OpenDaylight. Angefangen von einem einfachen "Hello World" im Logfile bis zu einem Paketgenerator mit REST-Schnittstelle.

4.4.1 Die Entwicklungsumgebung

Die Entwicklung von eigenen Modulen erfolgt am einfachsten auch in Java. Die Tutorials auf der Projektwebseite schlagen Eclipse als Entwicklungsumgebung vor, dies ist aber nicht zwingend notwendig. Allerdings macht es die Entwicklung deutlich einfacher.

Das Tutorial geht auch davon aus, dass die neuen Module innerhalb des Dateibaumes der Floodlight-Distribution erstellt werden, aber auch dieses ist nicht notwendig. Folgende Abhängigkeiten sind zu erfüllen.

- floodlight.jar muss im Classpath des Java Compilers enthalten sein
- Die eigene Klasse(n) muss(müssen) beim Start von Floodlight im Classpath sein. entweder durch eine Umgebungsvariable, eine Modifikation des floodlight.sh Scriptes oder indem das Archiv floodlight.jar erweitert wird.
- In der Steuerungsdatei *floodlightdirectory*/target/bin/floodlightdefault.properties muss der voll qualifizierte Klassenname (also etwa org.openflowbuch.floodlight.demo) in der Liste der Module im Eintrag floodlight_modules stehen.

Arbeitet der Entwickler im Floodlight-Baum, dann bindet der Aufruf von ant auch die eigenen Module direkt in das floodlight.jar ein, sofern die entsprechenden Steuerungsdateien, wie beschrieben, angepasst wurden.

Zur Einbindung in Eclipse gibt es im Floodlight-Quellverzeichnis ein Ant Target, welches das Verzeichnis als Eclipse Projekt vorbereitet. Das Kommando `ant eclipse` bereitet den Ordner vor. Danach kann der Entwickler den ganzen Ordner als Projekt einbinden über die Folge Datei → Import → General → Existing Project into Workspace.

Eigene Module werden dann einfach als Klasse hinzugefügt und werden mitübersetzt. Damit die eigenen Module im Zielarchiv landen, müssen die voll qualifizierten Klassennamen noch in eine weitere Datei eingetragen werden (dies ist zum Übersetzen mit und ohne Eclipse aber im Dateibaum von Floodlight notwendig). Die Datei *floodlightdirectory*/src/main/ressources/META-INF/services/ net.floodlightcontroller. core.module.IFloodlightModule enthält die Liste der Klassen. Im Verzeichnis *floodlightdirectory*/src/main/ressources befindet auch die Masterdatei floodlightdefault.properties, die beim Bauen und Erzeugen des Archivs die Datei im target/bin ersetzt. Daher sollte der Entwickler im Entwichlungszyklus immer diese Datei anpassen, da die Änderungen in target/bin überschrieben werden.

4.4.2 Hello World in Floodlight

Das erste Modul macht nicht besonders viel, außer bei seiner Initialisierung eine "Hello World" Nachricht in der Logdatei beziehungsweise der Ausgabe auf STDOUT zu erzeugen.

Ein Modul in Floodlight muss das Interface IFloodLightModule implementieren.

Listing 4.21: HelloWorld.java für Floodlight.

```
package org.openflowbuch.floodlight;

import java.util.ArrayList;
import java.util.Collection;
import java.util.Map;

import org.slf4j.Logger;
import org.slf4j.LoggerFactory;

import net.floodlightcontroller.core.FloodlightContext;
import net.floodlightcontroller.core.IFloodlightProviderService;
import net.floodlightcontroller.core.module.FloodlightModuleContext;
import net.floodlightcontroller.core.module.FloodlightModuleException;
import net.floodlightcontroller.core.module.IFloodlightModule;
import net.floodlightcontroller.core.module.IFloodlightService;
public class HelloWorld implements IFloodlightModule
```

```
17 {
18     private static final Logger log = LoggerFactory.getLogger(HelloWorld.
           class);
19
20     public String getName()
21     {
22         return("HelloWorld");
23     }
24
25     public Collection<Class<? extends IFloodlightService>>
           getModuleServices()
26     {
27         return null;
28     }
29
30     public Map<Class<? extends IFloodlightService>, IFloodlightService>
           getServiceImpls()
31     {
32         return null;
33     }
34
35     public Collection<Class<? extends IFloodlightService>>
           getModuleDependencies()
36     {
37         Collection<Class<? extends IFloodlightService>> l = new ArrayList
               <Class<? extends IFloodlightService>>();
38         l.add(IFloodlightProviderService.class);
39         return l;
40     }
41
42     public void init(FloodlightModuleContext context) throws
           FloodlightModuleException
43     {
44         log.info("Init Hello World");
45     }
46
47     public void startUp(FloodlightModuleContext context) throws
           FloodlightModuleException
48     {
49         log.info("Startup Hello World");
50     }
51 }
```

Das Interface IFloodLightModule setzt 6 Methoden voraus, die eine implementierende Klasse besitzen muss. „getName“ in Zeile 20 gibt den Namen der Moduls zurück. Per Konvention ist dies meistens der Kurzname der Klasse, hier also "HelloWorld". Die Methode in Zeile 25 gibt die Liste der Dienste zurück, die dieses Modul implementiert. Da noch kein Dienst implementiert wird, reicht der Rückgabewert null. Das gleiche gilt für die darauf folgende Methode „getServiceImpls“. Die Methode „getModuleDependencies“ in Zeile 35 gibt eine Liste der Module zurück, von denen dieses Modul abhängig ist, die also geladen sein müssen, damit dieses Modul funktionieren kann. Da Hello World von keinem anderen Modul abhängt muss nur die IFloodLightProviderService Klasse hinzugefügt werden, die für das Laden von Modulen zuständig ist.

Die Methode „init“ dient zur Initialisierung von Datenstrukturen. In diesem Beispielcode gibt die Methode lediglich die erste "Hello World" Logmeldung aus. Die Methode „startUp“ schließlich wird aufgerufen, wenn die Initialisierung des Modulsystems abgeschlossen ist. Hier kann sich der Entwickler darauf verlassen, dass die init Methoden aller notwendigen Module bereits ausgeführt wurden. Auch hier gibt die Methode lediglich eine "Hello World" Meldung aus.

Um die Entwicklung der Module einfacher zu gestalten, liegt die Datei HelloWorld.java im Verzeichnis src/main/java/org/openflowbuch/floodlight unterhalb des Floodlight-Quell-Verzeichnisses. Die beiden bereits erwähnten Dateien `net.floodlightcontroller.core.module.IFloodlightModule` und `floodlightdefault.properties` werden um den Eintrag org.openflowbuch.floodlight.HelloWorld ergänzt. Bei der ersten Datei wurde die Zeile einfach unten angehängt, die zweite Datei sieht nun wie folgt aus:

Listing 4.22: floodlightdefault.properties mit zusätlicher Klasse.

```
floodlight.modules=\
net.floodlightcontroller.jython.JythonDebugInterface,\
net.floodlightcontroller.storage.memory.MemoryStorageSource,\
net.floodlightcontroller.core.internal.FloodlightProvider,\
net.floodlightcontroller.threadpool.ThreadPool,\
net.floodlightcontroller.debugcounter.DebugCounterServiceImpl,\
net.floodlightcontroller.perfmon.PktInProcessingTime,\
net.floodlightcontroller.debugevent.DebugEventService,\
net.floodlightcontroller.staticflowentry.StaticFlowEntryPusher,\
net.floodlightcontroller.restserver.RestApiServer,\
net.floodlightcontroller.topology.TopologyManager,\
net.floodlightcontroller.forwarding.Forwarding,\
net.floodlightcontroller.linkdiscovery.internal.LinkDiscoveryManager,\
net.floodlightcontroller.ui.web.StaticWebRoutable,\
net.floodlightcontroller.loadbalancer.LoadBalancer,\
net.floodlightcontroller.firewall.Firewall,\
net.floodlightcontroller.devicemanager.internal.DeviceManagerImpl,\
net.floodlightcontroller.accesscontrollist.ACL,\
net.floodlightcontroller.statistics.StatisticsCollector,\
org.openflowbuch.floodlight.HelloWorld
org.sdnplatform.sync.internal.SyncManager.authScheme=CHALLENGE_RESPONSE
org.sdnplatform.sync.internal.SyncManager.keyStorePath=/etc/floodlight/auth_credentials.jceks
org.sdnplatform.sync.internal.SyncManager.dbPath=/var/lib/floodlight/
```

```
24 org.sdnplatform.sync.internal.SyncManager.port=6642
25 net.floodlightcontroller.forwarding.Forwarding.match=vlan, mac, ip,
       transport
26 net.floodlightcontroller.forwarding.Forwarding.flood-arp=NO
27 net.floodlightcontroller.core.internal.FloodlightProvider.openFlowPort
       =6653
28 net.floodlightcontroller.core.internal.FloodlightProvider.role=ACTIVE
29 net.floodlightcontroller.linkdiscovery.internal.LinkDiscoveryManager.
       latency-history-size=10
30 net.floodlightcontroller.linkdiscovery.internal.LinkDiscoveryManager.
       latency-update-threshold=0.5
31 net.floodlightcontroller.core.internal.OFSwitchManager.
       defaultMaxTablesToReceiveTableMissFlow=1
32 net.floodlightcontroller.core.internal.OFSwitchManager.
       maxTablesToReceiveTableMissFlowPerDpid
       ={"00:00:00:00:00:00:00:01":"1","2":"1"}
33 net.floodlightcontroller.core.internal.OFSwitchManager.
       clearTablesOnInitialHandshakeAsMaster=YES
34 net.floodlightcontroller.core.internal.OFSwitchManager.
       clearTablesOnEachTransitionToMaster=YES
35 net.floodlightcontroller.core.internal.OFSwitchManager.keyStorePath=/path
       /to/your/keystore-file.jks
36 net.floodlightcontroller.core.internal.OFSwitchManager.keyStorePassword=
       your-keystore-password
37 net.floodlightcontroller.core.internal.OFSwitchManager.useSsl=NO
38 net.floodlightcontroller.core.internal.OFSwitchManager.
       supportedOpenFlowVersions=1.0, 1.1, 1.2, 1.3, 1.4
39 net.floodlightcontroller.restserver.RestApiServer.keyStorePath=/path/to/
       your/keystore-file.jks
40 net.floodlightcontroller.restserver.RestApiServer.keyStorePassword=your-
       keystore-password
41 net.floodlightcontroller.restserver.RestApiServer.
       httpsNeedClientAuthentication=NO
42 net.floodlightcontroller.restserver.RestApiServer.useHttps=NO
43 net.floodlightcontroller.restserver.RestApiServer.useHttp=YES
44 net.floodlightcontroller.restserver.RestApiServer.httpsPort=8081
45 net.floodlightcontroller.restserver.RestApiServer.httpPort=8080
46 net.floodlightcontroller.statistics.StatisticsCollector.enable=FALSE
47 net.floodlightcontroller.statistics.StatisticsCollector.
       collectionIntervalPortStatsSeconds=10
```

Zeile 19 wurde um ein Komma und den Backslash ergänzt, damit die in Zeile 1 beginnende Anweisung noch einen weiteren Eintrag erhalten kann. Danach wurde einfach in einer neuen Zeile die HelloWorld Klasse ergänzt.

Nach dem Start mittels des Scriptes floodlight.sh erscheinen (unter anderen) folgende Logmeldungen:

Listing 4.23: Ausgabe nach dem Start.

```
2016-07-10 18:33:41.900 INFO  [o.o.f.HelloWorld] Init Hello World
2016-07-10 18:33:41.942 INFO  [o.s.s.i.c.FallbackCCProvider] Cluster not
    yet configured; using fallback local configuration
2016-07-10 18:33:41.943 INFO  [o.s.s.i.SyncManager] [32767] Updating sync
     configuration ClusterConfig [allNodes={32767=Node [hostname=
    localhost, port=6642, nodeId=32767, domainId=32767]}, authScheme=
    CHALLENGE_RESPONSE, keyStorePath=/etc/floodlight/auth_credentials.
    jceks, keyStorePassword is unset]
2016-07-10 18:33:42.74 INFO  [o.s.s.i.r.RPCService] Listening for
    internal floodlight RPC on localhost/127.0.0.1:6642
2016-07-10 18:33:42.86 INFO  [n.f.c.i.OFSwitchManager] Listening for
    switch connections on /0.0.0.0:6653
2016-07-10 18:33:42.94 INFO  [n.f.l.i.LinkDiscoveryManager] Setting
    autoportfast feature to OFF
2016-07-10 18:33:42.329 INFO  [o.o.f.HelloWorld] Startup Hello World
```

4.4.3 Die zweite Applikation

Das zweite Modul ist eigentlich in der Floodlight-Distribution schon enthalten. Es handelt sich um ein Modul, welches zentral an alle bekannten Switches einen Flow mit einer Drop Action pushed. Dieses ist logisch die gleiche Anwendung wie in Abschnitt 5.4.2 im OpenDaylight-Kapitel, sodass sich die beiden Controller aus Entwicklersicht besser vergleichen lassen. Floodlight besitzt bereits ein Firewall-Modul, welches weitaus intelligenter als die in diesem Abschnitt entwickelte Beispielapplikation ist, aber der Schwerpunkt des Moduls in diesem Abschnitt ist das Verständnis der Modulentwicklung und nicht so sehr eine ausgearbeitete Applikation.

Das globalfirewall-Modul besteht aus mehreren Klassen. Das Modul schiebt auf alle bekannten Switches zunächst einen NORMAL Flow ohne Filter, damit die Switches Pakete weiterleiten. Über ein REST API kann der Anwender dann eine Firewall-Regel mit Quell- und Ziel-IP, Protokoll und Zielportnummer übermitteln, die dann in Form eines entsprechenden Flows auf alle bekannten Switches gepusht wird. Dieser Flow besitzt eine höhere Priorität als der NORMAL Flow, sodass er diesen überschreibt.

Es wäre bei Floodlight möglich, den gesamten Code in eine Klasse zu schreiben, die dann entsprechend viele Interfaces implementiert. Aus Gründen der besseren Lesbarkeit verteilt sich der Code der Applikation aber auf eine Klasse, die das Modul implementiert, eine Klasse die den Code enthält, der die Flows erzeugt, ein Interface und schließlich zwei Klassen, die die Umsetzung des REST API-Aufrufs bereitstellt.

Schritt 1 ist ein neues Modul, welches das Interface IOFSwitchListener implementiert. Über diese Schnittstelle bekommt das Modul mit, wenn sich Switche beim

Controller registrieren oder abmelden. Der Code der Klasse globalFirewall ist in Listing 4.24 abgebildet.

Listing 4.24: globalfirewall.java für Floodlight.

```
package org.openflowbuch.floodlight;

import java.util.ArrayList;
import java.util.Collection;
import java.util.Map;

import org.projectfloodlight.openflow.protocol.OFPortDesc;
import org.projectfloodlight.openflow.types.DatapathId;
import org.slf4j.Logger;
import org.slf4j.LoggerFactory;

import net.floodlightcontroller.core.IFloodlightProviderService;
import net.floodlightcontroller.core.IOFSwitch;
import net.floodlightcontroller.core.IOFSwitchListener;
import net.floodlightcontroller.core.PortChangeType;
import net.floodlightcontroller.core.internal.IOFSwitchManager;
import net.floodlightcontroller.core.internal.IOFSwitchService;
import net.floodlightcontroller.core.module.FloodlightModuleContext;
import net.floodlightcontroller.core.module.FloodlightModuleException;
import net.floodlightcontroller.core.module.IFloodlightModule;
import net.floodlightcontroller.core.module.IFloodlightService;

public class globalfirewall implements IFloodlightModule,
    IOFSwitchListener
{
    private static final Logger log = LoggerFactory.getLogger(
        globalfirewall.class);
    private IOFSwitchService switchService;
    private FlowManagement myflowmanager;

    public Collection<Class<? extends IFloodlightService>>
        getModuleServices()
    {
        return null;
    }

    public Map<Class<? extends IFloodlightService>, IFloodlightService>
        getServiceImpls()
    {
        return null;
    }

    public Collection<Class<? extends IFloodlightService>>
        getModuleDependencies()
```

```
    {
        Collection<Class<? extends IFloodlightService>> l = new ArrayList<Class<? extends IFloodlightService>>();
        l.add(IFloodlightProviderService.class);
        l.add(IOFSwitchService.class);
        return l;
    }

    public void init(FloodlightModuleContext context) throws FloodlightModuleException
    {
        switchService = context.getServiceImpl(IOFSwitchService.class);
        switchService.addOFSwitchListener(this);
    }

    public void startUp(FloodlightModuleContext context) throws FloodlightModuleException
    {
        log.info("GlobalFirwall␣startup");
        myflowmanager = new FlowManagement(switchService);
    }

    public void switchAdded(DatapathId switchId)
    {
        log.info("Switch␣"+switchId.toString()+"␣is␣added␣now");
        IOFSwitch sw = switchService.getSwitch(switchId);
        log.info("Write␣returned␣"+myflowmanager.pushNormalFlow(switchService.getSwitch(switchId)));
    }

    public void switchRemoved(DatapathId switchId)
    {
    }

    public void switchActivated(DatapathId switchId)
    {

    }

    public void switchPortChanged(DatapathId switchId, OFPortDesc port, PortChangeType type)
    {

    }

    public void switchChanged(DatapathId switchId)
    {

    }
}
```

Der Code ist dem aus Listing 4.21 am Anfang relativ ähnlich. In der Methode getModuleDependencies kommt Zeile 43 hinzu, die den IOFSwitchService als Abhängigkeit ergänzt.

Die Methode init ruft aus dem übergebenen Kontext eine Referenz auf den Switch-Service ab, aus dem eine Liste aller registrierten Switches abgerufen werden kann, um an diese die Firewall-Regeln zu verteilen. In Zeile 50 registriert die Methode die Klasse globalfirewall als Listener, damit Floodlight weiß, dass die Ereignisse auch durch diese Klasse laufen müssen.

Die Methode startUp erzeugt eine Instanz der Klasse Flowmanager, die gleich vorgestellt wird.

Um das Interface IOFSwitchListener zu implementieren, benötigt eine Klasse die fünf Methoden switchAdded, switchRemoved, switchActivated, switchPortChanged sowie switchChanged implementieren. All diese Methoden mit Ausnahme von switchPortChanged erhalten als Argument eine Referenz auf einen Switch in Form der Datapathid. switchPortChanged erthält außerdem noch eine Referenz zum geänderten Port und die Art der Änderung.

In diesem Beispiel reicht es, die Methode switchAdded zu implementieren. Die Methode gibt zunächst eine Meldung aus, dass ein und welcher Switch hinzugefügt wurde. In Zeile 62 leitet die Methode aus der DatapathId eine Referenz auf den Switch ab, die zum Zuweisen des Normal Flows notwendig ist. Zeile 63 ruft dann die Methode pushNormalFlow aus der FlowManagement Klasse auf, um den Switch mit dem Flow zu versorgen.

Listing 4.25 zeigt die erste Version der Klasse FlowManagement.

Listing 4.25: FlowManagement.java für Floodlight.

```
package org.openflowbuch.floodlight;

import java.util.ArrayList;
import java.util.Hashlist;

import org.projectfloodlight.openflow.protocol.OFFactory;
import org.projectfloodlight.openflow.protocol.OFFlowMod;
import org.projectfloodlight.openflow.protocol.action.OFAction;
import org.projectfloodlight.openflow.protocol.action.OFActionOutput;
import org.projectfloodlight.openflow.protocol.action.OFActions;
import org.projectfloodlight.openflow.protocol.actionid.OFActionIdOutput;
import org.projectfloodlight.openflow.protocol.instruction.OFInstruction;
import org.projectfloodlight.openflow.protocol.instruction.
    OFInstructionApplyActions;
import org.projectfloodlight.openflow.protocol.instruction.OFInstructions;
import org.projectfloodlight.openflow.protocol.match.Match;
import org.projectfloodlight.openflow.protocol.match.MatchField;
```

```
import org.projectfloodlight.openflow.types.DatapathId;
import org.projectfloodlight.openflow.types.IPv4AddressWithMask;
import org.projectfloodlight.openflow.types.IpProtocol;
import org.projectfloodlight.openflow.types.OFPort;
import org.projectfloodlight.openflow.types.TransportPort;
import org.slf4j.Logger;
import org.slf4j.LoggerFactory;

import net.floodlightcontroller.core.IOFSwitch;
import net.floodlightcontroller.core.internal.IOFSwitchService;

public class FlowManagement
{
    private IOFSwitchService switchService;
    private static final Logger log = LoggerFactory.getLogger(
        FlowManagement.class);

    public FlowManagement(IOFSwitchService sws)
    {
        switchService = sws;
    }

    boolean pushNormalFlow(IOFSwitch ofswitch)
    {
        OFFactory f = ofswitch.getOFFactory();
        OFFlowMod.Builder fmb = f.buildFlowAdd();
        ArrayList<OFAction> listOfActions = new ArrayList<OFAction>();
        OFActions actions = f.actions();
        OFActionOutput outputAction = actions.output(OFPort.NORMAL, 0);
        listOfActions.add(outputAction);
        fmb.setPriority(1);
        if(f.getVersion().name().equals("OF_13"))
        {
            OFInstructions inst=f.instructions();
            OFInstructionApplyActions applyAction = inst
                .buildApplyActions()
                .setActions(listOfActions)
                .build();
            ArrayList<OFInstruction> instList = new ArrayList<
                OFInstruction>();
            instList.add(applyAction);
            fmb.setInstructions(instList);
            log.info("Doing␣of13␣flow");
        }
        else if(f.getVersion().name().equals("OF_10"))
```

```
60          {
61              fmb.setActions(listOfActions);
62              log.info("Doing␣of10␣flow");
63          }
64          OFFlowMod newflow = fmb.build();
65          return ofswitch.write(newflow);
66      }
67  }
```

Die Klasse speichert in ihrem Konstruktor eine Referenz auf den SwitchService, die in dieser Version noch nicht benötigt wird, aber in der Version danach notwendig wird. Ebenso sind in dieser Version bereits alle import-Anweisungen der finalen Version enthalten.

Für diesen ersten Schritt ist die Methode pushNormalFlow relevant, die zeigt, wie in Floodlight ein Flow erzeugt und auf einen Switch geschoben wird.

Die Zeile 40 erzeugt eine Referenz auf die OpenFlow-Factory (OFFactory ist der Name der Klasse) des Switches. Diese Factory dient dazu, Builder für die Komponenten eines Flows (Matches, Actions, Instructions) zu erzeugen. An der Factory kann die Methode auch erkennen, welche OpenFlow-Version der Switch unterstützt.

Gleich die nächste Zeile erzeugt ein OFFlowModBuilder Objekt. Dieses Objekt dient am Ende zum Erzeugen des Flows (über seine build Methode).

Der Flow, den diese Methode erzeugt und verteilt, enthält nur eine Aktion, die mittels der OpenFlow-Instruktion Apply-Actions direkt angewandt werden soll. Die Kapselung ist also: Flow(Instruction(Apply-Actions(OUTPUT=NORMAL))). Aktionen stehen in einer Liste. In FloodLight wird diese Liste mit der Javaklasse ArrayList verwaltet. Zum Erzeugen einer Action gibt es auch wieder einen Builder. Die Klasse dazu heißt OFActions. In Zeile 44 erzeugt die Methode die OutputAction für den logischen Port NORMAL. In der darauffolgenden Zeile wird diese in der Variablen output erzeugte Action in der Liste gespeichert. Die darauf folgende Zeile setzt die Priorität des neuen Flows auf den Wert 1.

Bei OpenFlow 1.0 fehlt die Ebene der Instruction. Versucht ein Modul trotzdem, einen Flow mit Instruction auf einen OpenFlow 1.0-Switch zu schieben, so beantwortet Floodlight dies mit einer Fehlermeldung. Daher hängt die Factory auch am Switch Objekt. Die If-Abfrage in Zeile 47 macht jetzt eine Unterscheidung über den Namen der Version[3], um bei Version 1.3 die Instruktion als Schicht einzufügen.

Der erste Block der If-Abfrage für OpenFlow-Version 1.3 erzeugt einen Builder für Instruktionen, der passend zu dem für Aktionen OFInstructions heißt. Mit OFInstructionApplyActions wird eine Instruktion des Typs ApplyActions erzeugt. Diese erhält

3 Die Klasse OFVersion (das Ergebnis von getVersion) besitzt eine Methode getWireVersion, welches die in Kapitel 2 beschriebene Wireversion als Integer zurück gibt, sodass Vergleiche mit dem Operator „>“ möglich sind.

die vorher gespeicherte Action zugewiesen (Zeile 52) und startet schließlich die build Methode entsprechend dem Builder Pattern. Wie die Actions sind auch die Instructions eine Liste, die in einer Java ArrayList gehalten wird. Dieser Liste fügt die Methode die ApplyAction hinzu und schließlich wird diese Liste von Instruktionen mit einem Element dem Flow zugewiesen.

Der Fall bei OpenFlow 1.0 ist wesentlich einfacher. Hier reicht es, die setActions Methode des Flows aufzurufen und der Flow ist fertig. Da viele Flows nur die Apply-Actions Instruktion verwenden, kann der Programmierer dies auch abkürzen. Würde die If-Abfrage weggelassen und nur die zwei Zeilen ab Zeile 61 kommen zum Einsatz, so ist die OFFactory für Version 1.3 intelligent genug, den Instructions Block automatisch einzufügen. Die letzten zwei Zeilen der Methode schließlich schreibt den aus Builder Objekt erzeugten Flow auf den Switch und gibt das boolesche Ergebnis zurück[4]. Nach dem Neubau von Floodlight mit dem Aufruf von `ant` und dem Start mit dem Shellscript `sh floodlight.sh` bekommt jetzt jeder OpenFlow-Switch, der sich erfolgreich an den Controller verbindet, den Flow zugewiesen[5].

4.4.3.1 Das REST API

Die Erweiterung des Moduls um eine Steuerbarkeit via REST API benötigt einige Erweiterungen an der Klasse globalfirewall, zwei Klassen für die Verarbeitung der REST-Anfragen, eine Schnittstellendefinition und natürlich die Ergänzung der Klasse FlowManagement, die eine Methode benötigt, um aus den REST-Daten die Flows zu erzeugen und an alle bekannten Switche zu verteilen.

Damit die Klassen, die sich mit der Verarbeitung der REST-Aufrufe beschäftigen durch das Floodlight-Framework eine Verbindung zur globalfirewall finden, muss die Klasse globalfirewall ein Interface implementieren, welches IFloodlightService erweitert. Dies wird dann in der Klasse globalfirewall selbst zum Registrieren benötigt und in der REST-Klasse um den Bezug herzustellen. Listing 4.26 zeigt die Definition des Interfaces:

Listing 4.26: IglobalfirewallService.

```
package org.openflowbuch.floodlight;

import java.util.Hashtable;

import net.floodlightcontroller.core.module.IFloodlightService;
```

4 Streng genommen erzeugt das Builderobjekt eine FlowModifikation vom Typ „Hinzufügen“ - FlowAdd und schickt dann diese Modifikation mit den Daten des konstruierten Flows an den Switch.

5 In der Recherche für das Buch verwendete der Autor Open vSwitch zum Testen der Applikation. Die Version 2.5.0 funktionierte bei Verwendung des OpenFlow 1.3 Protokolls nicht. Der Zodiac FX Switch führte Ausnahme im Controller, die den Switch zwar sichtbar machte, aber verhinderte, dass der Listener einen Teil der globalfirewall Klasse ansprach.

```

public interface IglobalfirewallService extends IFloodlightService
{
    public boolean pushFlow(Hashtable<String,String> ht);
}
```

Dieses Interface exportiert lediglich eine Methode, die für das Verteilen des Flows sorgt. Dieses Interface wird jetzt zur Liste der von globalfirewall implementierten Interfaces hinzugefügt. Damit sieht die Klassendefintion folgendermaßen aus:

```
public class globalfirewall implements IFloodlightModule,
IOFSwitchListener,IglobalfirewallService
```

Da globalfirewall jetzt einen Service implementiert, muss dies auch entsprechend regstriert werden. Dafür ist die bisher leere Klasse getServiceImpls zuständig.

Listing 4.27: getServiceImpls in der erweiterten Version.

```
    public Map<Class<? extends IFloodlightService>, IFloodlightService>
        getServiceImpls()
    {
        Map<Class<? extends IFloodlightService>, IFloodlightService> m =
            new HashMap<Class<? extends IFloodlightService>,
            IFloodlightService>();
        m.put(IglobalfirewallService.class, this);
        return m;
    }
```

Der Rückgabewert dieser Methode ist eine Map, welche in der ersten Zeile des Bodies der Methode erzeugt wird. Dann registriert globalfirewall sich selbst, als Klasse die diesen Dienst implementiert und gibt die Map zurück.

Die Methode getModuleDependencies erhält eine zusätzliche Zeile, in der die Abhängigkeit vom IRestApiService erklärt wird:

```
l.add(IRestApiService.class);
```

Um die Zuordnung von globalfirewall zu den gleich gezeigten REST-Klassen zu bilden, ruft die Methode init in ihrer neuen letzten Zeile eine Referenz auf den RestApiService ab. Der Aufruf dazu ist:

```
restApiService = context.getServiceImpl(IRestApiService.class);
```

restApiService wird dann in der neuen letzten Zeile der Methode startUp verwendet, um die Haupt-REST-Klasse zu registrieren. der Aufruf dazu ist:

```
restApiService.addRestletRoutable
(new GlobalFirewallRestRoutable(myflowmanager));
```

Schließlich fehlt noch die Methode pushFlow aus der Interface Definition. Da alle Logik der Flowverwaltung in der Klasse Flowmanagement implementiert ist, reicht die Methode in globalfirewall lediglich die Hashtable weiter. Die Methode zeigt Listing 4.28.

Listing 4.28: pushFlow in der Klasse globalfirewall.

```
    public boolean pushFlow(Hashtable<String,String> ht)
    {
        return myflowmanager.pushFlowToAll(ht);
    }
```

Appenix B.1 zeigt die gesamte zweite Version der Klasse globalfirewall.

Um ein REST-API zum eigenen Modul hinzuzufügen, sind bei Floodlight mindestens zwei Klassen notwendig. Eine Klasse implementiert das Interface RestletRoutable. In dieser Klasse wird der relative URL-Pfad festgelegt, an dem die Aufrufe beginnen. Außerdem registriert der Entwickler weitere Klassen, die dann die einzelnen REST-Aufrufe implementieren. Das API von globalfirewall ist einfach, da es nur eine Methode zum Hinzufügen besitzt. Listing 4.29 zeigt die Klasse.

Listing 4.29: GlobalFirewallRestRoutable.java.

```
package org.openflowbuch.floodlight;

import org.restlet.Context;
import org.restlet.Restlet;
import org.restlet.routing.Router;

import net.floodlightcontroller.restserver.RestletRoutable;

public class GlobalFirewallRestRoutable implements RestletRoutable
{
    public String basePath()
    {
        return("/wm/gf");
    }

    public Restlet getRestlet(Context context)
    {
        Router r = new Router(context);
        r.attach("/add", GlobalFirewallPusher.class);
        return(r);
    }
}
```

Die Methode basePath liefert den String zurück, ab dem das REST API beginnt. Im Beispiel „wm/gf“ heißt dass, das die Start URL für alle Aufrufe dem folgenden Schema entspricht: http://floodlighthost:8080/wm/gf.

Die zweite Methode registriert die Aufrufe. Dazu ist ein Router-Objekt notwendig. Dieses besitzt die Methode attach, die als erstes Argument den relativen Pfad zum Basispfad angibt, und ordnet diesem im zweiten Argument eine Klasse zu, die diesen Aufruf implementiert. Im Beispiel gibt es nur die REST-Methode add und die Klasse GlobalFirewallPusher implementiert dieses Aufruf.

Der gesamte Pfad, der sich damit ergibt ist: http://flooodlighthost:8080/wm/gf/add.

Die Klasse GlobalFirewallPusher implementiert jetzt die Logik hinter dem REST Aufruf. Da in der Zuordnung aber nur der Klassenname, nicht aber die Methode hinterlegt ist, muss dies im Code kenntlich gemacht werden. Dazu kommt, dass REST-Aufrufe auch noch verschiedene HTTP-Methoden benutzen können (GET, POST, PUT, DELETE). Daher findet die Zuordnung der Methode aus der Klasse zur HTTP-Methode des Aufrufes statt. Dazu kommen Annotationen vor der Methodendefiniton zum Einsatz. Soll die Methode getAllData die GET-Methode des REST-Calls umsetzen, so schreibt der Entwickler über die Methode die Zeile `@Get("json")`. Bei den anderen Methoden fällt das json als Argument weg, statt dessen muss die umsetzende Methode als einziges Argument einen String besitzen, der die per Request hoch geladenen Daten enthält. Dabei ist nicht zu vergessen, die richtige Klasse aus dem Package org.restlet.resource zu importieren. Ansonsten gibt es zwar keinen Syntaxfehler, aber die Methode wird nicht angesprungen. Für GET also org.restlet.resource.Get.

Es ist auch nicht notwendig, dass diese Daten JSON enthalten, somit ist der Entwickler eigentlich frei darin, ein eigenes Datenformat zu wählen, allerdings sind JSON oder XML die Konvention. Im Gegensatz zu OpenDaylight parsed Floodlight die JSON Daten nicht automatisch, aber die Klassen eines JSON-Parsers sind enthalten, sodass mit Hilfe dieses Parsers die notwendige Datenstruktur aus den ausgelesenen JSON-Daten befüllt werden kann. Die Klasse GlobalFirewallPusher, die den Add-REST-Aufruf umsetzt, steht in Listing 4.30.

Listing 4.30: GlobalFirewallPusher.

```java
package org.openflowbuch.floodlight;

import java.io.IOException;
import java.util.Hashtable;

import org.restlet.resource.ServerResource;
import org.restlet.resource.Post;
import org.slf4j.Logger;
import org.slf4j.LoggerFactory;

import com.fasterxml.jackson.core.JsonParseException;
```

```
import com.fasterxml.jackson.core.JsonParser;
import com.fasterxml.jackson.core.JsonToken;
import com.fasterxml.jackson.databind.MappingJsonFactory;

public class GlobalFirewallPusher extends ServerResource
{
    protected static Logger log = LoggerFactory.getLogger(
        GlobalFirewallPusher.class);

    @Post
    public String pushRuleToSwitches(String jsonparams)
    {
        IglobalfirewallService glfService = (IglobalfirewallService)
            getContext().getAttributes().get(IglobalfirewallService.class
            .getCanonicalName());
        boolean success = glfService.pushFlow(GlobalFirewallPusher.
            parseJson(jsonparams));

        if(success)
            return("All␣OK");
        else
            return("Error");
    }

    public static Hashtable<String,String> parseJson(String json)
    {
        JsonParser jp = null;
        MappingJsonFactory mjfac = new MappingJsonFactory();

        Hashtable<String,String> ht = new Hashtable<String,String>();
        try
        {
            jp = mjfac.createParser(json);
            while(jp.nextToken() != JsonToken.END_OBJECT)
            {

                if(jp.getCurrentToken() == JsonToken.FIELD_NAME)
                {
                    String key = jp.getText();
                    jp.nextToken();
                    String value = jp.getText();
                    ht.put(key, value);
                }
            }
            return(ht);
        }
        catch(JsonParseException jpe)
        {
            log.error("Error␣parsing␣json␣"+jpe);
```

```
57              return(null);
58          }
59          catch(IOException ioe)
60          {
61              log.error("IO␣ERROR␣parsing␣json␣"+ioe);
62          }
63
64          return(ht);
65      }
66  }
```

Zeile 23 ist der Grund, wieso das eigene Interface implementiert wurde. In dieser Zeile referenziert die Methode eine Instanz des IglobalFirewallService und landet damit bei der Instanz der Klasse globalfirewall. Die im Interface vorgeschriebene Methode pushFlow wird in der nächsten Zeile aufgerufen. Als Argument bekommt sie das Ergebnis des Parsens des JSON-Strings. Um die Struktur einfach zu halten, ist das Argument eine einfache Schlüssel-Wert Folge ohne tiefere Struktur. Listing 4.31 zeigt ein Beispiel:

Listing 4.31: JSON-Argument des GlobalFirewall REST-Calls.

```
{
    "srcip": "1.2.3.4/32",
    "dstip": "2.3.4.5/32",
    "protocol": "tcp",
    "dstport": "100"
}
```

Das Parsen des JSON-Strings erledigt die Methode paseJson ab Zeile 32. Dabei kommt der Parser aus dem FasterXML/Jackson-Paket zum Einsatz, der in der Floodlight-Distribution enthalten ist. Die Methode erzeugt zunächst einen Parser. Dann läuft eine Schleife über alle erkannten Tokens. Findet der Parser ein Token vom Typ „FIELD_NAME“, so ist dies ein Schlüssel für einen Eintrag in der Hashtable. Daraus folgt, dass bei syntaktisch korrektem JSON das nächste Token der zugehörige Wert ist. Die Zeilen 46 bis 49 der Klasse implementieren diese Logik. Schließlich gibt die Methode die Hashtable zurück.

Es bleibt noch die Erweiterung der Klasse FlowManagement. Diese Klasse bekommt zwei neue Methoden mit dem Namen pushFlowFromHashtable mit den Argumenten IOFSwitch und einer Hashtable und dem Namen pushFlowToAll, welche nur die Hashtable als Argument erhält.

pushFlowToAll iteriert über die Liste aller Switche und ruft für jeden Switch pushFlowFromHashtable auf.

Die beiden Methoden sind in Listing 4.32 aufgelistet.

Listing 4.32: Erweiterung der Klasse FlowManagement.

```
    boolean pushFlowToAll(Hashtable<String,String> ht)
    {
        boolean success = true;
        for(Map.Entry<DatapathId, IOFSwitch> ofswitch : switchService.getAllSwitchMap().entrySet())
            success &= pushFlowFromHashtable(ofswitch.getValue(), ht);

        return success;
    }

    boolean pushFlowFromHashtable(IOFSwitch ofswitch, Hashtable<String, String> ht)
    {
        OFFactory f = ofswitch.getOFFactory();
        OFFlowMod.Builder fmb = f.buildFlowAdd();
        Match.Builder mb = f.buildMatch()
            .setMasked(MatchField.IPV4_SRC, IPv4AddressWithMask.of(ht.get("srcip")))
            .setMasked(MatchField.IPV4_DST, IPv4AddressWithMask.of(ht.get("dstip")));
        if(ht.get("protocol").equalsIgnoreCase("udp"))
            {
                mb.setExact(MatchField.IP_PROTO, IpProtocol.UDP);
                mb.setExact(MatchField.UDP_DST, TransportPort.of(new Integer(ht.get("dstport")).intValue()));
            }
        else if(ht.get("protocol").equalsIgnoreCase("tcp"))
            {
                mb.setExact(MatchField.IP_PROTO, IpProtocol.TCP);
                mb.setExact(MatchField.TCP_DST, TransportPort.of(new Integer(ht.get("dstport")).intValue()));
            }
        else if(ht.get("protocol").equalsIgnoreCase("sctp"))
            {
                mb.setExact(MatchField.IP_PROTO, IpProtocol.SCTP);
                mb.setExact(MatchField.SCTP_DST, TransportPort.of(new Integer(ht.get("dstport")).intValue()));
            }
        mb.setExact(MatchField.ETH_TYPE, EthType.IPv4);
        fmb.setMatch(mb.build());
        fmb.setPriority(5);
        return(ofswitch.write(fmb.build()));
    }
```

Die Methode pushFlowToAll startet in Zeile 4 eine Schleife über alle Switche, die aus dem SwitchService Objekt extrahiert werden. Über eine logische Und-Verknüpfung wird der Rückgabewert aller einzelnen Push-Aktionen verbunden, geht eine schief, dann ist der Wert negativ und der REST-Call gibt einen entsprechenden String zurück.

Die Methode pushFlowFromHashtable extrahiert aus den Daten der Hashtable die Felder „srcip", „dstip", „protocol" und „dstport". Dabei ist der Code in dieser Methode in keiner Weise fehlertolerant, da sie ja nur als Beispiel dient. Wie bei der Methode pushNormalFlow beginnt die Methode damit, aus dem Switch eine OFFactory abzuleiten und die Factory dient dann wieder zur Instanziierung des FlowModBuilders.

Im Gegensatz zu pushNormalFlow geht es aber nun mit einem MatchBuilder weiter. Die Methode setMasked weist einem Feld, das maskierte Werte akzeptiert, einen entsprechenden Wert zu. Das erste Argument ist in der Regel eine Klassenvariable der Klasse MatchField, die für alle implementierten OpenFlow-Felder einen passenden symbolischen Namen anbietet. In den Zeilen 15 und der folgenden baut die Methode die Filterkomponenten für die Quell- und Ziel-IP-Adresse zusammen. Das zweite Argument bei setMasked (und auch bei setExact, welches später verwendet wird) muss dann zum Feld passen. In diesem Fall handelt es sich um IPv4-Adressen mit Maske. Die Klasse IPv4AddresWithMask besitzt eine Methode „of" welche einen String als Argument akzeptiert. Diese Strings werden aus den Feldern „srcip" und „dstip" der Hashtable extrahiert und eingesetzt.

Da die Felder für den Zielport in Abhängigkeit vom Protokoll benamt sind (also etwa TCP_DST bei Verwendung von TCP) folgt jetzt eine IF-Abfrage auf das IP-Protokoll, das sich in der Hashtable im Feld „protocol" befindet. Das Protokoll wird als String eingegeben und für die drei möglichen Protokolle TCP, UDP und SCTP passiert jetzt jeweils das gleiche[6]:

- Das Feld IP_PROTO wird auf den passenden Wert gesetzt.
- Das passende Feld (TCP_DST bei TCP, UDP_DST bei UDP und SCTP_DST bei SCTP) wird auf den numerischen Wert des Feldes „dstport" aus der Hashtable gesetzt.

Als letztes Feld setzt die Methode den Ethertype auf 0x800 (auch hier ist der Wert mit einem symbolischen Namen[7];

Die letzten 3 Zeilen setzen den Match im FlowModBuilder, setzen die Priorität des Flows auf den höheren Wert (als den NormalFlow) und geben schließlich den booleschen Erfolgswert des Schreibens des Flows auf den übergebenen Switch zurück. Abschnitt B.2 in Kapitel B zeigt die vollständige Version der Klasse.

Der JSON-Code für eine Firewall-Regel steht in Listing 4.31. Mit dem Programm curl legt der folgende Aufruf eine Testregel an:

---

6 ICMP wurde außen vorgelassen.

7 Es ist möglich abzufragen, ob ein Match alle notwendigen Felder gesetzt hat, um einen Fehler zu vermeiden. Um zu prüfen, ob dies für einen TCP-Port gegeben ist, dient der folgende Aufruf `MatchField.TCP_DST.arePrequisitesOK(amatch)`.

```
curl -X POST -d
  '{"srcip":"1.2.3.4/32","dstip":"2.3.4.5/32","protocol":"tcp",
    "dstport":"100"}'
  http://flhost:8080/wm/gf/gf/add
```

Das Beispiel in diesem Abschnitt zeigt das strukturierte Anlegen eines Matches mit sehr vielen einzelnen Aufrufen. Es gibt in Floodlight aber noch eine Klasse, die dem mit der Syntax von Open vSwitch vertrauten Entwickler das Leben einfacher macht. Die Methode „MatchUtils.fromString" gibt ein Match Objekt zurück und nimmt als Argument einen String mit einer kommagetrennten Key/Value Liste und ein OFVersion Objekt zur OpenFlow-Version des Switches. Mit dieser Methode sieht das Erzeugen des Matches im Falle TCP folgendermaßen aus:

```
Match m = MatchUtils.fromString("eth_type=0x800,ipv4_src="+ht.get("srcip")+"
,ipv4_dst="+ht.get("dstip")+" ,ip_proto="+ht.get("protocol")+" ,tcp_dst="
+ht.get("dstport"));
```

Das Löschen eines Flows passiert mit einem OFFlowMode.builder, doch statt mit der Methode buildFlowAdd() mit der Methode buildFlowDelete. Es ist auch möglich, einen Flow zum Erzeugen in einen Flow zum Löschen (oder zum Ändern) umzuwandeln. Für diese Funktionen gibt es jeweils einzelne Klassen. `OFFlowModDelete loeschen = FlowModUtils.toFlowDelete(addflow);` macht aus der Flowmodifikation addFlow, die eine Instanz der Klasse OFFlowAdd ist, eine die den enthaltenen Flow löscht. Ersetzt der Programmierer „Delete" durch „Modify" wird der Flow geändert.

4.4.4 Pakete Lesen und Schreiben

Das dritte Modul beschäftigt sich mit dem Empfangen und Senden von Paketen durch den Controller. Im ersten Schritt registriert sich das Modul als Empfänger von Paketen, die auf dem Switch mittels der Controller Action an den Floodlight geschickt werden. Dann wird das Modul um einen REST-Call ergänzt, der eine Nachricht und eine Ziel-Adresse entgegen nimmt, und die Nachricht in einem selbst gebauten Paket an diese Adresse schickt. Schließlich führt der dritte Teil die ersten beiden zusammen, dass Pakete, die eine bestimmte Nachricht enthalten (dies wird auch in einem REST-Call übergeben) eine andere Nachricht weitersenden.

4.4.4.1 Pakete Empfangen

Ein Modul, welches Pakete empfangen will, muss das Interface IOFMessageListener implementieren und sich dafür registieren. Das Interface IOFMessageListener verlangt neben zwei weiteren, dass die Methode „receive" implementiert wird, welche eingehende Pakete verarbeitet. Der Rückgabewert ist ein Kommando, welches dem gesamten Framework mitteilt, ob das Paket „aufgebraucht“ ist, oder ob es auch an weitere Listener, die Pakete verarbeiten, weitergegeben werden soll.

Das neue Modul heißt, wie sein Pendant im OpenDaylight-Kapitel, packetMagic. Dementsprechend muss der Entwickler wieder die Dateien floodlightdefault. properties und net.floodlightcontroller.core.module.IFloodlightModule anpassen, damit sich dort Einträge für die Klasse org.openflowbuch.floodlight.packetMagic finden. Die Klasse packetMagic sieht der Klasse HelloWorld relativ ähnlich, da sie in der ersten Form noch keine weiteren selbst geschriebenen Klassen benötigt und nur drei neue Methoden für das neue Interface benötigt, Listing 4.33 zeigt die Klasse.

Listing 4.33: Die Klasse packetMagic.

```
package org.openflowbuch.floodlight;

import java.util.ArrayList;
import java.util.Collection;
import java.util.Map;

import org.projectfloodlight.openflow.protocol.OFMessage;
import org.projectfloodlight.openflow.protocol.OFType;
import org.slf4j.Logger;
import org.slf4j.LoggerFactory;

import net.floodlightcontroller.core.FloodlightContext;
import net.floodlightcontroller.core.IFloodlightProviderService;
import net.floodlightcontroller.core.IOFMessageListener;
import net.floodlightcontroller.core.IOFSwitch;
import net.floodlightcontroller.core.module.FloodlightModuleContext;
import net.floodlightcontroller.core.module.FloodlightModuleException;
import net.floodlightcontroller.core.module.IFloodlightModule;
import net.floodlightcontroller.core.module.IFloodlightService;
import net.floodlightcontroller.packet.Ethernet;
import net.floodlightcontroller.packet.IPv4;
import net.floodlightcontroller.packet.IPv6;

public class packetMagic implements IOFMessageListener, IFloodlightModule
{
    private static final Logger log = LoggerFactory.getLogger(packetMagic
        .class);
    protected IFloodlightProviderService floodlightProvider;

    public String getName()
    {
        return("packetMagic");
    }

```

```
    public Collection<Class<? extends IFloodlightService>>
        getModuleServices()
    {
        return null;
    }

    public Map<Class<? extends IFloodlightService>, IFloodlightService>
        getServiceImpls()
    {
        return null;
    }

    public Collection<Class<? extends IFloodlightService>>
        getModuleDependencies()
    {
        Collection<Class<? extends IFloodlightService>> l =
            new ArrayList<Class<? extends IFloodlightService>>();
        l.add(IFloodlightProviderService.class);
        return l;
    }

    public void init(FloodlightModuleContext context) throws
        FloodlightModuleException
    {
        floodlightProvider = context.getServiceImpl(
            IFloodlightProviderService.class);
    }
  public void startUp(FloodlightModuleContext context) throws
    FloodlightModuleException
    {
        floodlightProvider.addOFMessageListener(OFType.PACKET_IN, this);
    }

    public net.floodlightcontroller.core.IListener.Command receive(
        IOFSwitch sw, OFMessage msg, FloodlightContext cntx)
    {
        Ethernet ethpacket = IFloodlightProviderService.bcStore.get(cntx,
             IFloodlightProviderService.CONTEXT_PI_PAYLOAD);

        log.info("Packet␣Received␣on␣Switch␣"+sw.getId().toString()+"␣"+
            msg.getClass()+"␣"+ethpacket.getSourceMACAddress()+"␣"+
            ethpacket.getDestinationMACAddress()+"␣"+ethpacket.
            getEtherType());
        if(ethpacket.getEtherType().toString().equals("0x800"))
        {
            IPv4 ipkt = (IPv4)ethpacket.getPayload();
            log.info("IPv4␣Packet␣received␣␣"+ipkt.getSourceAddress()+"␣"
                +ipkt.getDestinationAddress()+"␣"+ipkt.getProtocol());
        }
```

```
72          else if(ethpacket.getEtherType().toString().equals("0x86dd"))
73          {
74              IPv6 ipkt = (IPv6)ethpacket.getPayload();
75              log.info("IPv6␣Packet␣received␣␣"+ipkt.getSourceAddress()+"␣"
                    +ipkt.getDestinationAddress()+"␣");
76
77          }
78          return Command.CONTINUE;
79      }
80
81      public boolean isCallbackOrderingPrereq(OFType type, String name)
82      {
83          return false;
84      }
85
86      public boolean isCallbackOrderingPostreq(OFType type, String name)
87      {
88          return false;
89      }
90  }
```

Die Klassen, die von den letzten drei import-Anweisungen eingebunden werden, sind eine große Erleichterung für den Entwickler, da Floodlight mit ihnen (und den anderen Klassen im Paket net.floodlightcontroller.packet) Klassen bietet, die die Pakete abstrahieren und Zugriff auf einzelne Header in den Paketen zulassen, ohne dass der Entwickler selbst die Pakete zerlegen muss.

Im Vergleich zur HelloWorld Klasse vom Anfang des Kapitels sind die Zeilen 54 und 59 bemerkenswert. Die erste der beiden Zeilen weist der Variablen floodLightProvider eine Referenz auf eine Instanz der Klasse zu, die zweite nutzt dieses Referenz um packetMagic als Listener für OpenFlow-Messages zu registrieren.

Die Methode receive erledigt die Arbeit. In Zeile 64 ruft die Methode das vollständige Paket von Foodlight ab. Das zurückgegebene Objekt ist aus der Klasse Ethernet. Die folgende Zeile gibt im Logfile die ID des Switches, die Klasse der Nachricht sowie die Quell- und die Ziel-MAC-Adresse des Paketes aus. Nun prüft die Methode, ob der Ethertype des Paketes den Wert 0x800 für IPv4 oder 0x86dd für IPv6 enthält. Je nach Ergebnis der Prüfung erzeugt die Methode eine Instanz der Klasse IPv4 oder IPv6 aus der Payload des Ethernet-Paketes. Dazu dient die Methode getPayload aus der Ethernet Klasse.

Danach gibt die Methode jeweils die Quell- und Ziel-IPv4- oder IPv6-Adressen aus. Schließlich gibt die Klasse am Ende das Kommando „CONTINUE“ zurück, um Floodlight mitzuteilen, dass auch andere IOFMessageListener das Paket verarbeiten sollen. Das Gegenteil ist Command.STOP um die Weiterverarbeitung zu verhindern.

Zum Testen mit Open vSwitch erhält der Switch zwei Flows, die alle Pakete mit Ethertype IP- oder IPv6-Daten an den Controller schicken.

```
ovs-ofctl add-flow testswitch
eth_type=0x800,priority=10,actions=controller
ovs-ofctl add-flow testswitch
eth_type=0x86dd,priority=10,actions=controller
```

Fließen danach Pakete dieses Types durch den Switch, erscheinen Logmeldungen wie die folgenden.

Listing 4.34: Logmeldungen mit Paketen.

```
2016-07-15 23:45:25.885 INFO  [o.o.f.packetMagic] Packet Received on Switch 00:00:ce:0c:20:54:50:44 class org.projectfloodlight.openflow.protocol.ver10.OFPacketInVer10 52:54:00:f2:fd:a3 52:54:00:43:e9:0d 0x800
2016-07-15 23:45:25.885 INFO  [o.o.f.packetMagic] IPv4 Packet received 10.5.1.1 10.5.1.3 0x1
2016-07-15 23:45:25.900 INFO  [o.o.f.packetMagic] Packet Received on Switch 00:00:ce:0c:20:54:50:44 class org.projectfloodlight.openflow.protocol.ver10.OFPacketInVer10 52:54:00:43:e9:0d 52:54:00:f2:fd:a3 0x800
2016-07-15 23:45:25.900 INFO  [o.o.f.packetMagic] IPv4 Packet received 10.5.1.3 10.5.1.1 0x1
2016-07-15 23:45:26.858 INFO  [o.o.f.packetMagic] Packet Received on Switch 00:00:ce:0c:20:54:50:44 class org.projectfloodlight.openflow.protocol.ver10.OFPacketInVer10 52:54:00:f2:fd:a3 52:54:00:43:e9:0d 0x800
2016-07-15 23:45:26.858 INFO  [o.o.f.packetMagic] IPv4 Packet received 10.5.1.1 10.5.1.3 0x1
2016-07-15 23:45:26.861 INFO  [o.o.f.packetMagic] Packet Received on Switch 00:00:ce:0c:20:54:50:44 class org.projectfloodlight.openflow.protocol.ver10.OFPacketInVer10 52:54:00:43:e9:0d 52:54:00:f2:fd:a3 0x800
2016-07-15 23:47:03.234 INFO  [o.o.f.packetMagic] IPv6 Packet received fe80::5054:ff:fef2:fda3 ff02::1:2
```

Da es wichtig sein kann, in welcher Reihenfolge die Listener abgearbeitet werden (gerade wenn Command.STOP verwendet wird), gibt es noch die Methoden isCallbackOrderingPrereq und isCallbackOrderingPostreq. Das erste Argument ist der Typ der Nachricht, z.B. OFType.OF_PACKET_IN, das zweite Argument ist ein String mit dem Namen des Moduls. Dies ist der Rückgabewert der Methode getName. Der Controller ruft dann bei Paket Eingang die beiden Methoden in jedem Modul auf, und prüft den Rückgabewert und baut daraus dann die Reihenfolge. Eine Version der Methode, die etwas bewirkt kann wie folgt aussehen:

Listing 4.35: Beispiel für isCallBackOrderingPrereq.

```
public boolean isCallbackOrderingPrereq(OFType type, String name)
{
    return (type.equals(OFType.PACKET_IN) &&
    (name.equals("modul1") || (name.equals("modul2"))));
}
```

In diesem Beispiel würden die Module mit den Namen modul1 und modul2 vor dem eigenen Modul ausgeführt.

4.4.4.2 Pakete Senden

Das Senden des Paketes erledigt das Modul über einen REST-Aufruf. Der Benutzer übergibt eine Ziel-IP, einen Ziel-Port, sowie einen Text. Die implementierende Klasse erzeugt daraus ein UDP-Paket auf dem angegebenen Port und sendet es an den Zielrechner. Da zum Senden ein Ausgangsport und eine MAC-Adresse gehören, die zuerst gelernt werden müssten, nimmt dieses Modul der Einfachheit halber den logischen Port ANY und die Broadcast MAC-Adresse, da so sichergestellt ist, dass es beim Zielrechner ankommt, wenn er denn da ist.

Wie schon im letzten Abschnitt benötigt die Einführung des REST API eine Klasse, die RestletRoutable implementiert und eine Klasse, die dann die Umsetzung zum REST-Call enthält. Die Hauptklasse packetMagic benötigt die Abhängigkeit zu IRestApiService und die Zuordnung, dass die neue Klasse PacketMagicRestletRoutable die Verarbeitung für die REST-Aufrufe übernimmt.

Der erste Schritt für den Entwickler ist es also, die Methode getModuleDependencies um die Zeile `l.add(IRestApiService.class);`, die Methode init um die Zeile

```
restApiService = context.getServiceImpl(IRestApiService.class);
```

und die Methode startUp um die Zeile

```
restApiService.addRestletRoutable(new PacketMagicRestletRoutable());
```

zu erweitern, nachdem die Variable restApiService als Instanz von IRestApiService im Kopf der Klasse deklariert wurde. Abschnitt B.3 zeigt die Klasse packetMagic in der vollen erweiterten Version.

Die neue Klasse PacketMagicRestletRoutable definiert wie auch im letzten Abschnitt den Basispfad der REST-Aufrufe, hier „/wm/sp" und ordnet dem Aufruf „sendpacket" die Klasse packetSender zu. Listing 4.36 zeigt die ganze kurze Klassendefinition.

Listing 4.36: PacketMagicRestletRoutable.java.

```
package org.openflowbuch.floodlight;

import org.restlet.Context;
import org.restlet.Restlet;
import org.restlet.routing.Router;

import net.floodlightcontroller.restserver.RestletRoutable;

public class PacketMagicRestletRoutable implements RestletRoutable
```

```
{

    public Restlet getRestlet(Context context)
    {
        Router r = new Router(context);
        r.attach("/sendpacket", packetSender.class);
        return r;
    }

    public String basePath()
    {
        return("/wm/sp");
    }
}
```

Die URL für den Aufruf ist damit: http://flhost:8080/wm/sp/sendpacket.

Die Klasse packetSender ist nun dafür verantwortlich, aus den JSON-Daten das Paket zusammenzubauen und über alle Ports aller Switche auszusenden. Listing 4.37 zeigt die Klasse.

Listing 4.37: packetSender.java.

```
package org.openflowbuch.floodlight;

import org.restlet.resource.ServerResource;

import net.floodlightcontroller.core.IOFSwitch;
import net.floodlightcontroller.core.internal.IOFSwitchService;
import net.floodlightcontroller.packet.Data;
import net.floodlightcontroller.packet.Ethernet;
import net.floodlightcontroller.packet.IPv4;
import net.floodlightcontroller.packet.UDP;

import java.util.Collections;
import java.util.Hashtable;
import java.util.Map;

import org.projectfloodlight.openflow.protocol.OFFactory;
import org.projectfloodlight.openflow.protocol.OFPacketOut;
import org.projectfloodlight.openflow.protocol.action.OFAction;
import org.projectfloodlight.openflow.types.DatapathId;
import org.projectfloodlight.openflow.types.EthType;
import org.projectfloodlight.openflow.types.IpProtocol;
import org.projectfloodlight.openflow.types.MacAddress;
import org.projectfloodlight.openflow.types.OFPort;
import org.restlet.resource.Post;

public class packetSender extends ServerResource
{
    @Post
    public boolean sendPacketToAll(String json)
```

```
    {
        boolean success = true;

        IOFSwitchService switchService = (IOFSwitchService)getContext().getAttributes().get(IOFSwitchService.class.getCanonicalName());
        Hashtable<String,String> ht = GlobalFirewallPusher.parseJson(json);

        Ethernet ethpacket = new Ethernet();
        ethpacket.setSourceMACAddress(MacAddress.of("01:02:03:04:05:06"));
        ethpacket.setDestinationMACAddress(MacAddress.BROADCAST);
        ethpacket.setEtherType(EthType.IPv4);

        IPv4 ippacket = new IPv4();
        ippacket.setSourceAddress("1.1.1.1");
        ippacket.setDestinationAddress(ht.get("dstip"));
        ippacket.setTtl((byte)64);
        ippacket.setProtocol(IpProtocol.UDP);

        UDP udppacket = new UDP();
        udppacket.setSourcePort((short)1024);
        udppacket.setDestinationPort(new Short(ht.get("dstport")).shortValue());

        Data d = new Data();
        d.setData(ht.get("message").getBytes());

        ethpacket.setPayload(ippacket);
        ippacket.setPayload(udppacket);
        udppacket.setPayload(d);

        for(Map.Entry<DatapathId, IOFSwitch> ofswitch : switchService.getAllSwitchMap().entrySet())
            success &= sendPacket(ofswitch.getValue(), ethpacket.serialize());
        return(success);
    }

    public static boolean sendPacket(IOFSwitch ofswitch, byte[] serpacket)
    {
        OFFactory f = ofswitch.getOFFactory();

        OFPacketOut po = f.buildPacketOut()
            .setData(serpacket)
            .setActions(Collections.singletonList((OFAction) f.actions().output(OFPort.ALL, 0xffFFffFF)))
            .setInPort(OFPort.CONTROLLER)
            .build();
        return(ofswitch.write(po));
    }
}
```

Die Methode sendPacketToAll ist für die Post-Methode annotiert. Zunächst ruft sie eine Referenz zum IOFSwitchService ab, damit sie über diese eine Liste der Switches erhält. Dann parst sie die JSON-Daten mit der statischen Methode parseJson aus der Klasse globalfirewall[8]. Danach baut sie das Paket schichtenweise zusammen. Dazu verwendet sie die Klassen Ethernet, IPv4, UDP und Data aus dem Paket net.floodlightcontroller.packet, die es sehr einfach machen, Pakete zu konstruieren, da sie z.B. die Checksummen und Längenfelder richtig ausfüllen[9].

Der erste Block ab Zeile 36 erzeugt ein Ethernetobjekt und setzt die Quell-MAC-Adresse auf 1:2:3:4:5:6, die Ziel-MAC-Adresse auf den Broadcast-Wert ff:ff:ff:ff:ff:ff und den Ethernettype auf 0x800.

Der zweite Block ab Zeile 41 erzeugt dementsprechend ein IPv4-Objekt. Dann setzt er die Quell-IP-Adresse auf 1.1.1.1 und die Ziel-Adresse auf die im JSON-Hash unter dem Schlüssel „dstip" übergebene Adresse. Danach bekommt das Paket noch die TTL 64 und das IP-Protokoll 17 für UDP.

Block Nummer drei ab Zeile 47 wiederholt das Vorgehen für eine UDP-Paket und setzt den Quellport auf 1024 und den Zielport auf den Wert aus dem JSON-Block.

Der letzte Erzeugerblock erzeugt ein Objekt vom Typ Data, welches die Nutzdaten des Paketes enthält. Die Methode setData dieses Objektes erwartet eine Array von Bytes, welches aus dem String des übergebenen Parameters „message" im JSON-Block erzeugt wird.

Die drei Zeilen ab Zeile 54 packen jetzt aus den vier einzelnen Objekten das gesamte Paket, in dem jeweils die Payload der logisch unteren Schicht, mit dem Objekt aus der höheren Schicht gefüllt wird, also IPv4 in Ethernet, UDP in IPV4 und Data in UDP.

Den Schluss der Methode bildet dann eine Schleife, die über alle Switche läuft, die dem IOFSwitchService bekannt sind und für jeden dieser Switche die Methode sendPacket aufruft. Das zweite Argument von sendPacket ist die byte-Array-Version des gebauten Paketes, welches mit der Methode serialize des Paketes erzeugt wird. Die Schleife verknüpft die booleschen Rückgabewerte mit einem logischen UND, sodass der Rückgabewert des REST-Aufrufs false ist, wenn das Senden über einen Switch schiefgeht.

Die Methode sendPacket ist für das tatsächliche Aussenden zuständig. Im ersten Schritt erzeugt sie aus dem übergebenen Switch Objekt die passende Factory. Die Factory dient dann dazu, über die buildPacketOut-Methode einen Builder zu erzeugen, der ein Paket Objekt erzeugen kann, das dem Switch zum Senden übergeben werden kann. Der Builder setzt mit der Methode setData den Inhalt des Paketes auf das vorher zusammengebaute und setzt in Zeile 69 die Aktion des Paketes auf „Senden auf den

8 Sollten Sie als Entwickler alle Klassen dieses Kapitels in einzelnen Floodlight-Instanzen verwenden, so kopieren Sie die Methode parseJson in die Klasse packetSender.

9 Im Gegensatz zu OpenDaylight, wo der Entwickler diese Objekte entweder aus einer externen Klasse importieren oder selber implementieren muss.

logischen Port ALL“ und den logischen Eingangsport auf „Controller“ da das Paket ja in OpenFlow-Logik von dort gesendet wird. Die Methode ist als static deklariert, damit sie im nächsten Abschnitt nochmals zur Anwendung kommen kann.

In der letzten Zeile wird der boolesche Erfolgswert des Sendens zurückgegeben.

4.4.4.3 Pakete manipulieren und weiterschicken

Die letzte Erweiterung durchsucht Pakete, die an den Controller gesendet werden, nach einem per REST-Aufruf übergebenen String und ersetzt diesen, wenn er auftritt, durch einen anderen String, der ebenfalls im REST-Aufruf steht. Danach wird das geänderte Paket wieder ausgesendet, auch hier wie im letzten Abschnitt auf allen Ports[10]. Am Code sind dazu einige Erweiterungen notwendig. Die einfachste ist in der Klasse PacketMagicRestletRoutable, da diese in der Methode getRestlet lediglich eine neue Zeile erhält, die den REST-Call „setsearchreplace“ einer Klasse zuordnet. Dies setzt die Zeile `r.attach("/setsearchreplace", storeSearchReplace.class);` um. In Abschnitt B.4 ist die gesamte 2. Version der Klasse zu sehen.

Die Klasse storeSearchReplace parst die JSON-Parameter in eine Hashtable und übergibt diese an die Klasse packetMagic. Damit storeSearchReplace eine Referenz zu packetMagic finden kann, muss packetMagic einen registrierten Service implementieren, wie dies auch im Abschnitt 4.4.3.1 gezeigt wurde. Der Service heißt IpacketMagicService und publiziert genau eine Methode - „storeSandRData“. Listing 4.38 zeigt das Interface.

Listing 4.38: IPacketMagicService.java.

```
package org.openflowbuch.floodlight;

import net.floodlightcontroller.core.module.IFloodlightService;

public interface IpacketMagicService extends IFloodlightService
{
    public void storeSandRData(String s, String r);
}
```

Dieses Interface wird unter implements zur Klasse packetMagic hinzugefügt, genauso wie die Methode storeSandRData, doch dazu später.

Die Klasse storeSearchReplace ist in Listing 4.39 abgedruckt.

10 In einem Netz, in dem die OpenFlow-Switche miteiander verbunden sind und dazwischen noch normale Switche stehen, kann dieses Vorgehen dazu führen, dass der Zielhost das geänderte Paket mehrfach erhält!

Listing 4.39: storeSearchReplace.java.

```
package org.openflowbuch.floodlight;

import org.restlet.resource.ServerResource;

import java.util.Hashtable;

import org.restlet.resource.Post;

public class storeSearchReplace extends ServerResource
{
    @Post
    public void saveSandRToPm(String json)
    {
        IpacketMagicService pmService = (IpacketMagicService)getContext()
            .getAttributes().get(IpacketMagicService.class.
            getCanonicalName());
        Hashtable<String,String> ht = GlobalFirewallPusher.parseJson(json
            );
        pmService.storeSandRData(ht.get("search"),ht.get("replace"));
    }
}
```

Die Klasse reagiert lediglich auf POST-Anfragen, wie an der Annotation zu erkennen ist. In der ersten Zeile der Methode wird eine Referenz zu packetMagic über den implementierten Service IPacketMagicService an die Variable pmService zugewiesen. Dann parst die Methode den übergebenen JSON-String (auch hier der Einfachheit halber ohne semantische Prüfung, ob der JSON-Block auch alle notwendigen Parameter enthält). Schließlich ruft die Methode storeSandRData im pmService Objekt mit den beiden Strings die im JSON-Feld unter den Feldern „search" und „replace" stehen auf.

In packetMagic geht es weiter. Die Methode storeSandRData sieht folgendermaßen aus:

Listing 4.40: Die Methode storeSandRData in packetMagic.

```
    public void storeSandRData(String s, String r)
    {
        search = s;
        replace = r;
    }
```

Die Variablen „search" und „replace" sind zwei Klassenvariablen. Die Methode setzt sie auf die übergebenen Werte, um damit in den Paketen nach dem Inhalt von search zu suchen und durch replace in allen Instanzen zu ersetzen.

Die Arbeit setzt die Methode receive um, die bisher nur Daten über die empfangenen Pakete ausgab. Listing 4.41 zeigt die neue Version der Methode.

Listing 4.41: Erweiterung der Methode receive in packetMagic.

```
public net.floodlightcontroller.core.IListener.Command receive(
    IOFSwitch sw, OFMessage msg, FloodlightContext cntx)
{
    boolean isUdp = false;

    Ethernet ethpacket = IFloodlightProviderService.bcStore.get(cntx,
         IFloodlightProviderService.CONTEXT_PI_PAYLOAD);

    log.info("Packet␣Received␣on␣Switch␣"+sw.getId().toString()+"␣"+
        msg.getClass()+"␣"+ethpacket.getSourceMACAddress()+"␣"+
        ethpacket.getDestinationMACAddress()+"␣"+ethpacket.
        getEtherType());
    if(ethpacket.getEtherType().toString().equals("0x800"))
    {
        IPv4 ipkt = (IPv4)ethpacket.getPayload();
        if(ipkt.getProtocol() == IpProtocol.UDP)
            isUdp = true;
        log.info("IPv4␣Packet␣received␣␣"+ipkt.getSourceAddress()+"␣"
            +ipkt.getDestinationAddress()+"␣"+ipkt.getProtocol());
    }
    else if(ethpacket.getEtherType().toString().equals("0x86dd"))
    {
        IPv6 ipkt = (IPv6)ethpacket.getPayload();
        log.info("IPv6␣Packet␣received␣␣"+ipkt.getSourceAddress()+"␣"
            +ipkt.getDestinationAddress()+"␣");
    }
    if((search != null) && (isUdp))
    {
        IPV4 i4pkt = (IPv4)ethpacket.getPayload();
        UDP udp = (UDP)i4pkt.getPayload();
        Data data = (Data)udp.getPayload();
        String sdata = new String(data.getData());

        if(sdata.indexOf(search) > -1)
        {
            String newpl = sdata.replaceAll(search, replace);
            data.setData(newpl.getBytes());
            udp.resetChecksum();
        }
        packetSender.sendPacket(sw, ethpacket.serialize());
    }
    return Command.STOP;
}
```

In Zeile 11 wurde eine Abfrage eingefügt, die prüft, ob das Paket ein UDP-Paket ist. Ab Zeile 20 beginnt der neue Block. Die IF-Abfrage in dieser Zeile prüft, ob bereits per REST-Aufruf ein Suchen-und-ersetzen-Paar hinterlegt wurde. Wenn ja und wenn das Paket ein UDP-Paket ist[11], dann wird das Paket untersucht. Zunächst wird aus dem Ethernetpaket das IPv4-Paket über die getPayload Methode extrahiert und dann wiederum das UDP-Paket aus dem IPv4-Paket und schließlich die Payload des UDP-Pakets als Objekt des Typs Data. Aus dem Data-Objekt erzeugt die Methode dann in Zeile 25 einen String, mit dem die Weiterverarbeitung stattfindet. Die nächste Zeile prüft, ob der Suchstring überhaupt in den Nutzdaten des Paketes vorkommt, wenn ja, wird durch die Methode replaceAll der Klasse String ein neuer String erzeugt, in dem das Such- durch das Ersatzwort ersetzt wird. Dann geht die Methode den umgekehrten Weg und packt den neuen String wieder in das Data-Objekt. Da die Objekte geschachtelt sind, muss nicht wieder alles bis zum Ethernet-Paket eingepackt werden. Wichtig ist aber Zeile 31. Ohne diese wird zwar ein Paket ausgesandt, aber die UDP-Checksumme würde nicht stimmen. Der Aufruf resetChecksum korrigiert dies. Schließlich sendet die Methode das Paket auf dem Switch wieder aus, auf von dem es empfangen wurde. Dies passiert auch, wenn das Suchwort nicht gefunden wurde. Da die angedachte Logik ist, dass Pakete auf einem bestimmten Port an den Controller geschickt werden, muss der Controller sie auch wieder aussenden, sonst gehen Pakete, in denen keine Ersetzung stattfindet, verloren.

Die gesamte finale Version der Klasse findet sich in Abschnitt B.5.

Um diese Funktion zu testen, ist etwas mehr Aufwand notwendig. Nach dem Start des Controllers muss ein Switch mit ihm verbunden werden. Danach bekommt dieser Switch den NORMAL-Flow zugewiesen. Damit das Modul arbeiten kann, muss der Switch aber Pakete an den Controller schicken. Hierfür sorgt bei Open vSwitch der folgende Aufruf:

```
ovs-ofctl add-flow testswitch priority=10,udp,
udp_dst=1234,actions=controller
```

Damit schickt der Switch alle Pakete auf UDP-Zielport 1234 an den Controller, durch den Normal-Flow für die anderen Pakete ist die Funktion ARP sichergestellt. Nun müssen per REST-Aufruf das zu suchende und das zu ersetzende Wort gesetzt werden. Mit dem Programm Curl geschieht dies am einfachsten wie folgt:

```
curl -X POST -d '{"search":"foo","replace":"bar"}'
http://flhost:8080/wm/sp/setsearchreplace
```

Wenn nun zwei Hosts mit den IP-Adressen 10.1.1.1 und 10.1.1.2 an den Switch angeschlossen sind, so kann der Test mit dem Netcat-Kommando nc durchgeführt werden.

---

11 Dies ist nur implementiert, damit das Beispiel nicht durch Parsen und mehr IF-Abfragen – je nach Protokoll-Typ – aufgebläht wird.

Auf dem Host 10.1.1.2 startet der Tester einen Server, der Pakete auf UDP-Port 1234 (passend zum Flow oben) annimmt. Dazu dient das Kommando `nc -u -l -p 1234`. Der Gegenpart auf dem Host 10.1.1.1 ist das Kommando `nc -u 10.1.1.1 1234`. Das Netcat-Kommando liest von der Standardeingabe, daher muss der Tester etwas eingeben. Wird das Suchwort foo aus dem Beispiel eingegeben, führt dies zu der folgenden Ausgabe auf der Gegenseite:

```
# nc -u -l -p 1234
nc: using datagram socket
foo
 bar
```

Das Paket wird gedoppelt. Dies geschieht, da eines der Standardmodule ebenfalls Pakete, die an den Controller gesendet werden, weiterschickt.

4.4.5 Gruppen und Meters

Floodlight besitzt für Gruppen und Meters momentan kein REST-Interface wie den StaticFlowPusher zur Verwaltung von Flows. Über das OpenFlowJ-oxigen-Paket, welches bei Floodlight das OpenFlow-Protokoll implementiert, ist dies aber schon möglich.

4.4.5.1 Gruppen

Gruppen werden über OFGroupMods (wie bei den Flows) aus der Factory eines Switches erzeugt. Diese Abstraktionsschicht hilft die OpenFlow-Version des Switches zu abstrahieren. Auf dieser Abstraktionsebene kann der Gruppe ein Typ, eine ID und eine Liste von Buckets zugewiesen werden.

Entsprechend der logischen Struktur in OpenFlow ist die nächste logische Ebene die der Buckets. Für diese gibt es in der Factory-Klasse die Methode buildBucket. Der BucketBuilder versteht dabei die Methode setActions für die Liste der Aktionen und für Gruppen des Types FastFailover die Methoden setWatchGroup und setWatchPort, die eine zu überwachende Gruppe oder einen zu überwachenden Port als Argument erwarten. Diese Werte müssen immer angegeben werden, auch wenn sie auf den Wildcard-Wert gesetzt werden, weil sie beim aktuell verwendeten Gruppentyp sinnlos sind.

Der Code in Listing 4.42 zeigt eine Methode, die eine Gruppe vom Typ Any auf dem übergebenem Switch installiert. Die Gruppe enthält zwei Buckets mit jeweils nur einer Output Action.

Listing 4.42: Gruppen Anlegen in Floodlight.

```
1   void groupTest(IOFSwitch sw)
2   {
3       OFFactory f = sw.getOFFactory();
4       ArrayList<OFBucket> bucketList = new ArrayList<OFBucket>();
5       ArrayList<OFAction> alist1 = new ArrayList<OFAction>();
6       ArrayList<OFAction> alist2 = new ArrayList<OFAction>();
7
8       OFActions actions1 = f.actions();
9       OFActionOutput outputAction1 = actions1.output(OFPort.NORMAL, 0);
10      alist1.add(outputAction1);
11
12      OFActions actions2 = f.actions();
13      OFActionOutput outputAction2 = actions2.output(OFPort.CONTROLLER,
            0);
14      alist2.add(outputAction2);
15
16
17      OFBucket bucket1 = f.buildBucket()
18          .setActions(alist1)
19          .setWatchGroup(OFGroup.ANY)
20          .setWatchPort(OFPort.ANY)
21          .build();
22
23      OFBucket bucket2 = f.buildBucket()
24          .setActions(alist2)
25          .setWatchGroup(OFGroup.ANY)
26          .setWatchPort(OFPort.ANY)
27          .build();
28
29      bucketList.add(bucket1);
30      bucketList.add(bucket2);
31
32      OFGroupAdd addGroup = f.buildGroupAdd()
33          .setGroup(OFGroup.of(1))
34          .setBuckets(bucketList)
35          .setGroupType(OFGroupType.ALL)
36          .build();
37
38      sw.write(addGroup);
39  }
```

Floodlight erwartet in allen Fällen, in denen Listen zum Einsatz kommen ArrayLists des entsprechenden Typs. Diese werden nach dem Abruf der Factory zum Switch erzeugt.

Die zwei darauf folgenden Blöcke erzeugen je eine ActionList für eine Ausgabe auf dem logischen Port NORMAL und zum Controller. Ab Zeile 17 erzeugt die Methode zwei Buckets die jeweils mit einer der beiden ActionListen befüllt werden, und die Wildcard-Werte für die WatchGroup und den WatchPort erhalten. Diese beiden Buckets werden dann zur bucketList hinzugefügt.

Der Block ab Zeile 32 schließlich erzeugt das OFGroupAdd-Objekt. Dieses erhält die GruppenID 1, den GruppenTyp All und die Bucketliste zugewiesen. Schließlich wird dieses Objekt zum Switch gesendet. Mit dem Kommando `ovs-ofctl dump-groups testswitch` kann der Entwickler sich vom Erfolg der Operation überzeugen.

4.4.5.2 Meters

Meters besitzen eine ID, Flags und eine Liste von Meterbands. Das API für die Verwaltung von Meters ist noch nicht so strukturiert implementiert wie bei Flows oder Gruppen. Daher muss der Entwickler etwas näher an der Paketstruktur arbeiten.

Statt unterschiedlichen Buildern für Hinzufügen, Ändern oder Löschen gibt es nur den Builder für das OFMeterMod. Über das Feld command wird bestimmt, welche Änderung stattfindet. 0 bedeutet dabei hinzufügen, 1 ändern und 2 löschen. Ebenso sind die Flags eines Meters, die unter anderem bestimmen, ob die Raten in den MeterBands in Kilobit pro Sekunde oder Paketen pro Sekunde angegeben werden. Die Flags sind eine Bitmaske. Ist die 1 gesetzt, so handelt es sich um Kilobit, bei 2 Paketen pro Sekunde.

Die MeterBands werden wieder in einer ArrayList gespeichert. Der Code in Listing 4.43 zeigt eine Methode, die ein einfaches Meter mit einer Rate von 100 kbps in einem Band erzeugt und auf den übergebenen Switch schiebt.

Listing 4.43: Meter Anlegen in Floodlight.

```
void meterTest(IOFSwitch sw)
{
    OFFactory f = sw.getOFFactory();

    OFMeterMod.Builder ofmb = f.buildMeterMod()
        .setMeterId(2)
        .setCommand(0);// 0 add, 1 modify, 2 delete

    OFMeterBandDrop.Builder bandBuilder = f.meterBands().buildDrop()
        .setRate(100)
        .setBurstSize(200);

    OFMeterBand band = bandBuilder.build();
    ArrayList<OFMeterBand> bands = new ArrayList<OFMeterBand>();
    bands.add(band);

    ofmb.setMeters(bands)
        .setFlags(1); //kbps , pps is 2

    sw.write(ofmb.build());
}
```

Die Routine weist zuerst eine Referenz auf die OFFactory des Switches an die Variable f zu. Aus dieser erzeugt sie einen OFMeterModBuilder. Dieser erhält die MeterId 2 und das Kommando 0 zum Hinzufügen.

Dann wird ein Meter, das Pakete verwirft, die über der Grenze sind, erzeugt, und dieses mit der Rate 100 und der Burstrate 200 versehen. Da eine Liste an Meters übergeben wird, wird eine ArrayList vom Typ OFMeterBand erzeugt und das erzeugte Band wird hinzugefügt. Die Liste in der Variable bands wird dem OFMeterModBuilder übergeben und die letzte Änderung ist das Setzen der Flags auf den Wort 1, um anzuzeigen, dass die Raten in kbps sind. Schließlich wird diese Definition an den Switch geschrieben. Es sei darauf hingewiesen, dass Open vSwitch diese Funktion nicht unterstützt, sodass das Schreiben eine „Out of Meters"-Fehlermeldung erzeugt, da die Menge der Meters, die Open vSwitch unterstützt, 0 ist.

5 OpenDaylight

OpenDaylight ist die eierlegende Wollmichsau unter den Netzwerkcontrollern. Die Software spricht verschiedene Protokolle, um mit Netzwerkkomponenten zu kommunizieren. Auch in Richtung des Administrators stellt sie verschiedene Protokolle bereit. Das Projekt steht unter den Fittichen der Linux Foundation und es nehmen einige große Firmen wir Cisco, VMWare, RedHat, Ericsson oder Dell an dem Projekt teil.

Die Software ist in Java geschrieben und erweiterbar. Unter [3] steht die Software zum Download bereit. Die Versionen der Software folgen dabei folgendem Prinzip: Die Major Version (die erste Stelle) ist seit dem Beginn des Projektes 2013 immer noch auf 0. An der zweiten Stelle der Version hängt ein Codename und damit auch jeweils ein Entwicklungsstand. Zum Zeitpunkt, als dieses Buch entstand, war gerade die Version 0.4 mit dem Codenamen Beryllium erschienen und die Beispiele in diesem Buch basieren auf Beryllium und der Vorgängerversion Lithium.

5.1 Architektur

OpenDaylight ist modular aufgebaut. Die Software ist in Java entwickelt und läuft in einem OSGI (Open Services Gateway Initiative) Container. Hierfür wählte das Projekt den Karaf-Container der Apache Foundation [7], der allerdings im OpenDaylight-Paket enthalten ist. Der Start der Software erfolgt nach dem Auspacken des Archives mit dem Kommando `bin/karaf`.

Alle Komponenten greifen auf eine gemeinsame Datenbasis zu, und es gibt ein Nachrichtensystem (Message Bus) mit dem die Komponenten Informationen untereinander austauschen können. Somit kann eine Applikation, die OpenFlow-Switche steuert auch auf Informationen die über BGP gelernt wurden, zugreifen, und zur Entscheidungsfindung benutzen. Die Datenstrukturen werden in YANG modelliert. YANG steht für „Yet Another Next Generation" und ist die Datenmodellierungssprache von Netconf (siehe Abschnitt 1.3.2).

Das Kernkonzept, an dem sich OpenDaylight orientiert, ist der Dienst – Service in Englisch. Zusammen mit der Modellierung in YANG ergibt sich die „Model Driven Service Abstraction Layer" MD-SAL. Applikationen, die in OpenDaylight hinein installiert werden, nutzen diese Schicht, um mit anderen Diensten zu interagieren und eigene Dienste bereitzustellen. Es ist nicht notwendig, eine eigene Applikation zu entwickeln und in OpenDaylight zu installieren, um damit zu arbeiten. In Richtung des Benutzers stellen die meisten installierbaren Services/Protokolle ein RESTful API bereit, mit dem die Dienste benutzt und konfiguriert werden können. Auch das NETCONF (siehe 1.3.2) Protokoll kann verwendet werden. Und zwar sowohl in Richtung des Administrators als auch in Richtung der verwalteten Geräte. In Richtung der Ge-

DOI 10.1515/9783110451870-006

räte stehen eine Reihe von Protokollen zur Verfügung. Neben OpenFlow auch BGP, OVSDB oder auch CAPWAP. Über die MD-SAL kann eine Applikation innerhalb von OpenDaylight auf alle bereitgestellten Informationen zugreifen und Entscheidungen treffen, um zum Beispiel eine BGP-Route in das Netz einzufügen, die den Verkehr aufgrund der Informationen, die über OpenFlow hereinkamen, optimiert.

Eine Komponente, die nur zur Interaktion mit Menschen gedacht ist, ist das DLUX-User-Interface. Die Oberfläche bietet einfache Ansichten, der dem System bekannten Nodes, eine Oberfläche, die es erlaubt, die Daten zu modifizieren (das YANG-UI) und eine weitere Oberfläche zur Administration der OVSDB-Geräte. Alle diese Teile sind einzelne nachinstallierbare Module.

5.2 Installation

Die Installation einer Instanz ist denkbar einfach. Auf der Webseite steht ein funktionsfähiges Archiv bereit. Diese packt der Admin mit `tar` oder `unzip` aus, wechselt in das entstandene Verzeichnis[1] und startet die Software mit dem Kommando `bin/karaf`. Wird das System so gestatet, erscheint danach die Administrationsconsole. Abbildung 5.1 zeigt, wie die Console aussieht.

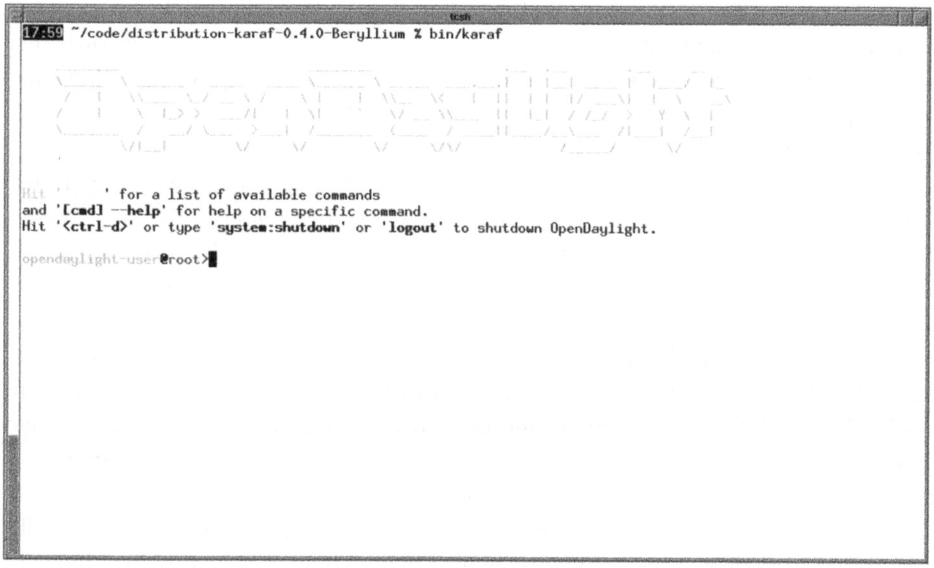

Abb. 5.1: Textkonsole von OpenDaylight.

1 Dieses hat typischerweise einen Namen wie „distribution-karaf-0.4.0-Beryllium“, wobei die Version und der Codename von der heruntergeladenen Version abhängen.

Das Karaf-Kommando versteht einige Argumente:

clean Mit diesem Argument wird der komplette Status der Installation gelöscht. Dies bezieht alle installierten Pakete und die Nutzdaten (z.B. gespeicherte Flows) mit ein.

console Wird der Dienst als Serverdienst im Hintergrund gestartet, so gibt dieses Argument dem Admin eine Konsole.

debug Wird dieses Argument mitgegeben, so startet der Server im Debugmodus, an den sich ein Java-Debugger zur Fehlersuche andocken kann.

server Soll der Container als Serverdienst gestartet werden, so ist dieses Argument zu benutzen. Der Aufruf sollte dann aber in den Hintergrund geschickt werden (unter Unix mit dem &).

status Dieser Aufruf gibt eine Meldung über den Zustand des Servers aus, die aber nur mit „Laufend“ oder „nicht laufend“ beantwortet wird.

stop Mit diesem Argument wird eine laufende Instanz ordentlich heruntergefahren.

Zur Vereinfachung gibt es im `bin` Ordner noch einige Scripte: `start` führt ein `karaf server` mit Ausgabeumleitung und in den Hintergrund geschickt aus, und eignet sich damit für Startup Scripte. Entsprechend gibt es auch die Kommandos „stop“ und „status“ mit den entsprechenden Funktionen. In der Grundkonfiguration bietet der Karaf-Container bereits die Möglichkeit, per SSH eine sichere Verbindung zu ihm aufzubauen. Der SSH-Server läuft auf Port 8101, sofern dies nicht im entsprechenden Konfigurationsdatei (`etc/org.apache.karaf.shell.cfg` im Distributionsverzeichnis) umgestellt wurde. Verbindet sich der Administrator allerdings mit seinem gewohnten Client, führt dies zu einem Konflikt, da der Hostkey ein anderer ist als der, mit dem er sich auf dem Host einloggt, auf dem OpenDaylight läuft. Das Kommando „client“ bietet hier einen alternativen (in Java geschriebenen) Client, der die Optionen `-u` für den Benutzernamen und `-h` für einen anderen Host als den lokalen versteht. Der Standard Benutzername ist „karaf“ und das Passwort ebenfalls „karaf“. Der Kommandoprompt nach erfolgreichem Login ist der gleiche, wie auf der Konsole.

Nach einer frischen Installation, ist OpenDaylight nur mit einem minimalem Satz an Modulen ausgestattet. Um die Software im Netzwerk nutzen zu können, müssen erst Module nachinstalliert werden. Module heißen im Sprachgebrauch von OpenDaylight „feature“. Die Anzeige der installierten Module geschieht mit dem Kommando `feature:list -i`. Listing 5.1 zeigt die Ausgabe nach der Installation.

Der Kommandozeilen-Interpreter von OpenDaylight versteht die Vervollständigung von Kommandos per Tabulatortaste und implementiert die volle Readline Bibliothek, also alle Tastaturkommandos, wie sie etwa auch in der populären Shell BASH üblich sind. Wird bei dem Kommando die Option `-i` weggelassen so enthält die Ausgabe alle bekannten Module.

Listing 5.1: Feature Liste nach der Installation.

```
opendaylight-user@root>feature:list -i
Name         | Version | Installed | Repository       | Description
----------------------------------------------------------------------
standard     | 3.0.3   | x         | standard-3.0.3 | Karaf standard feature
config       | 3.0.3   | x         | standard-3.0.3 | Provide OSGi ConfigAdmin support
region       | 3.0.3   | x         | standard-3.0.3 | Provide Region Support
package      | 3.0.3   | x         | standard-3.0.3 | Package commands and mbeans
kar          | 3.0.3   | x         | standard-3.0.3 | Provide KAR (KARaf archive) support
ssh          | 3.0.3   | x         | standard-3.0.3 | Provide a SSHd server on Karaf
management | 3.0.3   | x         | standard-3.0.3 | Provide a JMX MBeanServer and a set of MBeans in K
```

Ein neues Paket installiert der Admin mit dem Kommando `feature:install`. Abhängigkeiten löst der Installer dabei selber auf und installiert benötigte Pakete gleich mit. Zudem gibt es Sammelpakete mit der Endung „-all", die alle zugehörigen Pakete einer Funktion (etwa das dlux UI) installieren.

Für die weiteren Schritte in diesem Kapitel, sind die Pakete für OpenFlow, das Rest-API und zur Veranschaulichung das DLUX-UI notwendig. Diese installiert der Admin mit den folgenden Kommandos:

```
opendaylight-user@root>feature:install odl-openflowplugin-all
opendaylight-user@root>feature:install odl-dlux-all
```

Die Rest-Pakete werden dabei über die Abhängigkeiten mitinstalliert. Da die Installation die Pakete aus dem Internet herunterlädt, sollte OpenDaylight Prozess Internetzugriff haben. Ist dies nicht möglich, so kann in der Datei `etc/org.ops4j.pax.url.mvn.cfg` im Distributionsverzeichnis ein lokales Repository konfiguriert werden. Ein gerade für die Paketverwaltung sehr nützliches Kommando ist das von Unix bekannte „grep". Um alle installierten Pakete, die zum OpenFlow Plugin gehören, aufzulisten, reicht auf der Konsole folgende Eingabe: `feature:list -i |grep openflowplugin`.

Der Zugriff auf das DLUX-Web-UI geschieht in der Standardkonfiguration auf Port 8181. Der Benutzername und das Passwort sind dabei „admin". Dies gilt auch für den Zugriff auf das REST-API. Abbildung 5.2 zeigt eine Ansicht der DLUX-Oberfläche.

Aus der Historie des Projektes nimmt der Server auch Verbindungen auf Port 8080 entgegen.

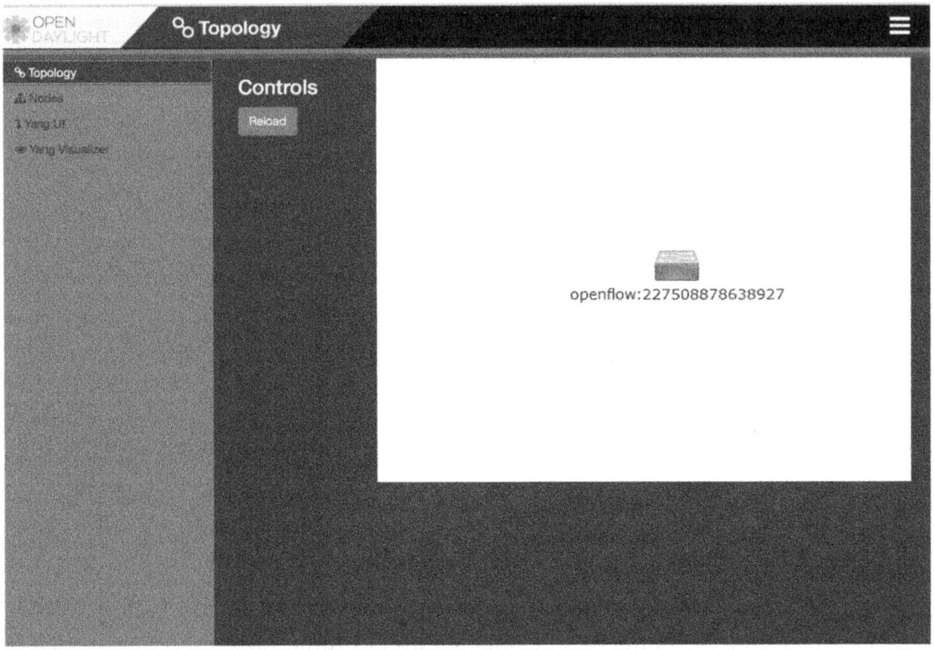

Abb. 5.2: DLUX-Web-UI von OpenDaylight.

Eine sehr hilfreiche URL ist `http://controller:8181/apidoc/explorer/index.html`. Diese führt den Anwender auf eine Liste aller (abhängig von den installierten Paketen) möglichen REST-API-Aufrufe, die die Installation versteht. Für jeden möglichen Startpfad gibt der Server die bekannten Unterpfade mit Parametern (in geschweiften Klammern) an. Klickt der Anwender auf einen bestimmten Aufruf, erscheint eine Erklärung der Parameter, und welche Ausgabe erzeugt wird, und auf der Webseite kann der Aufruf direkt interaktiv ausprobiert werden. Dabei können auch Daten (z.B. für einen Flow) in das Webformular eingetragen werden und somit kann das REST-API auch direkt bedient werden. Abbildung 5.3 zeigt einen Auschnitt.

Soll ein Switch einfach wie ein Switch arbeiten, so gibt es ein verfügbares Modul/Feature names „l2-switch“. Das zugehörige Feature installiert der Admin mit `feature:install odl-l2switch-all`. Neben der Weiterleitung der Pakete (dafür würde auch ein Flow mit Action „normal“ reichen) legt die Applikation dedizierte Flows pro Ziel-MAC-Adresse an. Dafür bekommt der Controller alle Pakete, die zu keinem Flow gehören über einen Flow mit niederer Priorität. Darüber lernt die Applikation, welche MAC-Adresse hinter welchem Port hängt. Da die Ziel-MAC-Adressen-Flows eine höhere Priorität als die an den Controller besitzen, geschieht diese Weiterleitung nur beim ersten Paket. Damit aber auch die ARP-Pakete ankommen, werden die nicht über bereits gelernte MAC-Adressen zuordenbaren Pakete nicht nur an den Controller, sondern an alle Ports des Switches gesandt. So werden auch

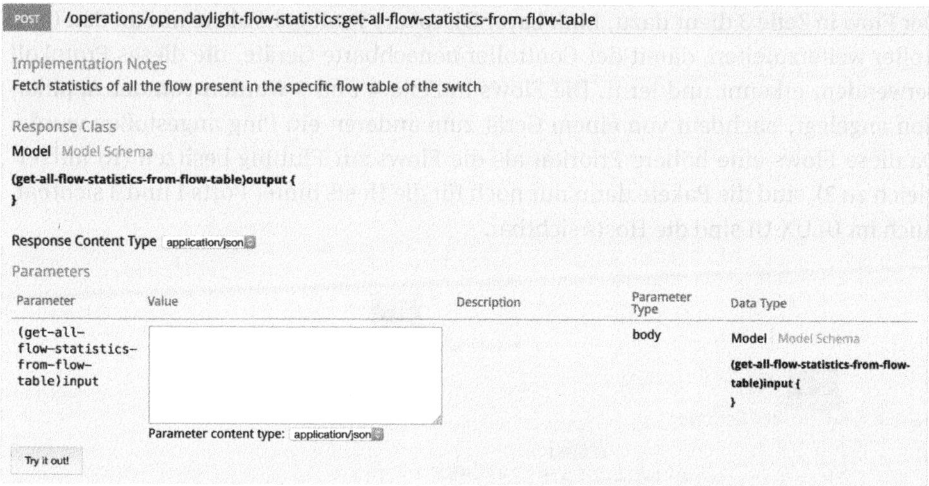

Abb. 5.3: API Explorer von OpenDaylight.

zum Beispiel Broadcast-Pakete versandt. Listing 5.2 zeigt die Flows bei Open vSwitch, nachdem zwei Hosts miteinander kommuniziert haben.

Listing 5.2: Flows des L2-Switch Moduls.

```
# ovs-ofctl dump-flows testswitch
NXST_FLOW reply (xid=0x4):
 cookie=0x2b00000000000001, duration=11687.197s, table=0, n_packets=0,
     n_bytes=0, idle_age=11692, priority=100,dl_type=0x88cc actions=
     CONTROLLER:65535
 cookie=0x2a00000000000004, duration=0.777s, table=0, n_packets=1,
     n_bytes=42, idle_timeout=1800, hard_timeout=3600, idle_age=0,
     priority=10,dl_src=52:54:00:f2:fd:a3,dl_dst=52:54:00:97:b3:a7
     actions=output:3
 cookie=0x2a00000000000005, duration=0.777s, table=0, n_packets=0,
     n_bytes=0, idle_timeout=1800, hard_timeout=3600, idle_age=0,
     priority=10,dl_src=52:54:00:97:b3:a7,dl_dst=52:54:00:f2:fd:a3
     actions=output:1
 cookie=0x2b00000000000001, duration=11685.250s, table=0, n_packets
     =11747, n_bytes=505950, idle_age=1, priority=2,in_port=2 actions=
     output:3,output:1,CONTROLLER:65535
 cookie=0x2b00000000000002, duration=11685.250s, table=0, n_packets=136,
     n_bytes=22612, idle_age=5, priority=2,in_port=1 actions=output:3,
     output:2,CONTROLLER:65535
 cookie=0x2b00000000000000, duration=11685.248s, table=0, n_packets=3991,
      n_bytes=1346928, idle_age=0, priority=2,in_port=3 actions=output:2,
     output:1,CONTROLLER:65535
```

Der Flow in Zeile 3 dient dazu, Link Layer Discovery Protocol-Pakete nur an den Controller weiterzuleiten, damit der Controller benachbarte Geräte, die dieses Protokoll verwenden, erkennt und lernt. Die Flows in Zeile 4 und 5 wurden von der Applikation angelegt, nachdem von einem Gerät zum anderen ein Ping angestoßen wurde. Da diese Flows eine höhere Priorität als die Flows zur Flutung besitzen (10 im Vergleich zu 2), sind die Pakete dann nur noch für die Hosts hinter Ports 1 und 3 sichtbar. Auch im DLUX-UI sind die Hosts sichtbar.

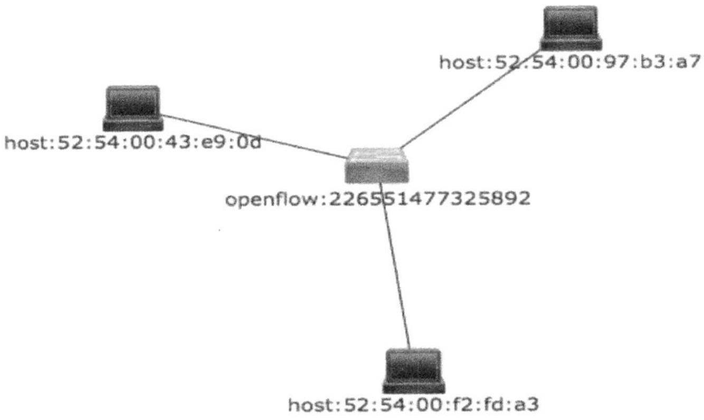

Abb. 5.4: Gefundene Hosts im DLUX-UI.

Dabei greift auch die DLUX-Oberfläche nur auf das Topologie API zu. Unter http://ODLSERVER:8181/restconf/operational/network-topology:network-topology/ stellt das System die gelernten Hosts (auch Hosts, die über andere Protokolle wie BGP bekannt geworden sind, werden hier eingetragen) bereit. Zum l2-switch Feature gehört auch das Eintragen der gelernten Hosts in den Topologie-Bereich des MD-SAL.

5.3 REST-API

Vor den Details zu den konkreten Objekten einige allgemeine Dinge zum REST-API.

Der einfachste Zugang zur MD-SAL und damit zu den Geräten ist das RESTful API. Im Sprachgebrauch von OpenDaylight heißt es RESTCONF. Der Zugriff erfolgt über HTTP(s). Zugriffe erfolgen über einen URL-Pfad, der wie der Zugriff auf das DLUX-UI mit `http://odlserver:8181/` startet und dem Pfad `/restconf` weitergeht. Für Abfragen von Daten folgt im URL-Pfad nun in der Regel `/operational`, zum Ändern der Konfiguration folgt die Pfadkomponente `/config`. Nun folgt für alle Aufrufe der Name des API, z.B. `opendaylight-inventory:nodes` und je nach API weitere Komponenten, die abhängig von der Datenstruktur sind. Beim Beispiel des Inventory gibt es eine Liste von Nodes. Jeder Node besitzt eine eindeutige ID. Entsprechend ist die logische Struktur im Pfad `/node/openflow:`*`id-des-nodes`*. Diese Logik setzt sich bei den meisten Komponenten weiter fort. Der Pfad hinter `operational` oder `config` ist beim Zugriff auf dasselbe Objekt auch in der Regel gleich. Allerdings führen manchmal verschiedene APIs zu verschiedenen Informationen und Konfigurationselementen desselben Objektes.

Beim schreibenden Zugriff hängt die Art des Zugriffes von der verwendeten HTTP-Methode ab. „DELETE“ löscht einen Eintrag oder einen ganzen Teilbaum. Beim Anlegen eines Objektes kommt die Methode „PUT“ zum Einsatz, zum Ändern eines bestehendes Objektes dient die Methode „POST“. Alle Objekte haben ein Feld „id“, welches in der Liste, in der sie stehen, eindeutig sein muss. Das Anlegen eines zweiten Objektes mit demselben ID-Wert führt ebenso zu einem Fehler, wie das Ändern eines nicht existierenden Objektes.

Da die Daten, die herunter- oder heraufgeladen werden, eine logische Struktur besitzen, ist ein Format notwendig, welches diese Struktur so einpackt, dass ein Programm sie verstehen kann. OpenDaylight versteht dabei zwei Formate: XML und JSON. Welches der Formate hochgeladen, beziehungsweise empfangen werden soll, steuert der Anwender, über zwei Felder im HTTP-Header: „Accept“ gibt an, in welchem Format die Antwort des Servers erfolgen soll „Content-Type“ bestimmt, in welchem Format die gesendeten Daten vorliegen. Der Wert für die beiden Felder ist entweder „application/json“ oder „application/xml“.

Die logische Struktur zwischen XML und JSON ist dabei sehr ähnlich. Wenn zum Beispiel eine Liste von Nodes vorliegt, so steht in der XML-Version:

```
<nodes>
  <node>
    <id>openflow:12345</id>
    ... weitere Daten des Nodes
  </node>
</nodes>
```

In JSONs JavaScript Notation sehen die gleichen Daten etwas anders aus, aber der Leser wird dieselbe Struktur erkennen:

```
{
  "nodes": {
    "node": [
      {
        "id": "openflow:12345",
        ... weitere Daten des Nodes
      }
    ]
  }
}
```

Für den einfachen Zugriff auf die RESTCONF-Schnittstelle haben sich zwei Werkzeuge als sehr hilfreich erwiesen. Das eine ist der HTTP-Kommandozeilen Client `curl`, der es auch erlaubt die Methoden PUT oder POST mit hochzuladenden Daten zu versehen. Das zweite Werkzeug ist Postman, ein Plugin für den Browser Google Chrome, der auch die formatierte Eingabe von XML oder JSON erlaubt und eine Historie der gesendete Requests speichert, sodass der Anwender ein einmal erfolgreiches Request auch wiederfindet. Ein Beispiel für das Anlegen eines Flows mit `curl` sieht als Ausschnitt folgendermaßen aus:

```
curl -u admin:admin -H 'Content-type: application/json' -X
  PUT -d '{jsoncode des flows}'
  'http://ODLHOST:8181/restconf/config/opendaylight-inventory:
   nodes/node/openflow:1/table/0/flow/0'
```

Ob JSON oder XML als Format verwendet werden, sei dem Entwickler überlassen. JSON hat die angenehme Eigenschaft, dass es für die meisten gängigen Programmiersprachen eine Bibliothek gibt, die das Codieren oder Decodieren in ein eigenes Objektformat übernimmt, sodass danach direkt in der jeweiligen Programmiersprache auf die Datenstruktur zugegriffen werden kann. XML bietet über die XPATH-Schnittstelle wiederum sehr komfortable Suchmöglichkeiten, wenn die Struktur nicht so ganz klar ist.

5.3.1 Flows für OpenFlow verwalten

Die Verwaltung von Flows geschieht über das REST-API. Vor dem Einstieg in die Flowprogrammierung über dieses API soll jedoch zunächst das Datenmodell erläutert werden, das den Flows zugrunde liegt.

5.3.1.1 Das Datenmodell

Die Verwaltung von Flows auf einem OpenFlow-fähigen Gerät erfolgt unterhalb des URL-Pfades `http://ODLHOST:8181/restconf/config/opendaylight-inventory:nodes/node/openflow:`*`index`*. Das Datenmodell von OpenDaylight geht dabei grundsätzlich von einer OpenFlow Implementierung mit mehreren Tabellen aus, sodass es im Pfad erst einmal mit `table/`*`index`* weitergeht, auch wenn das Gerät nur eine Tabelle unterstützt. Wie viele Tabellen (mit wie vielen Einträgen) das Gerät unterstützt, ermittelt der Controller beim Verbindungsaufbau. Kapazität und Menge der Tabellen werden im Node-Objekt hinterlegt. Die Tabelle mit den Flows enthält allerdings nicht nur die Flowdefinitionen selber. Ein Teilbaum enthält die Eigenschaften der Tabelle (`table-features`), einen Eintrag mit Statistikwerten (`flow-table-statistics`/) für alle Flows der Tabelle und für jeden einzelnen

Flow existiert ein Eintrag `flow-hash-id-map`. Ein Eintrag in diesem Baum sieht folgendermaßen aus:

```
1 <flow-hash-id-map>
2   <hash>
3     Match [_inPort=Uri [_value=openflow:226551477325892:1], augmentation
        =[]]2309847654363090125 0
4   </hash>
5   <flow-id>#UF$TABLE*0-4</flow-id>
6 </flow-hash-id-map>
```

Zeile 3 enthält eine Beschreibung des Flows, die bereits interne Werte verwendet. Diese Beschreibung wird der eindeutigen ID des Flows zugeordnet. Schließlich ist noch die Liste der Flows enthalten. Listing 5.3 zeigt einen einfachen Flow im XML-Format.

Listing 5.3: Einfacher Flow in XML.

```
<flow>
  <id>5</id>
  <instructions>
    <instruction>
      <order>0</order>
      <apply-actions>
        <action>
          <order>0</order>
          <output-action>
            <max-length>65535</max-length>
            <output-node-connector>3</output-node-connector>
          </output-action>
        </action>
      </apply-actions>
    </instruction>
  </instructions>
  <hard-timeout>3600</hard-timeout>
  <match>
    <ethernet-match>
      <ethernet-destination>
        <address>52:54:00:97:B3:A7</address>
      </ethernet-destination>
      <ethernet-source>
        <address>52:54:00:F2:FD:A3</address>
      </ethernet-source>
    </ethernet-match>
  </match>
  <idle-timeout>1800</idle-timeout>
  <flow-statistics>
    <byte-count>0</byte-count>
```

```
    <packet-count>0</packet-count>
    <duration>
      <second>0</second>
      <nanosecond>328000000</nanosecond>
    </duration>
  </flow-statistics>
  <table_id>0</table_id>
  <priority>10</priority>
  <cookie>3026418949592973334</cookie>
  <flags/>
</flow>
```

Listing 5.4 zeigt denselben Flow in der JSON-Ausgabe.

Listing 5.4: Einfacher Flow in JSON.

```
{
    "id": "5",
    "instructions": {
        "instruction": [
            {
                "order": 0,
                "apply-actions": {
                    "action": [
                        {
                            "order": 0,
                            "output-action": {
                                "max-length": 65535,
                                "output-node-connector": "3"
                            }
                        }
                    ]
                }
            }
        ]
    },
    "hard-timeout": 3600,
    "match": {
        "ethernet-match": {
            "ethernet-destination": {
                "address": "52:54:00:97:B3:A7"
            },
            "ethernet-source": {
                "address": "52:54:00:F2:FD:A3"
            }
        }
    },
    "idle-timeout": 1800,
    "opendaylight-flow-statistics:flow-statistics": {
```

```
            "byte-count": 0,
            "packet-count": 0,
            "duration": {
                "second": 693,
                "nanosecond": 465000000
            }
        },
        "table_id": 0,
        "priority": 10,
        "cookie": 3.0264189495929733e+18,
        "flags": ""
}
```

Diese Version der Flows wurde über die `/operational` URL abgefragt. Das ein Flow so abfragbar ist, bedeutet, dass das Gerät ihn angenommen hat. Flows mit Syntaxfehlern weist bereits OpenDaylight ab. Enthält der gesendete Flow aber eine Aktion, die der Zielswitch nicht beherrscht, so wird der Flow nach der Fehlermeldung des Switches an den Controller nicht aus der Config in die Operational Datenbank übernommen. Für den Benutzer des RESTCONF-APIs ist dies aber nur dann sichtbar, wenn nach dem Senden des Flows anschließend die Operational Datenbank abgefragt wird. Über das ID-Feld im URL Pfad ist die Abfrage relativ einfach (im Beispiel http://ODLSERVER:8181/restconf/operational/opendaylight-inventory:nodes/node/openflow:1/table/0/flow/5'). Eine Kleinigkeit, auf die bei der Flow Programmierung zu achten ist, ist die Tatsache, dass der Flow ein Feld `table_id` enthält. Stimmen beim Anlegen des Flows der Index der Tabelle in der URL und der im Feld nicht überein, so gibt es zwar keinen Fehler, aber der Flow kommt nicht an. Stimmen beim Anlegen des Flows allerdings die ID am Ende der URL nicht mit dem Wert des ID-Feldes überein, so gibt der Server einen Fehler aus. Bei der Abfrage des Flows aus der Operational Datenbank ist das Ergebnis um ein Paar Werte und Felder angereichert. Der Teilbaum `opendaylight-flow-statistics:flow-statistics` enthält die Zähler für Pakete, die genau diesen Flow betreffen. Auch der Wert im Cookie wird gesetzt. Die Timeout-Werte können beim Anlegen des Flows gesetzt werden. Sind die Werte in den Daten beim Anlegen des Flows nicht enthalten, so werden sie mit Standardwerten aufgefüllt.

Zahlen können entweder dezimal oder hexadezimal mit vorangestelltem „0x“ verwendet werden. Bei JSON-Codierung müssen Zahlen nicht in Anführungszeichen gesetzt werden.

Für das Hochladen des Flows muss dieser nochmals eingepackt werden. In XML ist dies der `<flow>` Tag. In JSON muss um das Listing 5.4 noch ein `{flow: [` , welches entsprechend mit den schließenden Klammern abgeschlossen werden muss, gepackt werden. Dementsprechend sieht ein einfacher JSON-Datensatz, der angenommen wird, folgendermaßen aus:

```
{
    "flow": [
        {
            "id": 5,
            "table_id": "1",
            "instructions": {
                "instruction": [
                    {
                        "order": 0,
                        "apply-actions": {
                            "action": [
                                {
                                    "order": 0,
                                    "output-action": {
                                        "output-node-connector": "NORMAL"
                                    }
                                }
                            ]
                        }
                    }
                ]
            }
        }
    ]
}
```

Die Pflichtfelder in einer Flowdefinition sind „id“ und „table_id“. Ein Tabellenindex außerhalb der vom Switch unterstützen Anzahl von Tabellen führt nicht zu einer Fehlermeldung, aber der Switch nimmt den Flow nicht an. Die ID ist ein alphanumerischer Wert. Sind auf dem Gerät bereits Flows vorhanden, so wird die ID mit einem generierten Wert befüllt, wenn der Controller die Verbindung aufbaut und die Daten ausliest.

Innerhalb der Liste der „instructions“ finden sich die Aktionen des Flows. Werden sie weggelassen, greift die Standardaktion „Verwerfen“. Die Filter, die einschränken, auf welche Pakete die Aktionen angewandt werden sollen, finden sich in einer Liste mit dem Namen „match“. Das Weglassen von „match“, wie im letzten Beispiel, führt zu einem Flow, der alle Pakete betrifft. Die Priorität des Flows ist optional. Fehlt sie, setzt OpenDaylight den Wert auf 0. In der Regel wird dieser Wert aber verwendet, um die Reihenfolge der Abarbeitung zu steuern. Das Schlüsselwort dazu ist „priority“. Ebenfalls optional sind die Timeout-Werte. „hard-timeout“ falls der Flow auf jeden Fall in einen Timeout laufen soll und „idle-timeout“ wie lange der Flow vorhalten soll, ohne das passende Pakete vorbei kommen. Die Werte werden in Sekunden angegeben und werden auf 3600 Sekunden für den harten und 1800 Sekunden für den Inaktivitäts-Timeout gesetzt. Wird der Wert auf 0 gesetzt so bleibt der Flow unbeschränkt stehen.

5.3.1.2 Filter / Matches

Die Filter in OpenFlow beziehen sich entweder auf den Eingangsport oder auf Felder in den Paketen. Die Filter sind eine Liste, die eine UND-Verknüpfung umsetzen. Das heißt, ein Paket muss alle Bedingungen in der Liste erfüllen, damit die Aktionen des Flows ausgeführt werden. Dazu muss es aber auch der Flow mit der höchsten Priorität sein, bei dem alle Match bedingungen erfüllt sind.

Der Block mit den Filtern wird in XML mit dem Tag `<match>` eingeleitet. Alle Filter folgen in der XML-Hierarchie direkt darauf. In JSON ist dies ein Hash, das bedeutet, dass der Block mit `"match": {` begint.

Das einfachste Kriterium ist der Eingangsport des Paketes. In XML heißt der Parameter `<input-port>` und in JSON steht entsprechend `"input-port":`. Das Argument ist entweder die Portnummer als Zahl, die in JSON auch ohne Anführungszeichen gesetzt wird, oder in einer längeren Version, die bei der Erklärung des Node-Connectors später erläutert wird. Welcher Port am Gerät welchem Index nach OpenFlow-Zählung entspricht, gilt es herauszufinden. In dem den Flows übergeordneten Eintrag des Node gibt es eine Liste der Ports. In XML sind dies Einträge, die in den Tag `<node-connector>` eingepackt sind. In JSON beginnt mit `"node-connector":` die Einleitung zu einem Feld von Hash-Einträgen. Jeder dieser Hasheinträge enthält ein Feld „id“ in der Form „openflow:*nodeid*:*portid*. Um das Parsen dieses Eintrages in einem Programm zu vermeiden, gibt es aber auch noch den Eintrag „port-number“. Zur Identifikation, welche Schnittstelle das nun ist, finden sich im Hash eines Interfaces noch die Einträge „hardware-address“ und „name“.

Die Match Sektion einer Flowdefinition für einen Eingabeport sieht damit in XML folgendermaßen aus:

```
<flow>
  ...
  <match>
    <in-port>4</in-port>
  </match>
  ...
</flow>
```

Nachdem der Flow hochgeladen wurde, findet sich allerdings immer die Langform im „in-port“ Feld.

Ein zweiter Filter, der sich mit dem Eingang eines Paketes beschäftigt, heißt „tunnel-ipv4-match“. Sind Overlay-Protokolle wie GRE oder VXLAN im Einsatz, so hat jeder Tunnel eine Quell- und eine Ziel-Adresse. Beim Eingang ist die Ziel-Adresse die Adresse des betroffenen Gerätes, da dieses aber mehrere Adressen auf mehreren Schnittstellen haben kann, muss diese nicht eindeutig sein. In diesem Tag sind zwei Felder möglich: „tunnel-ipv4-source“ und „tunnel-ipv4-destination“. Das folgende Listing zeigt einen Beispielfilter, der Pakete eines bestimmten IP-Tunnels trifft.

```
<flow>
  ...
  <match>
    <tunnel-ipv4-match>
      <tunnel-ipv4-source>10.1.1.1</tunnel-ipv4-source>
      <tunnel-ipv4-destination>10.1.1.2</tunnel-ipv4-destination>
    </tunnel-ipv4-match>
  </match>
  ...
</flow>
```

Die Filter, die sich auf Headerfelder beziehen, sind etwas strukturierter aufgebaut. Die Filter sind jeweils mit einem Tag umklammert, der mit der Art des Filters beginnt und mit „-match" endet. Zum Beispiel „ethernet-match" für Filter im Ethernet-Header oder „vlan-match" für Filter auf VLAN-Eigenschaften.

Jedoch ist der OpenFlow-Standard hier nur bedingt strukturiert[2], da er diese durchgängige Logik bricht. Bei „ethernet-match" sind Filter auf Quell- und Ziel-Adressen auf Ethernetebene in dem Tag gekapselt. IPv4- und IPv6-Adressen sind nicht in einen „ip-match"-Tag gekapselt; Abfragen auf IP-Header Felder, wie das IP-Protokoll oder das ECN-Feld, schon. Bei IPv6 bleiben die Felder, die es auch in IPv4 gibt, im „ip-match". Die IPv6-spezifischen Felder, wie das IPv6 Label, sind aber wieder auf der äußeren Ebene. Bei MPLS-Filtern heißt die Match-Klammer „protocol-match". In diesem Abschnitt stellen wir aber die einheitliche Form vor.

Innerhalb des Tags „ethernet-match" gibt es die folgenden Felder:

ethernet-source Die Quell-MAC-Adresse des Paketes. Dabei kann auch eine Maske angegeben werden. Bei Eingabe von aa:bb:cc:dd:ee:ff muss das Paket genau diesen Wert haben. Die Maske ist (wie bei IP-Adressen) eine Bitmaske, die mit der logischen Und-Operation mit der Adresse verknüpft wird. aa:bb:cc:dd:ee:ff/ff:ff:ff:00:00:00 greift bei allen Paketen mit einer Quell-MAC-Adresse die mit aa:bb:cc beginnt.

ethernet-destination Die Ziel-MAC-Adresse des Paketes. Die Syntax mit der Maske ist die gleiche wie bei der Quell-Adresse.

ethernet-type Dies ist das Feld im Ethernet-Header, welches angibt, was für ein Paket über Ethernet transportiert wird. Wichtige Werte sind: 0x0800 für IP, 0x0806 für ARP, 0x86dd für IPv6, 0x8847 und 0x8848 für MPLS Uni- bzw. Multicast, 0x8863 und 0x8864 für PPPoE Discovery und Session, 0x88cc für LLDP und schließlich 0x88E5 für MACSEC (802.1AE)

2 Es gibt auch eine gewissen Logik in der Struktur.

Ein Beispiel für eine Match-Liste, die alle Felder benutzt, sieht folgendermaßen aus:

```
<flow>
  ...
  <match>
    <ethernet-match>
      <ethernet-source><address>aa:bb:cc:dd:ee:ff</address></ethernet-
          source>
      <ethernet-destination><address>aa:bb:cc:00:00:00</address></
          ethernet-destination>
      <ethernet-type>0x0800</ether-type>
    </ethernet-match>
  </match>
  ...
</flow>
```

MAC-Adressen werden grundsätzlich vom Tag „address" umfasst. Wird dieser weggelassen, so nimmt OpenDaylight zwar den Flow an, schickt ihn aber nicht weiter zum Gerät.

Protokollfelder, die sowohl in IPv4 als auch v6 vorhanden sind, werden von „ip-match" umfasst. Die möglichen Felder sind:

ip-protocol Das Protokoll (icmp, tcp, udp oder sctp) als Zahl. (icmp=1, tcp=6, udp=17, icmpv6=58 sctp=132)

ip-dscp Der Wert des DSCP-Headers des Paketes zur QoS-Steuerung. Das Argument ist eine Zahl, die einen 6-Bit-Wert enthält.

ip-ecn Der Wert des ECN-Headers. Auch hier handelt es sich um eine Zahl, die als 2-Bit-Wert nur zwischen 0 und 3 liegen kann.

„ip-match" kann nur angewendet werden, wenn der Wert für „ether-type" 0x0806 oder 0x86dd ist. Ein Beispielausschnitt auf einem Flow der alle Felder verwendet ist hier abgebildet:

```
<flow>
  ...
  <match>
    <ethernet-match>
      <ethernet-type>0x0800</ether-type>
    </ethernet-match>
    <ip-match>
      <ip-proto>6</ip-proto>
      <ip-dscp>2</ip-dscp>
      <ip-ecn>2</ip-dscp>
    </ip-match>
  </match>
  ...
</flow>
```

Für IPv4 gibt es nur zwei Felder, die ohne Match-Klammerung verwendet werden: Die Quell- und die Ziel-Adresse. Die Felder heißen „ipv4-source" und „ipv4-destination". Als Argument akzeptieren sie entweder eine einzelne Adresse oder ein Netz in der Form 1.2.3.0/24. Der „ether-type" muss für einen solchen Flow auf dem Wert für IPv4 0x800 stehen. Wichtig ist auch, dass auch bei einer einzelnen Adresse die CIDR-Adresse verwendet werden muss, also „1.2.3.4/32" statt nur „1.2.3.4".

IPv6-Adressen stehen in den Feldern „ipv6-source" und „ipv6-destination". Die Adresse muss mit einer Maske angegeben werden. Soll auf eine Adresse gefiltert werden, ist das Argument also in der Form „2001:db8::1/128". Ist ein Netz der Filter, wird die gebräuchliche Schreibweise „2001:db8::/64" verwendet. Bei IPv6 gibt es mehr Felder, neben „ipv6-source" und „ipv6-destination" gibt es noch folgende Felder:

ipv6-nd-target Bei IPv6 kommt die Neighbor Discovery statt ARP zum Finden der Ethernet-Adresse zu einer IPv6-Adresse zum Einsat. Ähnlich wie bei den ARP-Matches (später in diesem Abschnitt) kann hier der Filter auf die IPv6-Adresse gesetzt werden, die der Sender des Paketes sucht. Dabei ist dies eine Adresse ohne Netzmaske.

ipv6-label Dieser Eintrag ist ein Container, enthält also Untereinträge. Diese heißen „ipv6-flabel" und „flabel-mask". Der erste beschreibt wie bei einer Adresse das Label, der zweite eine Bitmaske, die mit dem zu prüfenden Wert UND verknüpft und dann mit dem „ipv6-flabel"-Wert als Maske verglichen wird.

ipv6-nd-sll Die LinkLayer-Quell-Adresse einer Neighbor-Discovery Nachricht. Der Wert ist eine MAC-Adresse.

ipv6-nd-tll Die LinkLayer-Ziel-Adresse einer Neighbor-Discovery Nachricht. Der Wert ist eine MAC-Adresse.

Hier ein Beispiel-Flow:

```
<flow>
  ...
  <match>
    <ethernet-match>
      <ethernet-type>0x86dd</ether-type>
    </ethernet-match>
    <ipv6-match>
      <ipv6-source>aabb:ccdd:eeff::/64</ipv6-source>
      <ipv6-destination>eeff:ccdd:aabb::/64</ipv6-destination>
      <ipv6-nd-target>1111:2222:3333::1</ipv6-nd-target>
      <ipv6-label>
        <ipv6-flabel>32</ipv6-flabel>
      <ipv6-label>
      <ipv6-nd-sll><address>aa:bb:cc:dd:ee:ff</address></ipv6-nd-sll>
      <ipv6-nd-tll><address>11:22:33:44:55:66</address></ipv6-nd-tll>
    </ipv6-match>
  </match>
  ...
</flow>
```

Für UDP gibt es die Felder „udp-source-port“ und „udp-destination-port“. Für die Protokolle TCP und SCTP ist dies analog aufgebaut. Bei TCP gibt es zusätzlich noch das Feld „tcp-flag“, welches eine Zahl ist[3] und die Bitmaske der Flags im TCP-Header enthält. ICMP und ICMPv6 haben statt Quell- und Zielport Code und Typ. Entsprechend heißen die Felder für IPv4 und IPv6 „icmpv4-code“, „icmpv4-type“, „icmpv6-code“ und „icmpv6-type“.

Damit der Flow gültig ist und keine Fehlermeldung produziert, muss die Definition einen „ip-match“-Eintrag mit dem passenden „ip-proto“-Feld besitzen.

Die Filter für einen Flow der TCP-Pakete mit gesetztem SYN-Flag auf Port 80 sehen folgendermaßen aus:

```
<flow>
  ...
  <match>
    <ethernet-match>
      <ethernet-type>
        <type>0x0800</type>
      </ethernet-type>
    </ethernet-match>
    <ip-match>
      <ip-protocol>6</ip-protocol>
    </ip-match>
    <tcp-destination-port>80</tcp-destination-port>
    <tcp-flag>2</tcp-flag>
  </match>
</flow>
```

So wie es im IPv6 Kontext Filter für die IPv6 Neighbor Discovery gibt, so gibt es auch Filter für das IPv4 Gegenstück ARP. Unter „arp-match“ gibt es die folgenden Einträge:

arp-op Eine Zahl die angibt, worum es in dem Paket geht, ARP Anfragen (wer hat die IP 1.2.3.4) 1 steht dabei für die Anfrage und 2 für die Antwort.

arp-source-transport-address Die Quell-IPv4-Adresse im Paket.

arp-destination-transport-address Die Ziel-IPv4-Adresse im Paket.

arp-source-hardware-address Die Quell-MAC-Adresse im Paket.

arp-destinatio-hardware-address Die Ziel-MAC-Adresse im Paket

Es folgt ein Beispiel Filter, der eine ARP-Antwort von der IP-Adresse 10.1.1.1 an die 10.1.1.2 mit den MAC-Adressen 00:00:00:00:00:01 und 00:00:00:00:00:02 enthält.

Die letzten zwei Matches beschäftigen sich mit den VLAN- und MPLS-Eigenschaften der Pakete. Unter „vlan-match“ findet sich ein Container „vlan-id“, der zwei Felder enthalten kann. „vlan-id-present“ ist ein boolescher Wert, der auf wahr steht, wenn

3 Und nur bei OpenFlow in Versionen ab 1.5 zum Einsatz kommt.

eine ID im Paket gesetzt ist. „vlan-id“ enthält die ID, eine Zahl zwischen 0 und 4095. Der zweite mögliche Wert auf der ersten Ebene ist „vlan-pcp“. Dieses Feld bezeichnet den Priority Code Point, einen Wert aus dem 802.1p-Standard für Priorisierung von Ethernetpaketen. Es ist ein 3-Bit-Wert, dementsprechend kann hier ein Wert zwischen 0 und 7 stehen.

```
<flow>
  ...
  <match>
    <ethernet-match>
      <ethernet-type>0x0806</ether-type>
    </ethernet-match>
    <arp-match>
      <arp-op>2</arp-op>
      <arp-source-transport-address>10.1.1.1/32</arp-source-transport-address>
      <arp-destination-transport-address>10.1.1.2/32</arp-destination-transport-address>
      <arp-source-hardware-address><address>00:00:00:00:00:01</address></arp-source-hardware-address>
      <arp-destination-hardware-address><address>00:00:00:00:00:02</address></arp-destination-hardware-address>
    </arp-match>
  </match>
  ...
</flow>
```

Filter auf MPLS erwartet OpenDaylight unter „protocol-match“. Die folgenden Filter stehen für MPLS zur Verfügung:

mpls-label Der Wert des äußersten MPLS-Labels.

mpls-tc Der Wert des Traffic Class-Feldes. Dieser Wert ist wie „vlan-pcp“ für die Priorisierung der Pakete zuständig und auch ein 3-Bit-Feld mit Werten zwischen 0 und 7.

mpls-bos Das „Bottom-Of-Stack“-Bit. Ist es in einem MPLS-Label gesetzt, so zeigt dies an, dass dies das letzte Label im Paket ist.

pbb Kommt das sogenannte Provider Backbone Bridging zum Einsatz, so werden dort Dienste definiert, die mit dem „Service Instance Identifier“ gekennzeichnet sind. Im pbb Block, der ein Container ist, gibt es ein Feld „pbb-isid“, um diesen Identifier einzugeben (eine 32-Bit-Zahl) und „pbb-mask“, um eine UND-Maskierung für den Filter anzuwenden.

Im Folgenden finden sich zwei Flowblöcke, einer für VLAN-Pakete und einer für MPLS-Pakete. Da in beiden der jeweilige Ethernet-Type gesetzt sein muss (0x8100 für VLAN und 0x8847 für MPLS), kann dies **nicht** in einem Filter angewandt werden. Sollen mit OpenFlow Pakete in etwa VLAN 5 gefiltert werden, die den Ethernettyp MPLS enthalten, so ist dies in OpenFlow etwas komplizierter. Im ersten Schritt muss ein

Filter Pakete mit VLAN-ID 5 mit einer Aktion verbinden, die den VLAN-Tag entfernt und dann das Paket nochmals in die OpenFlow-Engine steckt. Dort kann dann (am besten in einer eigenen Tabelle) auf den entsprechenden MPLS-Label gefiltert werden.

```
<flow>
  ...
  <match>
    <ethernet-match>
      <ethernet-type>0x8100</ether-type>
    </ethernet-match>
    <vlan-match>
      <vlan-id>5</vlan-id>
    </vlan-match>
  </match>
  ...
</flow>

<flow>
  ...
  <match>
    <ethernet-match>
      <ethernet-type>0x8847</ether-type>
    </ethernet-match>
    <protocol-match-fields>
      <mpls-label>567</mpls-label>
      <mpls-tc>3</mpls-tc>
      <mpls-bos>1</mpls-bos>
    </protocol-match-fields>
  </match>
  ...
</flow>
```

Einige der Filter sind erst in neueren Versionen von OpenFlow vorhanden. „tcp-flag“ ist ein Beispiel dafür, welches erst in der OpenFlow-Spezifikation Version 1.5 definiert ist. Dies führt dann teils zu inkonsistentem Verhalten. Open vSwitch unterstützt die Protokollversion 1.5, die aber OpenDaylight nicht unterstützt. Trotzdem akzeptiert des Restconf API aber einen Flow, der dieses enthält, er wird aber nicht übernommen, da Open vSwitch bei Protokollversion 1.3 den Flow zurückweist.

5.3.1.3 Instruktionen und Aktionen

Nur zu Filtern, würde allenfalls zu Statistiken führen, daher hängen auch Instruktionen am Flow. Im Sprachgebrauch sowohl des OpenFlow-Standards, als auch der Struktur in der Abbildung in OpenDaylight gibt es den Begriff der Instruktion. In der logischen Folge heißt der umschließende Tag „instructions“ und in diesen sind die Unterpunkte jeweils in ein „instruction“ geklammert. Damit die Instruktionen eine eindeutige Reihenfolge der Ausführung haben, gibt es innerhalb jeder Instruktion ein Feld „order“ mit einer Zahl, das die Reihenfolge bestimmt.

Die folgenden Instruktionstypen (und Tags) gibt es:

apply-actions Der wohl gebräuchlichste Instruktionstyp. In diesem Tag kann eine geordnete Liste von Aktionen, die sich entweder auf den (oder die) Ausgangsports beziehen, oder aber die Manipulationen in den Headern der Pakete erlauben, stehen. Diese Aktionen werden sofort ausgeführt.

clear-actions OpenFlow erlaubt das Sammeln von Aktionen in einem sogenannten „Action Set“. Dieses ist sinnvoll, wenn mit mehreren Tabellen und der Goto-Aktion gearbeitet wird. Mit der „clear-actions“-Instruktion wird das aktuell gesammelte Set gelöscht.

write-actions Dieser Block enthält einen Satz an Aktionen (wie apply-actions). Dieser wird in das aktuelle Action Set geschrieben. Bei gleichen Aktionen werden die bestehenden überschrieben. Werden Felder überschrieben (z.B. die Ziel-IP-Adresse), so wird der neue Wert in das Action Set geschrieben. Diese Liste ist im Gegensatz zu der Liste bei apply Actionns aber nicht geordnet, sondern folgt einer festen Reihenfolge, die in Abschnitt 2.1.4.4 beschrieben ist.

write-metadata Der angegebene Wert wird in das Metadaten-Feld geschrieben. Es kann eine Maske angegeben werden. In diesem Fall berechnet sich der neue Wert des Feldes als: neuedaten=altedaten& m̂aske | wert & maske. Dabei bezeichnet das kaufmännische „Und“ das logische, das Pipe-Symbol das logische „Oder“ und das Dach das logische „Nicht“.

stat-thresholds Wird ein Grenzwert überschritten, geht eine Nachricht an den Controller.

goto-table Die Flowverarbeitung springt in die angegebene Tabelle. Das Flow Set wird dabei mitgenommen.

Die am häufigsten verwendete Instruktion ist „apply-actions“. Die Aktionen haben auch eine Reihenfolge, die mit dem „order“-Feld angegeben wird. Dann folgt der Aktionstyp. In OpenFlow 1.3 ist dies entweder eine „output-action“ um das Paket auf einem oder mehreren Ports auszugeben, oder eine „set-field“-Aktion, um ein Feld im Paket, z.B. die IP-Adresse zu manipulieren. Vor OpenFlow 1.3 gab es jedoch statt „set-field“ lauter einzelne Aktionen für die möglichen Manipulationen. In der dem Buch zugrunde liegenden Version von OpenDaylight, muss der Entwickler auch wissen, ob das angeschlossene Gerät OpenFlow 1.3 oder eine niedrigere Version verwendet. Dementsprechend muss mit „set-field“ oder der jeweiligen Aktion gearbeitet, da OpenDaylight dies nicht automatisch umsetzt.

Die einfachste Aktion ist die Ausgabe eines Paketes auf einem Port. Passend dazu heißt der Tag dazu „output-action“. Innerhalb wird im Feld „output-node-connector“ die OpenFlow-ID des Ports angegeben. Optional kann mit dem Feld „max-length“ angegeben werden, wie viele Bytes des Paketes weiterleiten soll. Damit kann die Menge der Daten, die vom Switch zum Controller geschickt wird, beschränkt werden. Soll das Paket auf mehreren Ports ausgegeben werden, so benötigt OpenDaylight eine Aktion pro Port. Außer einem Index sind als Argument aber auch spezielle Schlüsselwörter möglich, wie sie im OpenFlow-Standard definiert sind. „ALL“ schickt das Paket auf alle Ports außer dem Eingangsport und Ports, die auf „no forwarding“ stehen. „CONTROLLER“ schickt das Paket an OpenDaylight. „INPORT“ schickt das Paket wieder auf den Port zurück, auf dem es hereinkam. „LOCAL“ gibt das Paket auf dem lokalen Port des Switches aus. Bei Open vSwitch ist dies etwa der Port, der den Namen des Switches trägt. „NORMAL“ lässt den Switch so switchen wie es ein „normaler“ Switch tut. „FLOOD“ verwendet den Standardmechanismus des Switches zum Fluten auf alle Ports, damit der Switch eine Chance bekommt, die MAC-Adressen zu lernen.

Eine einfache Aktion, die ein Paket auf Port 1 ausgibt, sieht wie folgt aus:

```
<flow>
  ...
  <instructions>
    <instruction>
      <order>0</order>
      <apply-actions>
        <action>
          <order>0</order>
          <output-action>
            <output-node-connector>1</output-node-connector>
          </output-action>
        </action>
      </apply-actions>
    </instruction>
  </instructions>
</flow>
```

Die Ausgabeaktion muss auch nicht die letze sein, so ist es möglich, das Orignalpaket auf einem Port auszugeben und auf einem zweiten Port eine Kopie des Paketes zu versenden.

Die Manipulation der Pakete geschah bei den älteren OpenFlow-Versionen mit eigenen Aktionen. Seit OpenFlow 1.3 heißt die Aktion „set-field“ und in diese ist dann der Name des Wertes mit einem eigenen Tag geschachtelt. Für die möglichen Manipulationen, die in beiden Versionen existieren, werden beide Varianten vorgestellt.

Mit „set-dl-src“ und „set-dl-dst“ schreibt der Switch die Quell- bzw. die Ziel-MAC-Adresse um. Die „set-field“-Syntax verwendet die Syntax der Filter wieder. Der Folgende Flow zeigt eine Aktion, die in der alten Syntax die MAC-Adressen setzt und in der Aktion mit Nummer 2 die gleichen Adressen in der neuen Syntax.

```
<flow>
  ...
  <instructions>
    <instruction>
      <order>0</order>
      <apply-actions>
        <action>
          <order>1</order>
          <set-dl-src-action>
            <address>00:11:22:33:44:55</address>
          </set-dl-src-action>
        </action>
        <action>
          <order>2</order>
          <set-dl-dst-action>
            <address>AA:BB:CC:DD:EE:FF</address>
          </set-dl-dst-action>
        </action>
        <action>
          <order>3</order>
          <set-field>
            <ethernet-match>
              <ethernet-source>
                <address>00:11:22:33:44:55</address>
              </ethernet-source>
            </ethernet-match>
          </set-field>
        </action>
        <action>
          <order>4</order>
          <set-field>
            <ethernet-match>
              <ethernet-destination>
                <address>AA:BB:CC:DD:EE:FF</address>
              </ethernet-destination>
            </ethernet-match>
          </set-field>
        </action>
      </apply-actions>
    </instruction>
  </instructions>
</flow>
```

Die Manipulation von VLAN-Eigenschaften ist (wie MPLS) etwas komplizierter, da es einen Unterschied macht, ob in einem Paket, welches einen VLAN-Header beinhaltet, die Werte dieses Headers manipuliert werden, oder ob der Header erst hinzugefügt oder entfernt wird. Die Aktion zum Hinzufügen heißt „push-vlan“ und enthält ein Unterfeld „ethernet-type“, welches den Wert 0x8100 enthalten muss. Danach können die Parameter des VLANs über die Set-Aktionen definiert werden. Mit „set-vlan-id-action“

erhält das Paket die VLAN-ID, „set-vlan-pcp-action" setzt die Priorität und „set-vlan-cfi-action" das Drop Eligible Bit[4].

Kommt „set-field" zum Einsatz, so heißen die Unterfelder für die VLAN-ID („vlan-id"), die Priorität („pcp") und das „Drop Eligible" Bit („cfi"). Das VLAN-ID-Feld ist noch weiter unterteilt in die eigentliche ID und ein Bit, ob eine VLAN-ID überhaupt vorhanden ist. Der entsprechende Flow sieht in XML folgendermaßen aus (zuerst die alte, dann die neue Variante, der Block der set-field verwendet, ist neu):

```
<flow>
  ...
  <instructions>
    <instruction>
      <order>0</order>
      <apply-actions>
      <action>
        <order>0</order>
        <push-vlan-action>
          <ethernet-type>0x8100</ethernet-type>
        </push-vlan-action>
      </action>
      <action>
        <order>1</order>
        <set-vlan-id-action>
          <vlan-id>544</vlan-id>
        </set-vlan-id-action>
      </action>
      <action>
        <order>2</order>
        <push-vlan-action>
          <ethernet-type>0x8100</ethernet-type>
        </push-vlan-action>
      </action>
      <action>
        <order>3</order>
        <set-field>
          <vlan-match>
          <vlan-id>
            <vlan-id>1000</vlan-id>
            <vlan-id-present>true</vlan-id-present>
          </vlan-id>
        </vlan-match>
      </set-field>
      </action>
      </apply-actions>
    </instruction>
  </instructions>
</flow>
```

4 Dieses Bit zeigt an ob das Paket im Rahmen einer QoS-Aktion verworfen werden darf.

Die Manipulation von Feldern im IP-Header bietet auch wieder beide Varianten. Die IP-Adressen können genauso geändert werden, wie das TOS-Feld oder die TTL des Paketes. Die Aktionen für die Adressen heißen „set-nw-src-action“ und „set-nw-dst-action“. Sie müssen ein Feld „ipv4-address“ enthalten, in dem die Adresse in der Form 1.2.3.4/32 angeben werden muss. Die Aktionen für TOS und TTL heißen „set-nw-tos-action“ beziehungsweise „set-nw-ttl-action“. Bei der „set-field“-Syntax muss wieder der vollständige Match nachgebildet werden. Das folgende Listing zeigt die Aktionen wieder in beiden Varianten um Quell- und Ziel-Adressen sowie TOS und TTL umzuschreiben. Soll die TTL um einen Zähler verringert werden, so heißt die Aktion dazu „dec-nw-ttl“. Diese Aktion benötigt keine Argumente.

```
<flow>
  ...
  <instructions>
    <instruction>
      <order>0</order>
      <apply-actions>
        <action>
          <order>0</order>
          <set-nw-src-action>
            <ipv4-address>1.2.3.4/32</ipv4-address>
          </set-nw-src-action>
        </action>
        <action>
          <order>1</order>
          <set-nw-dst-action>
            <ipv4-address>4.3.2.1/32</ipv4-address>
          </set-nw-dst-action>
        </action>
        <action>
          <order>2</order>
          <set-nw-tos-action>
            <tos>0</tos>
          </set-nw-tos-action>
        </action>
        <action>
          <order>3</order>
          <set-nw-ttl-action>
            <nw-ttl>50</nw-ttl>
          </set-nw-ttl-action>
        </action>
        <action>
          <order>4</order>
          <set-field>
            <ipv4-destination>4.3.2.1/32</ipv4-destination>
          </set-field>
        </action>
```

```
        <action>
          <order>5</order>
          <set-field>
            <ipv4-source>1.2.3.4/32</ipv4-source>
          </set-field>
        </action>
        <action>
          <order>6</order>
          <set-field>
            <ip-match>
              <ip-dscp>0</ip-dscp>
            </ip-match>
          </set-field>
        </action>
      </apply-actions>
    </instruction>
  </instructions>
</flow>
```

Was der Admin beim Umschreiben von IP-Adressen beachten sollte, ist die Eigenschaft, dass im selben Netzwerk auch die MAC-Adresse passen muss. Steckt der umschreibende Switch zwischen zwei Routern oder wird das Paket über einen Router geschickt, macht das nichts, da der sendende Rechner nach der MAC-Adresse des Routers fragt. Sendet aber der Host 10.1.1.1 an die 10.1.1.2, so findet zunächst die ARP-Anfrage zur MAC-Adresse für 10.1.1.2 statt. Soll aber die 10.1.1.2 umgeschrieben werden, so muss sichergestellt sein, dass der sendende Host eine Antwort für die ARP-Anfrage nach der 10.1.1.2 erhält, da sonst der IP-Stack gar nicht mit dem Senden anfängt. Dies kann z.B. durch Proxy ARP-Einträge erreicht werden. Wird dabei eine falsche MAC-Adresse zurückgeliefert, so muss auch diese über eine Action umgeschrieben werden. Schließlich gibt es auch noch den Weg zurück. Schreibt der Flow die IP 10.1.1.2 zur 10.1.1.3 um und das Antwortpaket erreicht den Sender mit der Quell-IP 10.1.1.3, so wird es verworfen, da dies nicht zur lokalen State-Tabelle des Senders passt.

Die gleiche Problematik ergibt sich auch bei IPv6-Adressen nur, dass hier die IPv6 Neighbor Discovery statt ARP zum Einsatz kommt. Beim Umschreiben des Zielports muss es für die Pakete in der Rückrichtung einen Flow geben, der den Quellport auf den ursprünglichen zurücksetzt. Bei UDP kann es Anwendungen geben, die etwas vergebender sind, aber in der Regel sollte dies in allen Richtungen zusammenpassen.

Das Umschreiben von IPv6-Adressen geschieht analog zur Syntax bei IPv4. Im Beispiel oben genügt es, „ipv4" durch „ipv6" zu ersetzen, die entsprechenden Adressen einzusetzen **und** den Ethertype im Match Teil auf 0x86dd zu setzen.

Für das Umschreiben der Ports dienen in alter Syntax „set-tp-dst-action" für den Zielport und „set-tp-src-action" für den Quellport. Beide akzeptieren einen Port, der in „port" als Argument geklammert ist. Damit der Flow logisch konsistent ist und aktzeptiert wird, muss der Filter für den Ethertype auf IPv4 oder IPv6 stehen und der Filter für das IP-Protokoll auf UDP, TCP oder SCTP. Ein Flow, der UDP-Port 1000 zu 1001 (1002 in der „set-field“ Syntax) umschreibt, sieht inklusive der Filter wie folgt aus:

```
<flow xmlns="urn:opendaylight:flow:inventory">
  <match>
    <ethernet-match>
      <ethernet-type>
        <type>0x0800</type>
      </ethernet-type>
    </ethernet-match>
    <ip-match>
      <ip-protocol>17</ip-protocol>
    </ip-match>
    <udp-destination-port>1000</udp-destination-port>
  </match>
  <instructions>
    <instruction>
      <order>0</order>
      <apply-actions>
        <action>
          <order>0</order>
          <set-tp-dst-action>
            <port>1001</port>
          </set-tp-dst-action>
        </action>
        <action>
          <order>1</order>
          <set-field>
            <udp-destination-port>1002</udp-destination-port>
          </set-field>
        </action>
      </apply-actions>
    </instruction>
  </instructions>
  <id>10</id>
  <table_id>11</table_id>
</flow>
```

Der letzte Bereich, in dem die Pakete manipuliert werden können, betrifft MPLS. Ähnlich wie bei VLANs gibt es hier zum einen eine „push_mpls_action“ und eine „pop_mpls_action“-Aktion, um einfache Pakete mit einem MPLS-Label zu versehen, bzw. Pakete mit MPLS-Label davon zu befreien und in die normale Verarbeitung zu übernehmen. „push_mpls_action“ erwartet ein Feld „ethernet_type“, welches entweder den Wert 0x8847 für Unicast MPLS-Pakete oder 0x8848 für MPLS-Multicast-Pakete enthalten muss. Bei „pop_mpls“ ist es umgekehrt genauso notwendig, den neuen Ethernet-Typ zu setzen, da dieser bei einem eingepackten Layer 3-Paket ja nicht gesetzt ist, und stimmen muss, damit ein IP-Paket als solches im Netz erkannt wird. Da MPLS das Label-Stacking erlaubt, sollte der Admin vorher in den Details der Implementierung von OpenFlow auf dem Switch prüfen, wie weit das geht. Open vSwitch erlaubt bei der „pop_mpls_action" nur das Setzen eines Ethernet-Typs der nicht MPLS ist. Das heißt, bei Paketen mit mehreren MPLS-Labels kann das oberste nicht weggenommen werden, da der Ethertype des resultierenden Paketes ja immer noch MPLS sein müsste.

Wie bei VLANs besitzen auch MPLS-Pakete ein Label (welches allerdings aus einem 20 Bit breiten Wertebereich gewählt werden kann) und eine QoS-Priorität. Außerdem besitzt MPLS einen eigenen TTL-Zähler. Es gibt nur für das Setzen der TTL eine Aktion in alter Syntax, die „set_mpls_ttl_action" heißt. Wie bei IP gibt es auch eine „dec_mpls_ttl_action" um den Zähler um eins herunterzuzählen. Die Traffic Class ist nur über eine „set-field" Aktion manipulierbar. Ein Flow, der alle ICMP-Pakete von Port 3 mit einem MPLS-Label mit dem Wert 1000 versieht, die Traffic Class auf 1 und die TTL auf 55 setzt, sieht unter der Verwendung der „set-field"-Syntax folgendermaßen aus:

```
<flow xmlns="urn:opendaylight:flow:inventory">
  <id>123</id>
  <table_id>0</table_id>
  <match>
    <ip-match>
      <ip-protocol>1</ip-protocol>
    </ip-match>
    <in-port>4</in-port>
    <ethernet-match>
      <ethernet-type>
        <type>0x800</type>
      </ethernet-type>
    </ethernet-match>
  </match>
  <instructions>
    <instruction>
      <order>0</order>
      <apply-actions>
        <action>
          <order>0</order>
          <push-mpls-action>
            <ethernet-type>0x8848</ethernet-type>
          </push-mpls-action>
        </action>
        <action>
          <order>1</order>
          <set-field>
            <protocol-match-fields>
              <mpls-label>1000</mpls-label>
            </protocol-match-fields>
          </set-field>
        </action>
```

```
        <action>
          <order>2</order>
          <set-mpls-ttl-action>
            <mpls-ttl>55</mpls-ttl>
          </set-mpls-ttl-action>
        </action>
        <action>
          <order>3</order>
          <set-field>
            <protocol-match-fields>
              <mpls-tc>1</mpls-tc>
            </protocol-match-fields>
          </set-field>
        </action>
        <action>
          <order>4</order>
          <output-action>
            <output-node-connector>5</output-node-connector>
          </output-action>
        </action>
      </apply-actions>
    </instruction>
  </instructions>
</flow>
```

Das Entfernen eines MPLS-Tags setzt einen der beiden MPLS-Ethertypes voraus. Der „action“ Block für das Entfernen des MPLS-Lables und das Setzen des Ethertypes IP ist hier gezeigt:

```
...
<action>
  <order>0</order>
  <pop-mpls-action>
    <ethernet-type>0x0800</ethernet-type>
  </pop-mpls-action>
</action>
```

Wenn mehrere Tabellen zum Einsatz kommen, muss die Verarbeitung eines Paketes mit den Regeln der Tabelle durch einen Flow gesteuert werden. Der Sprung in eine andere Tabelle passiert laut OpenFlow-Standard durch eine Instruktion nicht durch eine Aktion.

Den Sprung in Tabelle 50 für ICMP-Pakete realisiert dieser Flow:

```
<flow xmlns="urn:opendaylight:flow:inventory">
  <id>123</id>
  <table_id>0</table_id>
  <strict>false</strict>
```

```
    <match>
      <ip-match>
        <ip-protocol>1</ip-protocol>
      </ip-match>
      <in-port>4</in-port>
      <ethernet-match>
        <ethernet-type>
          <type>0x800</type>
        </ethernet-type>
      </ethernet-match>
    </match>
    <instructions>
      <instruction>
        <order>0</order>
        <go-to-table>
          <table_id>50</table_id>
        </go-to-table>
      </instruction>
    </instructions>
  </flow>
```

5.3.1.4 Gruppen

Gruppen sind eine Zusammenfassung von Aktionen (vergleichbar eine Unterroutine in einer Programmiersprache). Sollen die Aktionen einer Gruppe ausgeführt werden, so wird in einer Aktion eine „group-action“ ausgeführt. Das Argument ist entweder eine numerische ID im Feld „group-id“ oder ein Name im Feld „group“.

Die Verwaltung von Gruppen unterhalb eines Switches liegt wie die Flow Tabellen unterhalb des Nodes im Ordner „group“. Dementsprechend wird eine Gruppe unter der URL http://ODLSERVER:8181/restconf/config/opendaylight-inventory:nodes/node/*nodeid*/group/*groupid* verwaltet. Eine Gruppe besteht aus Buckets. Ein Bucket wiederum ist ein Block, wie er in „write-actions“ in einem Flow steht. Die Aktionen welches Buckets der Switch ausführt, hängt vom Typ der Gruppe ab (siehe Abschnitt 2.1.4.6 auf S. 40 für eine Beschreibung der Typen). Der Typ ist im Feld „group-type“ codiert. Jeder Bucket benötigt eine ID, die die Definition im Feld „bucket-id“ enthält. Für Gruppen vom Typ Select gibt es auch ein Feld „weight“, welches Einfluss auf die Wahl des Buckets nimmt. Bei einigen Gruppentypen (z.B. Fast Failover) ist es sinnvoll, den Zustand der Output-Ports zu überwachen, damit keine Pakete auf inaktiven Ports hinausgeschickt werden. Da mehrere Buckets zur Auswahl stehen können, wird für jeden Bucket die „liveliness“ bestimmt. Dazu kann einem Bucket der Parameter „watch_port“ mitgegeben werden, welcher eine Port-ID als Argument bekommt. Alternativ gibt es auch den Parameter „watch_group“, um eine andere Gruppe zur Bestimmung zu verwenden. In diesem Fall wird die ID der Gruppe als Argument übergeben.

Der folgende Flow zeigt das Anlegen einer Gruppe vom Typ Select.

```
<group xmlns="urn:opendaylight:flow:inventory">
  <group-type>group-select</group-type>
  <buckets>
    <bucket>
      <weight>1</weight>
      <action>
        <output-action>
          <output-node-connector>1</output-node-connector>
        </output-action>
        <order>1</order>
      </action>
      <bucket-id>1</bucket-id>
    </bucket>
    <bucket>
      <weight>1</weight>
      <action>
        <output-action>
          <output-node-connector>2</output-node-connector>
        </output-action>
        <order>1</order>
      </action>
      <bucket-id>2</bucket-id>
    </bucket>
  </buckets>
  <group-name>LBGroup</group-name>
  <group-id>2</group-id>
</group>
```

5.3.1.5 Meters

Meters in OpenFlow dienen zur Bandbreitensteuerung. Meters bestehen aus Bändern, die eine Bandbreitenbeschreibung mit einer Rate in Bits pro Sekunde oder Paketen pro Sekunde enthalten. Dazu gehört dann noch eine Aktion. Damit die Bandbreitenbeschränkung auch angewendet wird, muss ein Flow die Goto-Meter **Instruktion** verwenden.

In OpenDaylight gibt es für das Anlegen eines Meters eine eigene Tabelle unterhalb eines Nodes. Die URL zum Anlegen eines Meters ist: http://ODLSERVER:8181/restconf/config/opendaylight-inventory:nodes/node/openflow:1/meter/1

Wie bei den Flows beschreibt die letzte Komponente in der URL die ID des Flows, die wiederum zur Definition in der XML-Datei passen muss.

Der XML-Block einer Meter-Definition die per PUT-Request an die genannte URL gesendet werden kann sieht folgendermaßen aus:

Listing 5.5: Meter Definitionin XML.

```xml
<meter xmlns="urn:opendaylight:flow:inventory">
    <meter-id>1</meter-id>
    <container-name>MeterOne</container-name>
    <meter-name>MeterOne</meter-name>
    <flags>meter-kbps</flags>
    <meter-band-headers>
        <meter-band-header>
            <band-id>0</band-id>
            <band-rate>20000</band-rate>
            <meter-band-types>
                <flags>ofpmbt-drop</flags>
            </meter-band-types>
            <band-burst-size>0</band-burst-size>
            <drop-rate>20000</drop-rate>
            <drop-burst-size>0</drop-burst-size>
        </meter-band-header>
    </meter-band-headers>
</meter>
```

Um dies in einem Flow zu verwenden, müsste dieser wie in Listing 5.6 formuliert sein.

Listing 5.6: Flow der auf ein Meter verweist.

```xml
<?xml version="1.0" encoding="UTF-8" standalone="no"?>
<flow xmlns="urn:opendaylight:flow:inventory">
  <priority>5</priority>
    <flow-name>FlowMitMeter</flow-name>
     <match>
        <ethernet-match>
          <ethernet-destination>
                <address>00:aa:bb:cc:dd:ee</address>
          </ethernet-destination>
        </ethernet-match>
     </match>
    <id>1</id>
    <table_id>0</table_id>
    <instructions>
       <instruction>
         <order>0</order>
            <meter>
                <meter-id>1</meter-id>
            </meter>
        </instruction>
        <instruction>
            <order>1</order>
            <apply-actions>
```

```
                <action>
                    <order>0</order>
                    <output-action>
                        <output-node-connector>NORMAL</output-node-connector>
                        <max-length>60</max-length>
                    </output-action>
                </action>
            </apply-actions>
        </instruction>
    </instructions>
</flow>
```

Diese Flowdefinition lässt alle Pakete der angegebenen MAC-Adresse die Regeln des vorher definierten Meters durchlaufen. Bestehen sie, lässt der Switch sie als „normal“ weiterleiten.

Die Anwendung von Meters ist nicht auf vielen Switchen unterstützt. Vor allem Open vSwitch tut dies zwar logisch aber eben nicht im Datenpfad, damit wird ein Meter nie aktiv. Auch im OpenFlow-Handshake steht als Menge der unterstützen Meters 0.

Eine Alternative, die dies in Software unterstützt, ist der ofsoftswitch von CPqD, der unter der Github URL https://github.com/CPqD/ofsoftswitch13 verfügbar ist. Kommerzielle Switche, die OpenFlow als Hauptprotokoll verwenden, können dies zum Teil, sind aber für das Heimlabor etwas zu teuer.

5.3.2 BGP- und BGP-FlowSpec steuern

Damit OpenDaylight BGP spricht, muss der Admin das zugehörige Paket installieren. Das OpenDaylight-Paket/Feature heißt odl-bgpcep-bgp-all. Das Paket besitzt eine Konfigurationsdatei, welche die eigenen BGP-Parameter sowie die BGP-Gegenstellen enthält. Statt die Informationen in die Datei einzutragen, läßt OpenDaylight (bzw. das Paket) auch die Konfiguration über das REST-API zu.

Das OpenDaylight BGP-Paket unterteilt sich in mehrere Abstraktionsschichten:

- Einen BGP-Server, der BGP-Verbindungen von anderen entgegennimmt
- Eine Routing-Datenbank, die die über BGP zu verteilenden und gelernten Informationen enthält. Dabei kann es pro Partner eine Datenbank geben. So kann OpenDaylight die Informationen individuell zuordnen.
- Eine „App“ Pro Partner, die für das Schreiben auf den Peer zuständig ist.
- Die Definition der Partner (im BGP-Sprachgebrauch Peers) mit denen BGP-Informationen ausgetauscht werden.

Pro BGP-Peer kann der Administrator dabei eine Routing-Information Base (RIB) und eine App konfigurieren. Die Konfiguration per Datei erfolgt im XML-Format. Nach der Installation legt das Paket im Installationsverzeichnis von OpenDaylight im Unterordner etc/opendaylight/karaf die Datei 41-bgp-example.xml an. Diese muss nicht diesen Namen behalten, bietet aber eine gute Basis für die Konfiguration. Innerhalb der XML-Datei befindet sich ein Block der mit dem XML-Tag <configuration> eingeklammert ist. In diesem Block finden sich einzelne Blöcke, die mit dem Tag <module> eingeklammert sind. Für jede der Abstraktionsstufen findet sich jeweils ein solcher Block.

Der Block zur Definition sieht folgendermaßen aus:

Listing 5.7: Modul für die BGP-RIB.

```
<module>
  <type xmlns:prefix="
      urn:opendaylight:params:xml:ns:yang:controller:bgp:rib:impl">
      prefix:rib-impl</type>
  <name>example-bgp-rib</name>
  <rib-id>example-bgp-rib</rib-id>
  <local-as>65001</local-as>
  <bgp-rib-id>172.24.80.33</bgp-rib-id>
  <!-- Wenn die Cluster-ID nicht vorhanden ist, hat sie denselben Wert
  wie die bgp-rib-id -->
  <!-- <cluster-id>192.0.2.3</cluster-id> -->
  <local-table>
    <type xmlns:prefix="
        urn:opendaylight:params:xml:ns:yang:controller:bgp:rib:impl">
        prefix:bgp-table-type</type>
    <name>ipv4-unicast</name>
  </local-table>
  <local-table>
    <type xmlns:prefix="
        urn:opendaylight:params:xml:ns:yang:controller:bgp:rib:impl">
        prefix:bgp-table-type</type>
    <name>ipv6-unicast</name>
  </local-table>
  <local-table>
    <type xmlns:prefix="
        urn:opendaylight:params:xml:ns:yang:controller:bgp:rib:impl">
        prefix:bgp-table-type</type>
    <name>linkstate</name>
  </local-table>
  <local-table>
    <type xmlns:prefix="
        urn:opendaylight:params:xml:ns:yang:controller:bgp:rib:impl">
        prefix:bgp-table-type</type>
    <name>flowspec</name>
  </local-table>
```

```
  <extensions>
    <type xmlns:ribspi="
        urn:opendaylight:params:xml:ns:yang:controller:bgp:rib:spi">
        ribspi:extensions</type>
    <name>global-rib-extensions</name>
  </extensions>
  <bgp-dispatcher>
    <type xmlns:prefix="
        urn:opendaylight:params:xml:ns:yang:controller:bgp:rib:impl">
        prefix:bgp-dispatcher</type>
    <name>global-bgp-dispatcher</name>
  </bgp-dispatcher>
  <data-provider>
    <type xmlns:binding="
        urn:opendaylight:params:xml:ns:yang:controller:md:sal:binding">
        binding:binding-async-data-broker</type>
    <name>pingpong-binding-data-broker</name>
  </data-provider>
  <dom-data-provider>
    <type xmlns:sal="
        urn:opendaylight:params:xml:ns:yang:controller:md:sal:dom">
        sal:dom-async-data-broker</type>
    <name>pingpong-broker</name>
  </dom-data-provider>
  <codec-tree-factory>
    <type xmlns:binding="
        urn:opendaylight:params:xml:ns:yang:controller:md:sal:binding">
        binding:binding-codec-tree-factory</type>
    <name>runtime-mapping-singleton</name>
  </codec-tree-factory>
  <session-reconnect-strategy>
    <type xmlns:prefix="
        urn:opendaylight:params:xml:ns:yang:controller:protocol:framework
        ">prefix:reconnect-strategy-factory</type>
    <name>example-reconnect-strategy-factory</name>
  </session-reconnect-strategy>
  <tcp-reconnect-strategy>
    <type xmlns:prefix="
        urn:opendaylight:params:xml:ns:yang:controller:protocol:framework
        ">prefix:reconnect-strategy-factory</type>
    <name>example-reconnect-strategy-factory</name>
  </tcp-reconnect-strategy>
</module>
```

Die Tags <name> und <rib-id> identifizieren die RIB. Der Eintrag in <rib-id> wird in den anderen Modulen zur Zuordnung verwendet. Der Tag <local-as> beschreibt das autonome System (AS), mit dem sich OpenDaylight bei den Peers, die diese RIB verwenden, selber identifiziert. Zu einer BGP-Verbindung gehört immer, dass jede Seite ihr eigenes AS sendet. Genauso gehört eine IP-Adresse (Router-ID in der BGP-Terminologie) zu einer BGP-Verbindung. Diese ist pro Router eindeutig, hat aber nicht unbedingt etwas mit den Schnittstellen-Adressen des Routers zu tun (häufig wird dafür nur eine intern vergebene Adresse verwendet). In der Definition des Moduls ist die Adresse im Tag <bgp-rib-id>. Werden Route-Reflektoren verwendet, um die Menge der BGP-Verbindungen zu verringern, so wird der Verbund aus dem Route-Reflektor und den mit ihm verbundenen Routern Cluster genannt. Dieser Cluster besitzt auch eine ID, die im BGP-Verbund in den Routen, die über diesen Weg verteilt werden, als Attribut gesetzt wird. Diese kann im Modul gesetzt werden, wird sie das nicht, so verwendet OpenDaylight den Wert der bgp-rib-id.

In den <local-table> Tags sind die Protokollfamilien festgelegt, die in dieser RIB verwaltet werden. Im Beispiel sind dies IPv4, IPv6, Linkstate (für MPLS) und FlowSpec. Schließlich folgen noch interne Definitionen, die der Admin aber nicht anpassen muss.

Der Block für den BGP-Partner sieht wie folgt aus:

Listing 5.8: Modul für den BGP-Peer.

```
<module>
  <type xmlns:prefix="
      urn:opendaylight:params:xml:ns:yang:controller:bgp:rib:impl">
      prefix:bgp-peer</type>
  <name>example-bgp-peer</name>
  <host>10.0.0.99</host>
  <holdtimer>180</holdtimer>
  <peer-role>ibgp</peer-role>
  <rib>
    <type xmlns:prefix="
        urn:opendaylight:params:xml:ns:yang:controller:bgp:rib:cfg">
        prefix:rib</type>
    <name>example-bgp-rib</name>
  </rib>
  <peer-registry>
    <type xmlns:prefix="
        urn:opendaylight:params:xml:ns:yang:controller:bgp:rib:impl">
        prefix:bgp-peer-registry</type>
    <name>global-bgp-peer-registry</name>
  </peer-registry>
  <advertized-table>
    <type xmlns:prefix="
        urn:opendaylight:params:xml:ns:yang:controller:bgp:rib:impl">
        prefix:bgp-table-type</type>
    <name>ipv4-unicast</name>
  </advertized-table>
  <advertized-table>
```

```
20      <type xmlns:prefix="
            urn:opendaylight:params:xml:ns:yang:controller:bgp:rib:impl">
            prefix:bgp-table-type</type>
21      <name>ipv6-unicast</name>
22    </advertized-table>
23    <advertized-table>
24      <type xmlns:prefix="
            urn:opendaylight:params:xml:ns:yang:controller:bgp:rib:impl">
            prefix:bgp-table-type</type>
25      <name>linkstate</name>
26    </advertized-table>
27    <advertized-table>
28      <type xmlns:prefix="
            urn:opendaylight:params:xml:ns:yang:controller:bgp:rib:impl">
            prefix:bgp-table-type</type>
29      <name>flowspec</name>
30    </advertized-table>
31  </module>
```

In Zeile 3 wird dem Peer im Tag <name> ein Name zugeordnet, der zur Darstellung dienen kann, aber willkürlich gewählt werden kann. Unter <host> gibt der Admin den Hostnamen oder die IP-Adresse des Peers an.

Der Eintrag im <holdtimer> Tag ist ein Wert in Sekunden, der in der BGP-Verbindung dem Partner signalisiert, wie lange die Verbindung als funktionierend gilt, wenn keine Pakete (Updates oder Keep Alives) gesendet werden. Für den folgenden Tag <peer-role> gibt es diese möglichen Werte:

ibgp Sind OpenDaylight und der Router im selben AS, so ist dieser Wert zu wählen. Der AS-Wert in der RIB muss dann derselbe sein, wie der in der zugeordneten RIB-Definition.

ebgp Befindet sich die Gegenstelle in einem anderen AS, so ist dies der richtige Wert. In diesem Fall muss das AS der Gegenstelle im Tag <remote-as> angegeben werden.

rrclient Die Gegenstelle ist ein Route-Reflector, sodass die zusätzlichen Attribute, die bei über Reflektoren gelernten Routen enthalten sind, verarbeitet werden können.

Der Standardwert ist ibgp. Wird der Tag weggelassen wird ibgp eingesetzt.

Der Tag <rib> von Zeile 7 bis 10 legt die Zuordnung zur RIB aus dem ersten Listing fest.

Es ist möglich, dass OpenDaylight mehrere getrennte Verwaltungseinheiten (Registries) für die BGP-Tabellen vorhalten kann. Im Tag <peer-registry> wird die Registry im Untertag <name> angegeben.

Die letzten Zeilen im Listing steuern, welche Protokollfamilien an den Partner exportiert werden. Im Beispiel werden alle vier Familien exportiert, die auch in der Beispiel-RIB angegeben sind.

Der dritte notwendige Block ist der bgp-application-peer. Ohne diesen Block kann OpenDaylight zwar die RIB des Peers lesen, aber nicht in sie schreiben. Der Konfigurationsblock dazu ist im folgenden dargestellt:

Listing 5.9: Modul für den BGP-Peer.

```
1  <module>
2   <type xmlns:x="urn:opendaylight:params:xml:ns:yang:controller:bgp:rib:impl">x:bgp-application-peer</type>
3   <name>example-bgp-peer-app</name>
4   <bgp-peer-id>172.24.80.33</bgp-peer-id>
5   <target-rib>
6    <type xmlns:x="urn:opendaylight:params:xml:ns:yang:controller:bgp:rib:impl">x:rib-instance</type>
7    <name>example-bgp-rib</name>
8   </target-rib>
9   <application-rib-id>example-app-rib</application-rib-id>
10  <data-broker>
11   <type xmlns:sal="urn:opendaylight:params:xml:ns:yang:controller:md:sal:dom">sal:dom-async-data-broker</type>
12   <name>pingpong-broker</name>
13  </data-broker>
14 </module>
```

Den Name in Zeile 3 kann der Admin frei wählen, er muss aber eindeutig sein. Die Peer-ID in der nächsten Zeile muss zur ID im BGP-Peer-Modul passen. Die Zeilen 5–8 enthalten die Definition der RIB mit der interagiert werden soll. Diese muss zur Definition aus Listing 5.7 passen. Schließlich wird noch eine application-rib-id definiert, die OpenDaylight zur Identifikation verwendet und die eindeutig sein muss.

Statt diese Konfigurationen in eine Datei einzutragen, kann der Admin auch das RESTCONF API verwenden. Laut der Dokumentation ist die URL für die RIB http://ODLSERVER:8181/restconf/config/network-topology:network-topology/topology/topology-netconf/node/controller-config/yang-ext:mount/config:modules/module/odl-bgp-rib-impl-cfg:rib-impl/example-bgp-rib. Die letzte Komponente der URL ist die RIB-ID die zu der im XML-Block passen muss. Der RIB-Block aus Listing 5.7 wird mittels eines PUT-Requests an diese URL geschickt. Der Unterschied dabei ist, dass bei den Tags der XML-Namespace mittels eines xmlns Attributes enthalten sein muss. Der für dieses Attribut ist:

```
urn:opendaylight:params:xml:ns:yang:controller:bgp:rib:impl.
```

Wie in der Konfigurationsdatei muss der Admin drei Komponenten konfigurieren. Der Peer wird an die gleiche URL geschickt, aber mit der Methode POST statt PUT. Auch hier ist das xmlns-Attribut einzufügen. Das gleiche wie für den Peer gilt auch für den Application-Peer.

Auf die Routing-Tabelle kann der Anwender nun auch über das RESTCON API zugreifen. Unter der URL http://odlserver:8181/restconf/operational/bgp-rib:bgp-rib/ antwortet der OpenDaylight-Server mit einer Liste aller RIBs. Wie bei dem RESTCONF API generell üblich, steuert der Client über den Accept Header der Anfrage, ob die Ausgabe der Daten in einer XML- oder JSON-Datenstruktur erfolgt. Wie beim RESTCON API ebenfalls üblich, erlaubt OpenDaylight auch den Zugriff auf Teile der Daten. Die oberste „Ordnerstruktur" ist die RIB. Da mehrere RIBs möglich sind, grenzt das Anhängen der Rib-ID an die URL mit dem vorangestellten Kürzel „rib" die zurückgegebenen Daten ein. Im Beispiel der „example-rib" ergibt sich so die URL: http://odlserver:8181/restconf/operational/bgp-rib:bgp-rib/rib/example-bgp-rib.

Die nächste Hierarchiestufe ist der Peer. Entsprechend geht es mit derselben Logik weiter. An den Namen der RIB wird „peer" angehängt gefolgt von der Peer-ID. Passend zu den Beispielen der Konfiguration weiter oben wird hinten an die URL „peer/example-bgp-peer" angehängt. Unterhalb jedes Peers existieren drei RIBs.

adj-rib-in Diese Tabelle enthält noch nicht verarbeitete Einträge, die von der Gegenstelle zugestellt wurden.

adj-rib-out Diese Tabelle enthält Einträge, die genau dem Partner per BGP geschickt werden.

effective-rib-in Diese Tabelle ist eine Art Zwischenspeicher für Einträge, die schon durch die Importfilter von OpenDaylight gelaufen sind, aber noch nicht in der lokalen Routing-Tabelle angekommen sind.

Soll die Anfrage nur den Inhalt dieser einen Tabelle zurückliefern, muss der Name der gewünschten Tabelle in der URL stehen.

Die letzte Tabelle ist schließlich die „loc-rib" – die eigene Routing-Tabelle, welche OpenDaylight als Mitglied im BGP-Verbund widerspiegelt. Diese Tabelle würde OpenDaylight zum Routen verwenden, wenn es ein Router wäre.

Der schreibende Zugriff auf die Tabelle (und damit das Weiterverteilen über die angeschlossenen Router) geschieht bei OpenDaylight über eine URL: http://ODLSERVER:8181/config/bgp-rib:application-rib/*id*/tables/*afi*/*safi*/.

Die Platzhalter id, afi und safi haben dabei die folgende Bedeutung:

id Ist der Name der Application-Rib, die zuvor angelegt wurde und mit der RIB des Peers verknüpft ist

afi Ist die Address Family (also IPv4 oder IPv6). Das Schlüsselwort für die URL ist entweder bgp-types:ipv4-address-family oder bgp-types:ipv6-address-family.

safi Dies ist die Unter(Sub-)Familie. Entweder unicast für normale Routen oder flowspec für FlowSpec-Routen. Die Schlüsselwörter für die URL sind dementsprechend: bgp-types:unicast-subsequent-address-family bzw. bgp-flowspec:flowspec-subsequent-address-family.

Die folgenden Beispiele zeigen die Manipulation der Routing-Tabellen über das REST-API. Da das API die Daten sowohl in einer XML- als auch einer JSON-Codierung zulässt, zeigen die Beispiele beide Versionen. Als Application-RIB wird die RIB „example-app-rib“ verwendet, die in der Grundkonfiguration angelegt wurde.

5.3.2.1 Einfügen und Löschen einer IPv4-Route

Die Route in das Netz 192.168.1.0 soll mit dem Gateway 10.1.1.1 eingefügt werden. Hierzu dient die URL http://ODLSERVER:8181/config/bgp-rip:appliction-rib/example-app-rib/bgp-type:ipv4-address-family/bgp-type:unicast-subsequent-address-family/bgp-inet:ipv4-routes.

In einer HTTP-POST-Anfrage überträgt der Client dann die Daten im Body der Anfrage. Die Anfrage muss einen Authentisierungs-Header enthalten und der Content-Type muss entweder auf „application/xml“ oder „application/json“ gesetzt werden, je nachdem in welchem Format die Daten vorliegen. Im XML-Format sehen die Daten folgendermaßen aus:

Listing 5.10: XML-Version einer IPv4-Route.

```
<?xml version="1.0" encoding="UTF-8" standalone="no"?>
<ipv4-route xmlns="urn:opendaylight:params:xml:ns:yang:bgp-inet">
  <prefix>192.168.1.0/24</prefix>
  <attributes>
    <ipv4-next-hop>
      <global>10.1.1.1</global>
    </ipv4-next-hop><as-path/>
    <multi-exit-disc>
      <med>0</med>
    </multi-exit-disc>
    <local-pref>
      <pref>100</pref>
    </local-pref>
    <originator-id>
      <originator>1.1.1.1</originator>
    </originator-id>
    <origin>
      <value>igp</value>
    </origin>
    <cluster-id>
      <cluster>1.1.1.1</cluster>
    </cluster-id>
  </attributes>
</ipv4-route>
```

In JSON

Listing 5.11: JSON-Version einer IPv4-Route.

```
{
  "prefix": "192.168.1.0/24",
  "attributes": {
    "origin": {
      "value": "igp"
    },
    "ipv4-next-hop": {
      "global": "10.1.1.1"
    },
    "as-path": {},
    "multi-exit-disc": {
      "med": 0
    },
    "originator-id": {
      "originator": "1.1.1.1"
    },
    "cluster-id": {
      "cluster": [
        "1.1.1.1"
      ]
    },
    "local-pref": {
      "pref": 100
    }
  }
}
```

Das Löschen geschieht über die URL http://ODLSERVER:8181/config/bgp-rip: appliction-rib/example-app-rib/bgp-type:ipv4-address-family/bgp-type:unicast-subsequent-address-family/bgp-inet:ipv4-routes/gp-inet:ipv4-route/<prefix>.

Im Beispiel ist der Prefix 192.168.1.0/24. Der Schrägstrich muss allerdings in URL-Codierung umgewandelt und durch %2F ersetzt werden. Die Methode zum Löschen ist DELETE statt POST.

5.3.2.2 Einfügen und Löschen einer FlowSpec-Route

Das Einfügen von FlowSpec-Routen funktioniert genauso, wie für ipv4-Routen. Die URL zum Einfügen ist: http://ODLSERVER:8181/restconf/config/bgp-rib:application-rib/example-app-rib/tables/bgp-types:ipv4-address-family/bgp-flowspec:flowspec-subsequent-address-family/flowspec-routes. Auch hier ist die Methode zum Einfügen POST, die zum Löschen DELETE. Um kenntlich zu machen, welche Route gelöscht werden soll, werden noch „bgp-flowspec:flowspec-route“ und der „route-key“

angehängt. Dies ist ein Parameter, der im Body mitgeliefert wird und einen frei definierbaren String beinhalten kann.

Die Parameter im Body sind allerdings im Gegensatz zu den normalen Routen nicht so eindeutig und selbsterklärend.

Eine FlowSpec-Route sieht wie folgt aus:

Listing 5.12: XML-Version einer FlowSpec-Route.

```
<flowspec-route xmlns="urn:opendaylight:params:xml:ns:yang:bgp-flowspec">
  <route-key>bar</route-key>
  <flowspec>
    <destination-prefix>192.168.202.1/32</destination-prefix>
    <component-type>destination-prefix</component-type>
  </flowspec>
  <flowspec>
    <source-prefix>192.168.201.1/32</source-prefix>
    <component-type>source-prefix</component-type>
  </flowspec>
  <flowspec>
    <protocol-ips>
      <op>equals end-of-list</op>
      <value>6</value>
    </protocol-ips>
    <component-type>protocol-ip</component-type>
  </flowspec>
  <flowspec>
    <destination-ports>
      <op>greater-than</op>
      <value>8080</value>
    </destination-ports>
    <destination-ports>
      <op>and-bit less-than end-of-list</op>
      <value>8088</value>
    </destination-ports>
    <component-type>destination-port</component-type>
  </flowspec>
  <flowspec>
    <source-ports>
      <op>greater-than end-of-list</op>
      <value>1024</value>
    </source-ports>
    <component-type>source-port</component-type>
  </flowspec>
  <attributes>
    <origin>
      <value>igp</value>
    </origin>
    <as-path/>
```

```
    <local-pref>
      <pref>100</pref>
    </local-pref>
    <extended-communities>
      <comm-type>128</comm-type>
      <comm-sub-type>6</comm-sub-type>
    </extended-communities>
  </attributes>
</flowspec-route>
```

In JSON:

Listing 5.13: JSON-Version einer FlowSpec-Route.

```
{
  "route-key": "bar",
  "flowspec": [
    {
      "component-type": "destination-prefix",
      "destination-prefix": "192.168.202.1/32"
    },
    {
      "component-type": "source-prefix",
      "source-prefix": "192.168.201.1/32"
    },
    {
      "component-type": "protocol-ip",
      "protocol-ips": [
        {
          "op": "end-of-list␣equals",
          "value": 6
        }
      ]
    },
    {
      "component-type": "destination-port",
      "destination-ports": [
        {
          "op": "greater-than",
          "value": 8080
        },
        {
          "op": "end-of-list␣and-bit␣less-than",
          "value": 8088
        }
      ]
    },
    {
      "component-type": "source-port",
      "source-ports": [
```

```
37          {
38            "op": "end-of-list␣greater-than",
39            "value": 1024
40          }
41        ]
42      }
43    ],
44    "attributes": {
45      "local-pref": {
46        "pref": 100
47      },
48      "as-path": {},
49      "origin": {
50        "value": "igp"
51      },
52      "extended-communities": [
53        {
54          "comm-type": 128,
55          "traffic-action-extended-community": {},
56          "comm-sub-type": 6
57        }
58      ]
59    }
60  }
```

Der route-key in Zeile 2 identifiziert den Eintrag und muss eindeutig sein. Der Wert dieses Tags wird zum Löschen der Route verwendet. Zeile 3–35 beschreiben jetzt in FlowSpec-Tags den Filter, dessen Bedingungen in Kombination dazu führen, dass die Aktion weiter unten greift. Source- und Destination Prefix geben jeweils eine Netzmaske an, die für Quell- bzw. Ziel-Adressen der Pakete gilt. Diesen beiden Filterkomponenten folgen Filter für das IP-Protokoll und den Ziel- bzw. Quellport. Für numerische Werte sind Listen mit exakten Werten (Port 1 oder Port 2 oder Port 3) oder Bereiche (Port zwischen 80 und 90) möglich. Auch eine Liste von Bereichen ist möglich. Die Bedingung (größer, kleiner gleich) wird im op Tag hinterlegt. Der im Listing vorkommende Zusatzwert „end-of-list“ zeigt an, dass dies die letzte Bedingung dieser Art ist. Dem Operator kann noch ein logischer Operator (UND, ODER, NICHT) mit and-bit, or-bit bzw not-bit vorangestellt werden.

Im Beispiel ist das Protokoll 6 (tcp), der Zielport zwischen 8080 und 8088 und der Quellport größer als 1024. Für ICMP-Nachrichten verwendet OpenDaylight nicht die XML-Tags source-ports destination-ports sondern entsprechend der Benennung types und codes. TCP-Flags stehen im Flag tcp-flags mit einem numerischen Wert. Das gleiche gilt für Paketlängen (Tag packet-lengths) und DSCP-Flags (Tag dscps). Schließlich gibt es noch den Tag fragments, bei dem als Werte „first“ für das erste, „last“ für das letzte und „is-a“, wenn es sich um ein Fragment handelt, verwendet werden können.

Es folgt der Attributes Tag mit den schon bekannten Tags origin, as-path und local-pref. In dem Tag extended-communities finden sich nun die Aktionen. Die Kombination aus comm-type und comm-sub gibt an, welche Aktion gilt. 128-6 zum Begrenzen der Bandbreite (Bandbreite 0 bedeutet das Verwerfen der Pakete). 128-7 für das Sampeln der Pakete, 128-8 für eine Umleitung, zu der dann aber auf dem Router auch eine Konfiguration gehören muss und schließlich gibt es noch die Kombination 128-8, welche zu einer DSCP-Markierung der Pakete führt, durch die der Router dann QoS-Mechanismen anwenden kann.

Zu den verschiedenen Aktionen gehören dann wiederum Parameter. Bei der Bandbreitenbegrenzung gibt es den Tag informative-as, welches, wie der Name sagt wirklich nur informativ ist, aber eine 2 Byte AS-Nummer enthält. Verwirrend benamt ist der interessantere Tag local-administrator. Dieser enthält die Datenrate für die Pakete, die zum Filter passen. Die Codierung ist eine Fließkommazahl im IEEE 754-1985 Format. OpenDaylight gibt dieses Binärformat im Output in einer BASE64-Codierung aus.

Das Sampeln der Pakete stößt der Tag sample mit Wert true an. Dem folgt noch der Tag terminal-action, welcher auch einen Wahrheitswert enthält, je nachdem ob außer der Protokollierung noch eine weitere Aktion erfolgen soll. Der umschließende Tag heißt traffic-action-extended-community.

Die Daten für eine Umleitung finden sich im Tag redirect-extended-community. Es gibt zwei Untertags global-administrator und local-administrator. Der erste Wert ist wieder ein informative AS, der zweite enthält wieder eine BASE64-kodierte Information. Es ist die Route Target Spezifikation wie sie in RFC 4360 definiert ist.

Die letzte Möglichkeit modifiziert die DSCP-Bits der IP-Pakete. Der umfassende Tag heißt traffic-marking-extended-community. Im Untertag global-administrator findet sich der DSCP-Wert.

Zur Illustration hier noch 4 Beispiele, für die vier Möglichkeiten, die direkt der Dokumentationswebseite entnommen sind:

Listing 5.14: Beispiele für FlowSpec-Aktionen.

```
<extended-communities>
  <comm-type>128</comm-type>
  <comm-sub-type>6</comm-sub-type>
  <traffic-rate-extended-community>
    <informative-as>123</informative-as>
    <local-administrator>0</local-administrator>
  </traffic-rate-extended-community>
</extended-communities>

<extended-communities>
  <comm-type>128</comm-type>
  <comm-sub-type>7</comm-sub-type>
  <traffic-action-extended-community>
    <sample>true</sample>
```

```
    <terminal-action>false</terminal-action>
  </traffic-action-extended-community>
</extended-communities>

<extended-communities>
  <comm-type>128</comm-type>
  <comm-sub-type>8</comm-sub-type>
  <redirect-extended-community>
    <global-administrator>123</global-administrator>
    <local-administrator>AAAAew==</local-administrator>
  </redirect-extended-community>
</extended-communities>

<extended-communities>
  <comm-type>128</comm-type>
  <comm-sub-type>9</comm-sub-type>
  <traffic-marking-extended-community>
    <global-administrator>20</global-administrator>
  </traffic-marking-extended-community>
</extended-communities>
```

5.4 Eigene Applikationen in OpenDaylight integrieren

Da OpenDaylight in Java geschrieben ist, ist die Entwicklung von eigenen Applikationen, die sich in OpenDaylight installieren lassen, auch in Java am einfachsten. Mit der Beryllium-Version von OpenDaylight (0.4) sollte Java in der Version 8 verwendet werden. Bei der Entwicklung von Applikationen ist es sogar zwingend erforderlich, da sich sonst schon Basisapplikationen nicht übersetzen lassen. Die Version der übersetzten Klassen steht in den Abhängigkeiten.

Zu einer Applikation in OpenDaylight gehört als erstes ein Datenmodell in YANG. Die Applikation selbst unterteilt sich dann in der Regel noch in die Implementierung, die die eigentliche Logik enthält, und das API, das aufgrund eines eigenen Datenmodells Zugriff auf die Applikation über das RESTConf API zulässt, sodass der Anwender von außen die Applikation mit Anweisungen und Daten versorgen kann oder Daten aus ihr herausbekommt.

OpenDaylight ist eine OSGi-Anwendung. Das bedeutet, dass sie in einer OSGi-Laufzeitumgebung ablaufen muss. Das Projekt wählte hierfür die Karaf-Plattform. OSGi-Anwendungen sind in Bundles organisiert und ein solches Bundle enthält auch Abhängigkeiten (andere Bibliotheken, die für das Funktionieren notwendig sind). Diese werden dann bei der Installation des Bundles in den Container automatisch aufgelöst und nachgeladen.

Auch zum Übersetzen von Anwendungen ist das Auflösen dieser Abhängigkeiten notwendig. Damit der Programmierer dies nicht manuell machen muss, kommt das Buildsystem Maven zum Einsatz. Maven erlaubt es, Abhängigkeiten über Klassennamen zu definieren, die dann aus einem entsprechenden Archiv während der Übersetzung hinzugefügt werden, sofern sie noch nicht vorhanden sind. Dabei kann das System auch jedesmal überprüfen, ob die Bibliotheken aktuell sind, um gegebenenfalls, die neueste Version zu verwenden.

Maven verwendet zur Steuerung der Übersetzung XML-Dateien. Die wichtigste Datei heißt „pom.xml" und diese Datei kann es im Projketbaum mehrfach (z.B. für Unterprojekte) geben. Verwendet ein Entwickler Maven, so erstellt er zunächst manuell die Steuerungsdatei.

Bei einem OpenDaylight-Projekt ist der Start nicht ganz so einfach. Um das Aufsetzen des Projektes einfacher zu machen, gibt es Online ein Masterprojekt, welches über einen Maven-Aufruf geklont werden kann, um den Einstieg zu erleichten. Dieses Vorgehen heißt im Maven-Kontext Archetyp. Der folgende Abschnitt zeigt Schritt für Schritt den Weg zum ersten Projekt.

5.4.1 Hello World in OpenDaylight

Die Ausgabe von "Hello World" ist in Lehrbüchern für viele Programmiersprachen das erste Programm, welches das Buch dem Leser beibringt. Ziel der Anwendung ist es im ersten Schritt, dass im Logfile des Karaf-Containers, der OpenDaylight enthält, "Hello World" erscheint.

Das Erzeugen des Projektes setzt einen funktionierenden Internetzugang vom Entwicklungsrechner voraus. Maven kann einen Webproxy verwenden, wenn ein direkter Zugang nicht möglich ist. Diesen trägt der Entwickler in die Datei settings.xml im .m2 Verzeichnis im eigenen Homeverzeichnis ein. Das Homeverzeichnis sucht Maven in der eigenen Variable `${user.home}`. Die Datei settings.xml sollte auch mit den richtigen Repositories für die OpenDaylight-Entwicklung versehen werden.

Listings 5.15 zeigt eine funktionierende Version mit eingetragenem Webproxy in den Zeilen 15-21.

Listing 5.15: Maven settings.xml für die OpenDaylight-Entwicklung.

```
1  <?xml version="1.0" encoding="UTF-8"?>
2  <!-- vi: set et smarttab sw=2 tabstop=2: -->
3  <!--
4   Copyright (c) 2014, 2015 Cisco Systems, Inc. and others.  All rights reserved.
5
6   This program and the accompanying materials are made available under the
7   terms of the Eclipse Public License v1.0 which accompanies this distribution,
8   and is available at http://www.eclipse.org/legal/epl-v10.html
9  -->
10 <settings xmlns="http://maven.apache.org/SETTINGS/1.0.0"
11   xmlns:xsi="http://www.w3.org/2001/XMLSchema-instance"
```

```
  xsi:schemaLocation="http://maven.apache.org/SETTINGS/1.0.0␣http://maven.
      apache.org/xsd/settings-1.0.0
.xsd">

  <proxies>
    <proxy>
      <protocol>http</protocol>
      <host>10.1.1.18</host>
      <port>3128</port>
    </proxy>
  </proxies>
  <profiles>
    <profile>
      <id>opendaylight-release</id>
      <repositories>
        <repository>
          <id>opendaylight-mirror</id>
          <name>opendaylight-mirror</name>
          <url>http://nexus.opendaylight.org/content/repositories/public/</url>
          <releases>
            <enabled>true</enabled>
            <updatePolicy>never</updatePolicy>
          </releases>
          <snapshots>
            <enabled>false</enabled>
          </snapshots>
        </repository>
      </repositories>
      <pluginRepositories>
        <pluginRepository>
          <id>opendaylight-mirror</id>
          <name>opendaylight-mirror</name>
          <url>http://nexus.opendaylight.org/content/repositories/public/</url>
          <releases>
            <enabled>true</enabled>
            <updatePolicy>never</updatePolicy>
          </releases>
          <snapshots>
            <enabled>false</enabled>
          </snapshots>
        </pluginRepository>
      </pluginRepositories>
    </profile>

    <profile>
      <id>opendaylight-snapshots</id>
      <repositories>
        <repository>
          <id>opendaylight-snapshot</id>
          <name>opendaylight-snapshot</name>
          <url>http://nexus.opendaylight.org/content/repositories/opendaylight.
              snapshot/</url>
```

```
        <releases>
          <enabled>false</enabled>
        </releases>
        <snapshots>
          <enabled>true</enabled>
        </snapshots>
      </repository>
    </repositories>
    <pluginRepositories>
      <pluginRepository>
       <id>opendaylight-snapshot</id>
        <name>opendaylight-snapshot</name>
        <url>http://nexus.opendaylight.org/content/repositories/opendaylight.
            snapshot/</url>
        <releases>
          <enabled>false</enabled>
        </releases>
        <snapshots>
          <enabled>true</enabled>
        </snapshots>
      </pluginRepository>
    </pluginRepositories>
  </profile>
</profiles>

<activeProfiles>
  <activeProfile>opendaylight-release</activeProfile>
  <activeProfile>opendaylight-snapshots</activeProfile>
</activeProfiles>
</settings>
```

Ein neues Projekt legt der Entwickler mit dem folgenden Kommando an:

Listing 5.16: Clonen der Entwicklerversion des Masterprojektes.

```
1 mvn archetype:generate -DarchetypeGroupId=org.opendaylight.controller
2 -DarchetypeArtifactId=opendaylight-startup-archetype
3 -DarchetypeRepository=http://nexus.opendaylight.org/content/repositories/
      opendaylight.snapshot/
4 -DarchetypeCatalog=http://nexus.opendaylight.org/content/repositories/
      opendaylight.snapshot/archetype-catalog.xml
5 -DarchetypeVersion=1.2.0-SNAPSHOT
```

Da dieses Kommando das Projekt aus dem Internet generiert, kann es sein, dass die Version, die in der Zeile 5 steht, nicht mehr existiert[5]. Um vor dem Erzeugen des Projektes zu prüfen, ob die Version des Masterprojektes noch existiert, eignet sich

5 Den Autoren ist dies mit der Version 1.1.0 während der Recherche für dieses Buch passiert.

ein Blick im Browser auf die folgende URL: https://nexus.opendaylight.org/content/repositories/opendaylight.snapshot/org/opendaylight/controller/opendaylight-startup-archetype/.

Sollte die verwendete Version aktualisiert worden sein (etwa 1.2.1 statt 1.2.0), so passt der Entwickler die Version bei „-DarchetypeVersion“ an.

Soll die Entwicklung gegen die stabile Version der Software stattfinden, so sind die URL-Pfade anzupassen. An allen Stellen, an denen „opendaylight.snapshot“ steht, muss der Entwickler dies durch „opendaylight.release“ ersetzen. Auch die Versionen, die zur Verfügung stehen, sind andere. Die URL https://nexus.opendaylight.org/content/repositories/opendaylight.release/org/opendaylight/controller/opendaylight-startup-archetype/ zeigt die hinterlegten Versionen. Der Aufruf im folgenden Listing erzeugt ein neues Projekt, das auf der stabilen Version 0.4.2-Beryllium-SR2 basiert[6].

Listing 5.17: Clonen der produktiven Version des Masterprojektes.

```
mvn archetype:generate \
-DarchetypeGroupId=org.opendaylight.controller \
-DarchetypeArtifactId=opendaylight-startup-archetype \
-DarchetypeVersion=1.1.2-Beryllium-SR2 \
-DarchetypeRepository=http://nexus.opendaylight.org/content/repositories/
    opendaylight.release/ \
-DarchetypeCatalog=http://nexus.opendaylight.org/content/repositories/
    opendaylight.release/archetype-ca
talog.xml
```

Alle Applikationen, die nun folgen, basieren auf diesem Masterprojekt. Die Entwicklerversionen unterliegen sehr hoher Fluktuation, was dazu führen kann, dass selbst ein unangetastetes frisch geklonetes Masterprojekt sich nicht erfolgreich übersetzen läßt. Die Maven-Option -nsu verhindert zwar eine Aktualisierung des aktuellen Projektes, was das wiederholte Übersetzen auch deutlich beschleunigt, vergisst der Entwickler dies allerdings, kann es dazu kommen, dass das Projekt, das gestern noch funktionierte, nicht mehr übersetzt.

Der Aufruf lädt zunächst einige Jar-Files herunter und fragt dann beim Entwickler ein paar Parameter für das Projekt ab:

groupId Dies ist der Name des Paketes, welches entwickelt werden soll, etwa org.openflowbuch.helloworld. Unter diesem Namen kann das Paket von anderen Projekten referenziert werden. Es ist in der Regel auch der Package-Name

artefactId Eine Art Kurzname des Projektes, der häufig der letzten Komponente der groupId entspricht. In unserem Beispiel „Hello World“

package Dies ist der Name des Java-Packages, das generiert wird und sollte in der Regel dem Wert der groupId entsprechen.

6 Für eine stabile Entwicklungsumgebung ist es ratsam, mit der stabilen Umgebung zu entwickeln.

classPrefix Dies ist die letzte Komponente des Package- Namens. Auch dieser Wert ist vorausgefüllt, sodass Enter drücken reicht.

copyright Wie der Name vermuten läßt, fügt das Script den eingegebenen Wert in die Header der generierten Javadateien ein. Dies darf **nicht** leer sein.

Danach fragt das Script nochmals ab, ob alle Eingaben stimmen und legt das Grundgerüst in einem Ordner, der so heißt wie die artefactId, an.

In unserem Verzeichnis helloworld finden sich nun einige Unterordner sowie eine pom.xml Datei, die das Gesamtprojekt steuert. Der Ordner api enthält die Dateien, die für das Northbound API in Richtung des Benutzers zuständig sind.

Der Ordner features enthält eine pom Datei sowie die Datei features.xml (ein paar Unterordner weiter unten) in die der Entwickler schreibt, welche Abhängigkeiten im fertigen installierbaren Feature (OpenDaylight-Pakete heißen Features) enthalten sein müssen. Dies wird im zweiten Projekt, das wir im Buch entwickeln noch eine Rolle spielen.

Der Ordner impl enthält sowohl den Java-Code als auch das YANG-Modell, welches von dem Maven-Aufruf in einer einfachen Version angelegt wird, aber vom Entwickler in der Regel erweitert werden muss.

Im Ordner it befindet sich eine Java-Klasse (in einem Unterordner), die als Basis für Unit Tests dienen kann.

Das Verzeichnis karaf enthält anfangs nur eine pom Datei. Nach dem Übersetzen des Gesamtprojektes findet sich in diesem Verzeichnis eine vollständige Karaf-Installation, in die die eigene Applikation (mit allen Abhängigkeiten) bereits installiert ist. Schließlich bleibt das Verzeichnis target, welches als Zielverzeichnis dient.

Nun startet der Entwickler das Übersetzen mit dem Kommando „mvn clean install“. Dies kann je nach vorhandener Internetanbindung beim ersten Mal durchaus eine halbe Stunde dauern (bei einer handelsüblichen Leitung im privaten Bereich auch noch länger), da beim ersten Lauf alle Abhängigkeiten heruntergeladen werden. In neueren Versionen scheitert allerdings die Testsektion des Prozesses. Um trotzdem erfolgreich zu übersetzen, kann die Testsektion mit der Kommandozeilenoption „-DskipTests“ abgeschaltet werden.

Nach der erfolgreichen Übersetzung sollte das Folgende auf dem Bildschirm zu sehen sein:

Listing 5.18: Ergebnis einer erfolgreichen Übersetzung.

```
[INFO] Generating "JDepend" report          --- jdepend-maven-plugin
    :2.0:generate-no-fork
[INFO]
[INFO] --- maven-site-plugin:3.4:attach-descriptor (generate-site) @
    helloworld-aggregator ---
[INFO] ------------------------------------------------------------------------
[INFO] Reactor Summary:
[INFO]
```

```
[INFO] helloworld-api ............................ SUCCESS [ 25.282 s]
[INFO] helloworld-impl ........................... SUCCESS [ 30.560 s]
[INFO] helloworld-features ....................... SUCCESS [  6.737 s]
[INFO] helloworld-karaf .......................... SUCCESS [ 28.408 s]
[INFO] helloworld-artifacts ...................... SUCCESS [  1.025 s]
[INFO] helloworld-it ............................. SUCCESS [ 24.791 s]
[INFO] helloworld ................................ SUCCESS [ 14.937 s]
[INFO] ------------------------------------------------------------------------
[INFO] BUILD SUCCESS
[INFO] ------------------------------------------------------------------------
[INFO] Total time: 02:13 min
[INFO] Finished at: 2016-06-03T22:14:43+02:00
[INFO] Final Memory: 219M/1716M
[INFO] ------------------------------------------------------------------------
```

Um das Ergebnis der Arbeit des Compilers auszuprobieren, wechselt der Entwickler in das Verzeichnis „karaf/target/assembly". Dort befindet sich die Karaf-Installation mit denselben Unterverzeichnissen, wie bei einer normalen herunterlgeladenen Vollversion. Genau wie bei einer normalen OpenDaylight-Installation startet der Entwickler den Container mit dem Kommando „bin/karaf".

Nach dem Starten und einer kurzen Wartezeit sollte das Kommando `log:display|grep Initiated` eine Ausgabe wie die folgende zu sehen sein: 2016-06-03 22:28:57,922 | INFO | config-pusher | HelloWorldProvider | 172 - org.openflowbuch.helloworld.impl - 0.1.0.SNAPSHOT | HelloWorldProvider Session Initiated

Mit dem Kommando „shutdown -f" fährt der Admin die Instanz wieder herunter. Nun geht es daran, unsere "Hello World"-Meldung so im Programm unterzubringen, dass sie im Logfile erscheint.

Dazu wechselt der Entwickler aus dem helloworld-Verzeichnis in das Unterverzeichnis „impl/src/main/java/org/openflowbuch/helloworld/impl". Dort findet sich die Datei HelloWorldProvider.java, die in Listing 5.19 abgedruckt ist.

Listing 5.19: Das Hello World Gerüst.

```
/*
 * Copyright © 2016 Konstantin Agouors and others.  All rights reserved.
 *
 * This program and the accompanying materials are made available under the
 * terms of the Eclipse Public License v1.0 which accompanies this distri-
 * bution, and is available at http://www.eclipse.org/legal/epl-v10.html
 */
package org.openflowbuch.helloworld.impl;

import org.opendaylight.controller.sal.binding.api.BindingAwareBroker.
    ProviderContext;
import org.opendaylight.controller.sal.binding.api.BindingAwareProvider;
import org.slf4j.Logger;
```

```
13 import org.slf4j.LoggerFactory;
14
15 public class HelloWorldProvider implements BindingAwareProvider,
       AutoCloseable {
16
17     private static final Logger LOG = LoggerFactory.getLogger(
           HelloWorldProvider.class);
18
19     @Override
20     public void onSessionInitiated(ProviderContext session)
21     {
22         LOG.info("HelloWorldProvider␣Session␣Initiated");
23     }
24
25     @Override
26     public void close() throws Exception {
27         LOG.info("HelloWorldProvider␣Closed");
28     }
29
30 }
```

Diese Datei ist der sogenannte Activator. Die Methode onSessionInitiated in Zeile 20 wird von Karaf aufgerufen, wenn das Feature geladen wurde. Die Methode wird einmal beim Start aufgerufen und sollte alles anlegen und registrieren, was für die angestrebte Funktion des Features notwendig ist. Die Methode „close" wir dementsprechend beim Herunterfahren der Instanz aufgerufen.

Unter Zeile 22 kommt jetzt die Zeile

```
LOG.info("Hello World");
```

hinzu, welches dann die Ausgabe in die Logdatei bewerkstelligt.

Nun muss der Entwickler wieder in das Hauptverzeichnis wechseln und dort das Kommando „mvn -DskipTests clean install" aufrufen und die ergänzte Version wird übersetzt. Für die spätere Entwicklung hier der Tipp, dass es als reiner Übersetzungstest (um Syntaxfehler zu suchen) auch reicht, im Unterverzeichnis impl das Kommando „mvn compile" aufzurufen, was wesentlich weniger Teile aufruft und damit schneller geht.

Nach dem neuerlichen Wechsel in das Verzeichnis karaf/target/assembly und dem Start von Karaf findet sich die folgende Meldung im Logfile:

```
2016-06-03 23:47:03,125 | INFO | config-pusher | HelloWorldProvider |
172 - org.openflowbuch.helloworld.impl - 0.1.0.SNAPSHOT | Hello World
```

Damit ist die erste eigene OpenDaylight-Applikation fertig, auch wenn sie noch nicht sehr viel Funktion hat.

5.4.2 Die zweite Applikation

Das Ziel einer OpenFlow verwendenden Applikation in OpenDaylight ist die Verwaltung von Flows auf den mit dem Controller verbundenen Geräten. Um eine interaktive Flowprogrammierung zu implementieren sollte die Applikation außerdem in der Lage sein, Pakete zu verarbeiten, die an den Controller gesendet werden und auch andere Daten (etwa Statistikdaten) auszuwerten, um dann intelligente Entscheidungen über die Flows zu treffen und damit die Logik in das Netzwerk zu bringen.

Die zweite Applikation soll dies ermöglichen und Firewall-Regeln auf allen angeschlossenen Switchen verteilen. Dazu wird im letzen Schritt noch ein REST-API hinzugefügt, um die Firewall-Regel auch von außen definieren zu können. Abschnitt 4.4.3 im Floodlight-Kapitel zeigt logisch die gleiche Applikation im Floodlight-Controller.

Um ein sauber aufgesetztes Projekt zu erhalten, legen wir neben dem Hello-World-Kapitel aus dem letzten Abschnitt ein neues Projekt „globalfirewall" an, das in der Klasse „org.openflowbuch.globalfirewall" definiert wird. Hierzu wird wieder der Maven-Aufruf aus dem letzen Abschnitt verwendet. Es sei an dieser Stelle darauf hingewiesen, dass die ArtefactID nicht mit einem Großbuchstaben beginnen darf.

5.4.2.1 Vorbereitende Arbeiten

Die Applikation greift im Gegensatz zum Hello-World-Beispiel auf weitere Schnittstellen des Controllers zu. Diese müssen in der Umgebung vermerkt werden. Zudem soll die Applikation eingebundene OpenFlow-Switche erkennen bzw. auf sie reagieren. Daher muss das OpenFlow-Plugin in den Abhängigkeiten enthalten sein, damit der gestartete Karaf-Container überhaupt OpenFlow spricht und Verbindungen entgegennimmt, aber auch, damit die als Karaf-Feature paketierte Applikation die Installation des OpenFlow-Features nach sich zieht. Damit dies funktioniert sind Änderungen in zwei pom.xml Dateien sowie der Datei features.xml notwendig.

Die erste anzupassende Datei ist (relativ zum Projektverzeichnis) impl/pom.xml. Die erweiterete Datei zeigt Listing 5.20.

Listing 5.20: pom.xml im Verzeichnis impl.

```
<?xml version="1.0" encoding="UTF-8"?>
<!-- vi: set et smarttab sw=4 tabstop=4: -->
<!--
Copyright © 2015 Konstantin Agouros and others. All rights reserved.

This program and the accompanying materials are made available under the
terms of the Eclipse Public License v1.0 which accompanies this distri-
bution, and is available at http://www.eclipse.org/legal/epl-v10.html
-->
```

```
<project xmlns="http://maven.apache.org/POM/4.0.0" xmlns:xsi="http://www.w3.org/2001/XMLSchema-instance" xsi:schemaLocation="http://maven.apache.org/POM/4.0.0 http://maven.apache.org/xsd/maven-4.0.0.xsd">

  <parent>
    <groupId>org.opendaylight.controller</groupId>
    <artifactId>config-parent</artifactId>
    <version>0.4.2-Beryllium-SR2</version>
    <relativePath/>
  </parent>

  <modelVersion>4.0.0</modelVersion>
  <groupId>org.openflowbuch.globalfirewall</groupId>
  <artifactId>globalfirewall-impl</artifactId>
  <version>1.0.0-SNAPSHOT</version>
  <packaging>bundle</packaging>
  <dependencies>
    <dependency>
      <groupId>${project.groupId}</groupId>
      <artifactId>globalfirewall-api</artifactId>
      <version>${project.version}</version>
    </dependency>

    <dependency>
      <artifactId>model-inventory</artifactId>
      <groupId>org.opendaylight.controller.model</groupId>
    </dependency>

    <dependency>
      <groupId>org.opendaylight.openflowplugin.model</groupId>
      <artifactId>model-flow-base</artifactId>
      <version>0.2.2-Beryllium-SR2</version>
    </dependency>
    <dependency>
      <groupId>org.opendaylight.openflowplugin.model</groupId>
      <artifactId>model-flow-service</artifactId>
      <version>0.2.2-Beryllium-SR2</version>
    </dependency>
    <dependency>
      <groupId>org.opendaylight.openflowplugin</groupId>
      <artifactId>openflowplugin-api</artifactId>
      <version>0.2.2-Beryllium-SR2</version>
    </dependency>

    <!-- Testing Dependencies -->
    <dependency>
      <groupId>junit</groupId>
      <artifactId>junit</artifactId>
      <scope>test</scope>
    </dependency>
```

```
58
59       <dependency>
60         <groupId>org.mockito</groupId>
61         <artifactId>mockito-all</artifactId>
62         <scope>test</scope>
63       </dependency>
64     </dependencies>
65
66   </project>
```

Die Abhängigkeiten in diesem Abschnitt dienen dazu, dass die später im Code referenzierten Klassen und Methoden überhaupt im Java CLASSPATH bei der Übersetzung bekannt sind. Andernfalls würden schon die Import-Anweisungen am Anfang der Klasse einen Fehler erzeugen.

Der Abschnitt von Zeile 31 bis 34 sorgt für das Bekanntmachen der Inventory Klassen, zu denen auch die Nodes gehören. Die Zeilen darunter von 36 bis 50 binden das OpenFlow-Plugin ein. Dies ist beim Übersetzen erst in den Flowklassen in Abschnitt 5.4.2.3 notwendig. Die Abhängigkeiten, bei denen Versionsnummern vermerkt sind, müssen zur Hauptversion passen.

Mit den Anpassungen in dieser Datei lässt sich eine Applikation übersetzen, wenn sie die Klassen aus dem OpenFlow-Plugin sowie dem Inventory verwendet. Aber das Karaf-Paket wäre unvollständig und würde beim Start zu Fehlern führen.

Daher sind Erweiterungen in den Dateien features/pom.xml und features/src/-main/features/features.xml notwendig.

Die Datei features/pom.xml ist in Listing 5.21 abgebildet.

Listing 5.21: pom.xml im Verzeichnis features.

```
<?xml version="1.0" encoding="UTF-8"?>
<!--
Copyright © 2015 Konstantin Agouros and others. All rights reserved.

This program and the accompanying materials are made available under the
terms of the Eclipse Public License v1.0 which accompanies this distribu-
tion, and is available at http://www.eclipse.org/legal/epl-v10.html INTERNAL
-->
<project xmlns="http://maven.apache.org/POM/4.0.0" xmlns:xsi="http://www.w3.
    org/2001/XMLSchema-instance" xsi:schemaLocation="http://maven.apache.
    org/POM/4.0.0␣http://maven.apache.org/xsd/maven-4.0.0.xsd">
  <parent>
    <groupId>org.opendaylight.odlparent</groupId>
    <artifactId>features-parent</artifactId>
    <version>1.6.2-Beryllium-SR2</version>
    <relativePath/>
  </parent>
  <groupId>org.openflowbuch.globalfirewall</groupId>
  <artifactId>globalfirewall-features</artifactId>
```

```
<version>1.0.0-SNAPSHOT</version>
<name>${project.artifactId}</name>
<modelVersion>4.0.0</modelVersion>
<prerequisites>
  <maven>3.1.1</maven>
</prerequisites>
<properties>
  <mdsal.model.version>0.8.2-Beryllium-SR2</mdsal.model.version>
  <mdsal.version>1.3.2-Beryllium-SR2</mdsal.version>
  <restconf.version>1.3.2-Beryllium-SR2</restconf.version>
  <yangtools.version>0.8.2-Beryllium-SR2</yangtools.version>
  <dlux.version>0.3.2-Beryllium-SR2</dlux.version>
  <configfile.directory>etc/opendaylight/karaf</configfile.directory>
</properties>
<dependencyManagement>
  <dependencies>
    <!-- project specific dependencies -->
    <dependency>
      <groupId>org.opendaylight.controller</groupId>
      <artifactId>mdsal-artifacts</artifactId>
      <version>${mdsal.version}</version>
      <type>pom</type>
      <scope>import</scope>
    </dependency>
    <dependency>
      <groupId>org.opendaylight.netconf</groupId>
      <artifactId>restconf-artifacts</artifactId>
      <version>${restconf.version}</version>
      <type>pom</type>
      <scope>import</scope>
    </dependency>
    <dependency>
      <groupId>org.opendaylight.yangtools</groupId>
      <artifactId>yangtools-artifacts</artifactId>
      <version>${yangtools.version}</version>
      <type>pom</type>
      <scope>import</scope>
    </dependency>
  </dependencies>
</dependencyManagement>
<dependencies>
  <dependency>
    <groupId>org.opendaylight.yangtools</groupId>
    <artifactId>features-yangtools</artifactId>
    <classifier>features</classifier>
    <type>xml</type>
    <scope>runtime</scope>
  </dependency>
  <dependency>
    <groupId>org.opendaylight.mdsal.model</groupId>
    <artifactId>features-mdsal-model</artifactId>
```

```
      <version>${mdsal.model.version}</version>
      <classifier>features</classifier>
      <type>xml</type>
      <scope>runtime</scope>
    </dependency>
    <dependency>
      <groupId>org.opendaylight.controller</groupId>
      <artifactId>features-mdsal</artifactId>
      <classifier>features</classifier>
      <type>xml</type>
      <scope>runtime</scope>
    </dependency>
    <dependency>
      <groupId>org.opendaylight.netconf</groupId>
      <artifactId>features-restconf</artifactId>
      <classifier>features</classifier>
      <type>xml</type>
      <scope>runtime</scope>
    </dependency>
    <dependency>
      <groupId>org.opendaylight.dlux</groupId>
      <artifactId>features-dlux</artifactId>
      <classifier>features</classifier>
      <version>${dlux.version}</version>
      <type>xml</type>
      <scope>runtime</scope>
    </dependency>
    <dependency>
      <groupId>${project.groupId}</groupId>
      <artifactId>globalfirewall-impl</artifactId>
      <version>${project.version}</version>
    </dependency>
    <dependency>
      <groupId>${project.groupId}</groupId>
      <artifactId>globalfirewall-impl</artifactId>
      <version>${project.version}</version>
      <type>xml</type>
      <classifier>config</classifier>
    </dependency>
    <dependency>
      <groupId>${project.groupId}</groupId>
      <artifactId>globalfirewall-api</artifactId>
      <version>${project.version}</version>
    </dependency>

    <dependency>
      <groupId>org.opendaylight.openflowplugin.model</groupId>
      <artifactId>model-flow-service</artifactId>
      <version>0.2.2-Beryllium-SR2</version>
    </dependency>

```

```
120       <dependency>
121         <groupId>org.opendaylight.openflowplugin</groupId>
122         <artifactId>features-openflowplugin</artifactId>
123         <classifier>features</classifier>
124         <type>xml</type>
125         <version>0.2.2-Beryllium-SR2</version>
126       </dependency>
127
128     </dependencies>
129
130   </project>
```

Die Zeilen 114 bis 126 sind die notwendigen Erweiterungen für OpenFlow.

Bleibt die Datei features.xml in Listung 5.22.

Listing 5.22: pom.xml im Verzeichnis features.

```
<?xml version="1.0" encoding="UTF-8"?>
<!-- vi: set et smarttab sw=4 tabstop=4: -->
<!--
Copyright © 2015 Konstantin Agouros and others. All rights reserved.

This program and the accompanying materials are made available under the
terms of the Eclipse Public License v1.0 which accompanies this distribu-
tion, and is available at http://www.eclipse.org/legal/epl-v10.html
-->
<features name="odl-globalfirewall-${project.version}" xmlns="http://karaf.apache.org/xmlns/features/v1.2.0"
  xmlns:xsi="http://www.w3.org/2001/XMLSchema-instance"
  xsi:schemaLocation="http://karaf.apache.org/xmlns/features/v1.2.0␣http://karaf.apache.org/xmlns/features/v1.2.0">
  <repository>mvn:org.opendaylight.openflowplugin/features-openflowplugin/{{VERSION}}/xml/features</repository>
  <repository>mvn:org.opendaylight.yangtools/features-yangtools/{{VERSION}}/xml/features</repository>
  <repository>mvn:org.opendaylight.controller/features-mdsal/{{VERSION}}/xml/features</repository>
  <repository>mvn:org.opendaylight.mdsal.model/features-mdsal-model/{{VERSION}}/xml/features</repository>
  <repository>mvn:org.opendaylight.netconf/features-restconf/{{VERSION}}/xml/features</repository>
  <repository>mvn:org.opendaylight.dlux/features-dlux/{{VERSION}}/xml/features</repository>
  <feature name='odl-globalfirewall-api' version='${project.version}' description='OpenDaylight␣::␣globalfirewall␣::␣api'>
    <feature version='${mdsal.model.version}'>odl-mdsal-models</feature>
    <bundle>mvn:org.openflowbuch.globalfirewall/globalfirewall-api/{{VERSION}}</bundle>
  </feature>
```

```
23   <feature name='odl-globalfirewall' version='${project.version}' description='OpenDaylight␣::␣globalfirewall'>
24     <feature version='${mdsal.version}'>odl-mdsal-broker</feature>
25     <feature version='${project.version}'>odl-globalfirewall-api</feature>
26     <feature version="0.2.2-Beryllium-SR2">odl-openflowplugin-flow-services</feature>
27
28     <bundle>mvn:org.openflowbuch.globalfirewall/globalfirewall-impl/{{VERSION}}</bundle>
29     <bundle>mvn:org.opendaylight.controller.model/model-inventory/${mdsal.version}</bundle>
30
31     <configfile finalname="${configfile.directory}/globalfirewall.xml">mvn:org.openflowbuch.globalfirewall/globalfirewall-impl/{{VERSION}}/xml/config</configfile>
32   </feature>
33   <feature name='odl-globalfirewall-rest' version='${project.version}' description='OpenDaylight␣::␣globalfirewall␣::␣REST'>
34     <feature version="${project.version}">odl-globalfirewall</feature>
35     <feature version="${restconf.version}">odl-restconf</feature>
36   </feature>
37   <feature name='odl-globalfirewall-ui' version='${project.version}' description='OpenDaylight␣::␣globalfirewall␣::␣UI'>
38     <feature version="${project.version}">odl-globalfirewall-rest</feature>
39     <feature version="${restconf.version}">odl-mdsal-apidocs</feature>
40     <feature version="${mdsal.version}">odl-mdsal-xsql</feature>
41     <feature version="${dlux.version}">odl-dlux-yangui</feature>
42   </feature>
43
44 </features>
```

Die Zeile 13 fügt die Quelle des Plugins als Repository hinzu, damit die Karaf-Umgebung weiß, wo sie die Archive herbekommt. Zeile 26 fügt das OpenFlow-Feature dann hinzu. Zeile 29 schließlich sorgt dafür, dass der Inventory-Dienst dabei ist.

5.4.2.2 Nodes

Der erste Schritt ist die Verarbeitung der Geräte. In der Semantik von OpenDaylight sind dies Nodes. Generell muss der Entwickler seine Applikation als Eventhandler für Ereignisse registrieren, um die Ereignisse und damit die Informationen die darin enthalten sind, verarbeiten zu können.

Im Falle der Nodes gibt es zwar ein Verzeichnis, das ausgelesen werden kann, aber diese Liste ist nicht statisch. Wenn OpenDaylight startet, werden alle eingebundenen Features gestartet. Für HelloWorld aus dem letzten Abschnitt wird der gezeigte Activator aufgerufen. „Irgendwann" danach verbinden sich die Switche, die konfiguriert wurden, um unsere OpenDaylight-Instanz als Controller zu verwenden. Da nicht bekannt ist, wann das passiert, ist der Eventhandler der richtige Weg. Dazu kommt, dass sich der Zustand der Switche auch ändern kann. Das Kommando `ovs-vsctl add-port` ändert die Anzahl der Ports und damit die Eigenschaften.

OpenDaylight speichert alle bekannten Nodes im „Inventory". Das Interface, welches eine Klasse implementieren muss, um die Node-Veränderungen mitzubekommten, heißt OpendaylightInventoryListener.

Zur Verwaltung der Node-Informationen kommt eine eigene Klasse zur Verwendung, um diesen Aspekt zu kapseln. Die Klasse wird vom Activator in der Datei GlobalFirewallProvider.java instanziiert und die Klasse registriert sich bei OpenDaylight für Ereignisse, die eine Änderung im Inventory anzeigen. Die NodeManagement-Klasse ist im Listing 5.23 abgebildet.

Diese Klasse ist extrem einfach gebaut. Meldet sich ein neuer Switch bei OpenDaylight an, wird er in eine Liste eingetragen. Meldet sich der Switch ab, wird er ausgetragen. Das ermöglicht später, dass Firewall-Regeln auf alle registrierten Switche verteilt werden können.

Der Copyright-Vermerk am Beginn der Java-Datei ist notwendig, da das Maven Build System auch eine Stilüberprüfung des Programmcodes vornimmt, und dazu gehört unter anderem, dass die zweite Zeile des Codes einen entsprechenden Eintrag besitzt.

Die Import Anweisungen ab Zeile 19 importieren die aus den YANG-Modellen generierten Klassen des Controllers. Die Herkunft der Klassen ist an der Klassenhierarchie beginnend mit „org.opendaylight.yang.gen" zu erkennen.

Der Konstruktor der Klasse in Zeile 36 erhält als Argument nur einen ConsumerContext aus der aufrufenden Providerklasse. Aus diesem Objekt, welches in der lokalen Variable „context" gespeichert wird, kann die NodeManagement-Klasse auf den Rest des Karaf-Containers zugreifen. Die zweite Zeile des Konstruktors erzeugt den Vector, in den die Klasse sich registrierende Nodes speichert.

Die Methode `start` in Zeile 42 benötigt eine Referenz zum notificationService des Karaf-Containers, um sich dort als InventoryListener anzumelden. Dies erledigt der Aufruf in Zeile 48. War der Aufruf erfolgreich, folgt der Aufruf der Methode registerNotificationListener mit der aktuellen NodeManagement-Instanz als Argument. Nach diesem Aufruf ruft der Karaf-Container die nun folgenden EventHandler bei Auftreten der entsprechenden Ereignisse auf.

Die beiden leeren Methoden in den Zeilen 61 und 65 werden aufgerufen, wenn bei einem der angeschlossenen Switche aus OpenFlow-Logik ein Port hinzugefügt oder weggenommen wird. Bei Open vSwitch reagieren diese Methoden auf die Kommandos „ovs-vsctl add-port" und „ovs-vsctl del-port".

Die Methoden onNodeUpdated und onNodeRemoved übernehmen jetzt die Verwaltung der sich an- und abmeldenden Nodes. Die beiden Methoden haben als

Listing 5.23: Die NodeManager Klasse.

```
/*
 * Copyright © 2015 Konstantin Agouros and others.  All rights reserved.
 *
 * This program and the accompanying materials are made available under
 * the terms of the Eclipse Public License v1.0 which accompanies this
 * distribution, and is available at
 * http://www.eclipse.org/legal/epl-v10.html
 */
package org.openflowbuch.globalfirewall.impl;

import java.util.Vector;

import org.slf4j.Logger;
import org.slf4j.LoggerFactory;

import org.opendaylight.controller.sal.binding.api.BindingAwareBroker.
    ConsumerContext;
import org.opendaylight.controller.sal.binding.api.NotificationService;

import org.opendaylight.yang.gen.v1.urn.opendaylight.inventory.rev130819.
    OpendaylightInventoryListener;
import org.opendaylight.yang.gen.v1.urn.opendaylight.inventory.rev130819.
    NodeConnectorRemoved;
import org.opendaylight.yang.gen.v1.urn.opendaylight.inventory.rev130819.
    NodeConnectorUpdated;
import org.opendaylight.yang.gen.v1.urn.opendaylight.inventory.rev130819.
    NodeRemoved;
import org.opendaylight.yang.gen.v1.urn.opendaylight.inventory.rev130819.
    NodeUpdated;
import org.opendaylight.yang.gen.v1.urn.opendaylight.inventory.rev130819.
    nodes.Node;

import org.opendaylight.yangtools.yang.binding.InstanceIdentifier;
import org.opendaylight.yangtools.yang.binding.Notification;


public class NodeManagement implements OpendaylightInventoryListener
{
    private static final Logger LOG = LoggerFactory.getLogger(
        NodeManagement.class);
    private ConsumerContext context;
    private Vector<InstanceIdentifier> allnodes;

    NodeManagement(ConsumerContext c)
    {
        this.context = c;
        allnodes = new Vector<InstanceIdentifier>();
    }

    public void start()
    {
```

```
        NotificationService notificationService;
        try
        {
            LOG.info("NodeManager␣Registering␣itself");
            notificationService = context.getSALService(
                NotificationService.class);
            if(notificationService != null)
                notificationService.registerNotificationListener(this);
            else
                LOG.error("Notificationservice␣is␣null");
        }
        catch(Exception e)
        {
            LOG.error("Error␣in␣create␣Notificationservice");
        }
    }


    public void onNodeConnectorUpdated(NodeConnectorUpdated ncu)
    {
    }

    public void onNodeConnectorRemoved(NodeConnectorRemoved nru)
    {
    }


    public void onNodeUpdated(NodeUpdated nu)
    {
        InstanceIdentifier<Node> changednode = (InstanceIdentifier<Node>)
             nu.getNodeRef().getValue();
        if(allnodes.contains(changednode))
            LOG.info("Already␣got␣"+nu.getId());
        else
            allnodes.addElement(changednode);

        LOG.info("NodeCount:␣"+allnodes.size());

    }

    public void onNodeRemoved(NodeRemoved nr)
    {
        allnodes.remove(nr.getNodeRef().getValue());
        LOG.info("NodeCount:␣"+allnodes.size());
    }

    public Vector<InstanceIdentivier> getAllNodes()
    {
      return(allnodes);
    }

}
```

Argument jeweils eine eigene Klasse. Um an das eigentliche Node-Objekt (welches streng genommen eine Instanz von InstanceIdentifier<Node> ist) zu kommen, müssen die beiden Methoden beim übergebenen Argument die Methode .getNodeRef() mit deren Untermethode .getValue() aufrufen. Das Ergebnis wird bei onNodeUpdated in den Vector eingetragen, wenn es noch nicht da ist und bei onNodeRemoved entfernt.

Schließlich befindet sich am Schluss der Klasse noch eine Zugriffsmethode, mit der die Liste der Nodes abgefragt werden kann.

Damit die Klasse überhaupt verwendet wird, muss sie noch instanziiert und die start-Methode aufgerufen werden. Dafür kommen in die Methode onSessionInitiated in der Klasse GlobalFirewallProvider die folgenden zwei Zeilen:

Listing 5.24: Ergänzung der GlobalFirewallProvider Klasse.

```
        NodeManagement nm = new NodeManagement(session);
        nm.start();
```

Nun folgen Übersetzen und Starten des Karaf-Containers. Registriert sich nun ein Switch am Controller (ovs-vsctl set-controller tcp:ip-des-karaf-servers:6653 bei Open vSwitch) so erscheint im Logfile eine Meldung wie die folgende:

```
2016-05-08 21:55:12,697 | INFO | pool-28-thread-1 | NodeManagement |
163 - org.openflowbuch.globalfirewall.impl - 1.0.0.SNAPSHOT | NodeCount: 1
```

5.4.2.3 Flowverwaltung

Der nächste Schritt ist es jetzt, alle angeschlossenen Geräte mit einem Default Flow (Normal Action) zu versorgen und dann später die über das REST-API konfigurierten Firewall-Regeln auch auf die Nodes zu verteilen.

Vor dem Zusammenbau des Flows ist als erstes eine Wrapper-Klasse für die Nodes notwendig, die außer der Node-Referenz Verwaltungsinformationen enthält: „Wurde der Normal Flow“ erfolgreich auf das Gerät geschickt und „Welche Version der Firewall-Regeln wurde an dieses Gerät verteilt?“. Die Klasse NodeRefWrapper ist im folgenden Listing abgebildet:

Listing 5.25: Wrapperklasse für die NodeReferenzen.

```
/*
 * Copyright © 2016 Konstantin Agouros and others.  All rights reserved.
 *
 * This program and the accompanying materials are made available under
 * the terms of the Eclipse Public License v1.0 which accompanies this
 * distribution, and is available at
 * http://www.eclipse.org/legal/epl-v10.html
 */
```

```

package org.openflowbuch.globalfirewall.impl;

import org.opendaylight.yang.gen.v1.urn.opendaylight.inventory.rev130819.
    NodeRef;

import org.opendaylight.yangtools.yang.binding.InstanceIdentifier;

public class NodeRefWrapper
{
    private boolean normalPushed=false;
    private int fwversionPushed=0;
    private NodeRef wrappedNodeRef;

    public NodeRefWrapper(NodeRef n)
    {
        wrappedNodeRef = n;
    }

    public void setNormal(boolean np)
    {
        normalPushed = np;
    }

    public void setVersion(int v)
    {
        fwversionPushed = v;
    }

    public boolean getNormal()
    {
        return(normalPushed);
    }

    public int getFwVersion()
    {
        return(fwversionPushed);
    }

    public NodeRef getNodeRef()
    {
        return(wrappedNodeRef);
    }
}
```

Die Klasse NodeManagement aus dem letzten Abschnitt muss jetzt angepasst werden, damit die Wrapper-Klasse Verwendung findet. Dazu wird der Inhaltstyp des Vectors zu NodeRefWrapper geändert und – da ja das Wrapper Objekt neu erzeugt wird –

die eventuelle Existenz in einer Schleife geprüft. Genauso muss das richtige Wrapper-Objekt beim Löschen gesucht werden.

Damit sehen die Methoden onNodeUpdated und onNodeRemoved in der Klasse NodeManagement jetzt wie folgt aus:

Listing 5.26: onNodeUpdated unter Verwendung von NodeRefWrapper.

```
public void onNodeUpdated(NodeUpdated nu)
{
    boolean mustInsert = true;

    for(Enumeration<NodeRefWrapper> e = allnodes.elements(); e.
        hasMoreElements();)
    {
        NodeRefWrapper nw = (NodeRefWrapper)e.nextElement();
        if(nw.getNodeRef().equals(nu.getNodeRef()))
        {
            mustInsert = false;
            break;
        }
    }

    if(mustInsert)
        allnodes.addElement(new NodeRefWrapper(nu.getNodeRef()));
    else
    LOG.info("Already␣got␣"+nu.getId());
}

public void onNodeRemoved(NodeRemoved nr)
{
    for(Enumeration<NodeRefWrapper> e = allnodes.elements(); e.
        hasMoreElements();)
    {
        NodeRefWrapper nw = (NodeRefWrapper)e.nextElement();
        if(nw.getNodeRef().equals(nr.getNodeRef()))
           allnodes.remove(nw);
    }
    LOG.info("NodeCount:␣"+allnodes.size());
}
```

Da das Generieren der Flows in Java etwas aufwendig ist, packen wir den dazugehörigen Code in eine eigene Klasse. Damit der Code auch für die Firewall-Flows wiederverwendbar ist, wird er etwas ausführlicher und allgemeiner gehalten, als es nur für die Aufgabe, den Normal Flow auf die Geräte zu schieben, notwendig ist.

Die Struktur des Codes zum Erzeugen eines Flow-Objektes besteht aus Builder Objekten für den Flow selbst und die zugehörigen Filterbedingungen, Instruktionen und Aktionen. Unterhalb dieser logischen Ebene gibt es dann wiederum weitere Builder-Objekte wie den „EthernetMatchBuilder“, der wie der Name vermuten lässt, ein EthernetMatch-Objekt erzeugen kann. Diese logische Struktur setzt sich bis auf die unterste Ebene vor den Blättern der Datenstruktur fort. So gibt es noch einen EtherTypeBuilder aber der eigentliche Ethertype, der ja nur noch eine Integer-Wert ist, wird direkt gesetzt.

Die Klasse zum Erzeugen der Flow-Objekte heißt FlowManagement. Bevor die Klasse zum Einbau kommt, muss aber nochmals die pom.xml Datei im Verzeichnis impl erweitert werden, damit alle Klassen des OpenFlow-Plugins bereitstehen. Im Unterverzeichnis features ist dies schon im letzten Abschnitt geschehen, damit die Karaf-Instanz das OpenFlow-Plugin eingebunden hat und mit den Switchen kommunizieren kann.

Im XML-Abschnitt „<dependencies>" wird der Block aus Listing 5.27 eingefügt.

Listing 5.27: Erweiterung von impl/pom.xml für OpenFlow.

```
<dependency>
  <groupId>org.opendaylight.openflowplugin.model</groupId>
  <artifactId>model-flow-service</artifactId>
  <version>0.2.2-Beryllium-SR2</version>
</dependency>

<dependency>
  <groupId>org.opendaylight.openflowplugin.model</groupId>
  <artifactId>model-flow-base</artifactId>
  <version>0.2.2-Beryllium-SR2</version>
</dependency>
<dependency>
  <groupId>org.opendaylight.openflowplugin</groupId>
  <artifactId>openflowplugin-api</artifactId>
  <version>0.2.2-Beryllium-SR2</version>
</dependency>
<dependency>
  <groupId>org.opendaylight.openflowplugin.model</groupId>
  <artifactId>model-flow-statistics</artifactId>
  <version>0.2.2-Beryllium-SR2</version>
</dependency>
```

Die Klasse FlowManagement enthält in der ersten Version außer einem leeren Konstruktor nur die Methode buildNormalFlow, die einen Flow ohne Filter mit der Ausgabe Aktion Normal erzeugt. Listing 5.28 zeigt die erste Version.

Die Methode buildNormalFlow erzeugt mittels der FlowBuilder-Klasse den Flow. Das Builder-Pattern wird für alle Elemente verwendet, die weitere Unterelemente enthalten. Bei allen Unterelementen, die selber keine Unterelemente mehr enthalten, gibt es eine „set" Methode. In Zeile 48 und der darunter setzt die Methode die Table-ID (hier fest null, da der Flow der einzige ist, und der Switch damit nicht in eine andere Tabelle springen kann). Der Flowname ist nur zur Verwaltung innerhalb von OpenDaylight relevant.

Listing 5.28: Erste Version der Klasse FlowManagement.

```
/*
 * Copyright © 2015 Agouros and others.  All rights reserved.
 *
 * This program and the accompanying materials are made available under
 * the terms of the Eclipse Public License v1.0 which accompanies this
 * distribution, and is available at
 * http://www.eclipse.org/legal/epl-v10.html
 */

package org.openflowbuch.globalfirewall.impl;

import java.util.ArrayList;
import java.util.List;

import com.google.common.collect.ImmutableList;

import org.opendaylight.openflowplugin.api.OFConstants;
import org.opendaylight.yang.gen.v1.urn.ietf.params.xml.ns.yang.ietf.inet
     .types.rev100924.Uri;
import org.opendaylight.yang.gen.v1.urn.opendaylight.action.types.
     rev131112.action.action.OutputActionCaseBuilder;
import org.opendaylight.yang.gen.v1.urn.opendaylight.action.types.
     rev131112.action.action.output.action._case.OutputActionBuilder;
import org.opendaylight.yang.gen.v1.urn.opendaylight.action.types.
     rev131112.action.list.Action;
import org.opendaylight.yang.gen.v1.urn.opendaylight.action.types.
     rev131112.action.list.ActionBuilder;
import org.opendaylight.yang.gen.v1.urn.opendaylight.action.types.
     rev131112.action.list.ActionKey;
import org.opendaylight.yang.gen.v1.urn.opendaylight.flow.inventory.
     rev130819.FlowId;
import org.opendaylight.yang.gen.v1.urn.opendaylight.flow.inventory.
     rev130819.tables.table.Flow;
import org.opendaylight.yang.gen.v1.urn.opendaylight.flow.inventory.
     rev130819.tables.table.FlowBuilder;
import org.opendaylight.yang.gen.v1.urn.opendaylight.flow.inventory.
     rev130819.tables.table.FlowKey;
import org.opendaylight.yang.gen.v1.urn.opendaylight.flow.types.rev131026
     .FlowModFlags;
import org.opendaylight.yang.gen.v1.urn.opendaylight.flow.types.rev131026
     .flow.InstructionsBuilder;
import org.opendaylight.yang.gen.v1.urn.opendaylight.flow.types.rev131026
     .instruction.list.Instruction;
import org.opendaylight.yang.gen.v1.urn.opendaylight.flow.types.rev131026
     .instruction.list.InstructionBuilder;
import org.opendaylight.yang.gen.v1.urn.opendaylight.flow.types.rev131026
     .instruction.instruction.ApplyActionsCaseBuilder;
import org.opendaylight.yang.gen.v1.urn.opendaylight.flow.types.rev131026
     .instruction.instruction.apply.actions._case.ApplyActions;
```

```
import org.opendaylight.yang.gen.v1.urn.opendaylight.flow.types.rev131026
    .instruction.instruction.apply.actions._case.ApplyActionsBuilder;
import org.opendaylight.yang.gen.v1.urn.opendaylight.flow.types.rev131026
    .OutputPortValues;

public class FlowManagement
{
    public FlowManagement()
    {
    }


    public Flow buildNormalFlow()
    {
        // Das oberste Objekt der Hierarchie, dessen Buildmethode am Ende
             das Flowobjekt erzeugt
        FlowBuilder fb = new FlowBuilder()
            .setTableId(new Short((short)0))
            .setFlowName("normalDefaultFlow");

        fb.setId(new FlowId(Long.toString(fb.hashCode())));
        Action normal = new ActionBuilder()
            .setOrder(0)
            .setKey(new ActionKey(0))
            .setAction(new OutputActionCaseBuilder()
                        .setOutputAction(new OutputActionBuilder()
                                         .setMaxLength(0xffff)
                                         .setOutputNodeConnector(new Uri(
                                             OutputPortValues.NORMAL.
                                             toString()))
                                         .build())
                        .build())
            .build();
        List<Action> actions = new ArrayList<Action>();
        actions.add(normal);
        ApplyActions applyActions = new ApplyActionsBuilder()
            .setAction(ImmutableList.copyOf(actions))
            .build();

        Instruction applyActionsInstruction = new InstructionBuilder()
            .setOrder(0)
            .setInstruction(new ApplyActionsCaseBuilder()
                            .setApplyActions(applyActions)
                            .build())
            .build();

        fb
            .setInstructions(new InstructionsBuilder()
                             .setInstruction(ImmutableList.of(
                                 applyActionsInstruction))
                             .build())
```

```
79                 .setPriority(0)
80                 .setBufferId(OFConstants.OFP_NO_BUFFER)
81                 .setHardTimeout(0)
82                 .setIdleTimeout(0)
83                 .setFlags(new FlowModFlags(false, false, false, false, false)
                       );
84
85             return(fb.build());
86         }
87 }
```

In Zeile 51 wird die FlowID gesetzt, die eindeutig sein muss. Über den gebildeten Hash kommt ein eindeutiger Zufallswert heraus. In der nächsten Anweisung baut die Methode die Aktion zusammen. Die ersten beiden set-Aufrufe setzen Reihenfolge (Order) und den Schlüssel der Aktion. Dann folgt die Definition der eigentlichen Aktion. Wie auch bei der Definition eines Flows über das Rest-API, ist die NORMAL Aktion eine Output Aktion. Diese hat dann die Argumente der maximalen Länge des Paketes und den Output Port. Für die Normal Aktion greift die Methode dabei auf eine Konstante zu.

Da eine Flowdefintion mehrere Aktionen enthalten kann, werden diese in einer Java-Liste verwaltet. Diese Liste erhält nun die vorher definierte Aktion (Zeile 63). Die folgende Anweisung erzeugt aus der Java-Liste ein Objekt vom Typ ApplyActions, welches dann seinerseits in den Instructions Container, den die Methode im folgenden erzeugt, eingebettet wird.

Jetzt sind dann die fehlenden Einzelteile alle erzeugt, sodass die Methode dem FlowBuilder Objekt fb die fehlenden Teile zuweisen kann. Dies sind die Instruktionen (mit der darin enthaltenen Aktion), die Priorität des Flows (hier immer 0, damit die Firewall-Regeln später immer eine höhere Priorität haben), eine leere BufferId (das heißt kein Puffer), die beiden Timeout-Werte (beide auf 0 gesetzt und damit kein Timeout) sowie schließlich ein leeres Flags-Feld.

Damit ist es aber noch nicht getan. Der Flow muss noch den neu gefunden Switches zugewiesen werden. Die richtige Stelle dafür ist die Methode onNodeUpdated in der Klasse NodeManagement. Diese Methode wird dafür zu der Version in 5.29 erweitert.

Listing 5.29: Erste Version der Klasse FlowManagement.

```
    public void onNodeUpdated(NodeUpdated nu)
    {
        boolean mustInsert = true;

        for(Enumeration<NodeRefWrapper> e = allnodes.elements(); e.
            hasMoreElements();)
        {
            NodeRefWrapper nw = (NodeRefWrapper)e.nextElement();
```

```
            if(nw.getNodeRef().equals(nu.getNodeRef()))
            {
                mustInsert = false;
                break;
            }
        }

        if(mustInsert)
        {
            NodeRefWrapper nw = new NodeRefWrapper(nu.getNodeRef());
            allnodes.addElement(nw);
            Flow f = fm.buildNormalFlow();
            final AddFlowInputBuilder builder = new AddFlowInputBuilder(f);
            builder.setNode(nu.getNodeRef());
            InstanceIdentifier<Node> node = (InstanceIdentifier<Node>) nu.
                getNodeRef().getValue();
            TableKey tk = new TableKey((short)0);
            InstanceIdentifier<Table> tableId = node.builder()
                .augmentation(FlowCapableNode.class)
                .child(Table.class, tk)
                .build();
            builder.setFlowTable(new FlowTableRef(tableId));

            FlowId fId = new FlowId(String.valueOf(flowIdInc.
                getAndIncrement()));
            FlowKey flowKey = new FlowKey(fId);
            InstanceIdentifier<Flow> flowId = tableId.child(Flow.class,
                flowKey);
            builder.setFlowRef(new FlowRef(flowId));
            builder.setTransactionUri(new Uri(f.getId().getValue()));
            try
            {
                Future<RpcResult<AddFlowOutput>> result = flowService.
                    addFlow(builder.build());
                result.get();
            }
            catch(java.lang.InterruptedException ex)
            {
                LOG.error("PushFlow␣was␣interrupted:␣"+ex);
            }
            catch(java.util.concurrent.ExecutionException cex)
            {
                LOG.error("PushFlow␣was␣interrupted:␣"+cex);
            }
        }
        else
            LOG.info("Already␣got␣"+nu.getId());

        LOG.info("NodeCount:␣"+allnodes.size());
        LOG.info("Type2:␣"+nu.getNodeRef().getClass());
    }
```

Im Konstruktor der Klasse wurde die Zeile `fm = new FlowManagement();` eingefügt und die Variable fm wurde davor vom Typ FlowManagement deklariert.

In Zeile 19 wird die buildNormalFlow Methode aus FlowManagement aufgerufen und damit der Flow erzeugt. Nun ist ein AddFlowInput-Objekt notwendig, welches aus dem Flow gebaut wird. In Zeile 21 findet jetzt die Zurordnung zum Switch statt. Das AddFlowInputBuilder benötigt im Gegensatz zum Flow allerdings nicht nur eine Tabellen-ID des Flows, sondern eine Referenz auf die Flow-Tabelle in der Datenstruktur von OpenDaylight. Dazu gehört das TableKey Objekt in Zeile 23, welches als Argument den Index der Tabelle zur Erzeugung erhält. Die nächsten 4 Zeilen erzeugen nun eine Referenz auf das Tabellenobjekt aus dem Node-Objekt. Dieses wird dann in Zeile 28 dem AddFlowInputBuilder zugewiesen.

Nun erzeugt die Methode eine eindeutige FlowId (in diesem Fall aus einem atomischen Zähler, der eindeutig auch bei parallelem Zugriff hochzählt) und erzeugt daraus dann wieder einen FlowKey.

Mit diesem FlowKey fügt die Methode in das Table-Objekt einen neuen Eintrag ein (Zeile 32). Der Rückgabewert ist ein InstanceIdentifier vom Typ Flow. Über diesen ist jetzt der Zugriff auf die FlowReferenz (FlowRef) in der Datenstruktur von OpenDaylight möglich, und diese wird dem AddFlowInputBuilder zugewiesen. Jetzt wird diesem Builder noch eine URI für die kommende Transaktion gegeben, welche der URI des NormalFlow entspricht, da dieser ja nur einmal vergeben werden kann und dies eine eindeutige Identifikation ist.

In Zeile 37 übergibt die Methode schließlich den mühsam konstruierten Flow endlich an das System zur Weiterleitung an den Switch.

Der Aufruf der addFlow-Methode ist asynchron, da das Ergebnis eine Instanz von Future ist, bei der der Entwickler abfragen kann, ob die Aufgabe schon erledigt ist. Der Aufruf der Methode `get` des Ergebnisses wartet allerdings, bis der Aufruf fertig ist. Die Methode kann noch mit einer Abfrage auf `result.get().isSuccessful()` überprüfen, ob der Aufruf auch erfolgreich war.

In den Import-Anweisungen der Klasse fehlen noch java.util.concurrent.Future, org.opendaylight.yang.gen.v1.urn.opendaylight.flow.service.rev130819.AddFlowOutput und org.opendaylight.yangtools.yang.common.RpcResult.

5.4.2.4 Ein RPC für die Firewall-Regeln

Die Applikation ist jetzt so weit, dass sie Flows an angeschlossene Geräte schicken kann und erkennt, wenn sich ein Switch registriert. Jeder der registrierten Switche wird mit einem Normal Flow versorgt.

Die Firewall-Regeln hart in den Code zu schreiben, ist wenig sinnvoll, stattdessen sollte der Admin sie lieber über das RESTCONF-API übermitteln können. Dafür fügt man einen RPC zu der Applikation hinzu. Im Beispiel werden es zwei sein, einer zum Anlegen von neuen Regeln und einer zum Löschen.

Neue von außen zugängliche RESTCONF-RPCs werden nicht direkt im Java-Code hinzugefügt, sondern in der YANG-Datei des Dienstes. In unserem Beispiel ist diese die Datei api/src/main/yang/globalfirewall.yang. Diese ist momentan noch leer. Um die RPCs hinzuzufügen, erweitern wir die Datei, sodass sie aussieht wie in listing 5.30:

Listing 5.30: globalfirewall.yang mit RPCs.

```
module globalfirewall {
    yang-version 1;
    namespace "urn:opendaylight:params:xml:ns:yang:globalfirewall";
    prefix "globalfirewall";

    revision "2015-01-05" {
        description "Initial␣revision␣of␣globalfirewall␣model";
    }

    rpc add-rule {
        input {
            leaf srcip {
                type string;
            }
            leaf dstip {
                type string;
            }
            leaf protocol {
                type string;
            }
            leaf srcport {
                type uint16;
            }
            leaf dstport {
                type uint16;
            }
            leaf name {
                type string;
            }
            leaf priority {
                type uint16;
            }
        }
        output {
            leaf successful {
                type boolean;
            }
            leaf message {
                type string;
            }
        }
    }
```

```

    rpc delete-rule {
        input {
            leaf name {
                type string;
            }
        }
        output {
            leaf successful {
                type boolean;
            }
            leaf message {
                type string;
            }
        }
    }
}
```

Nun muss das Projekt mit `mvn -DskipTests clean compile` neu übersetzt werden. Aus der erweiterten YANG-Datei erzeugt der Build Prozess nun einige Javaklassen. Für den RPC „add-rule" sind dies die Klassen AddRuleInput, AddRuleInputBuilder, AddRoleOutput und AddRuleOutputBuilder. Wie die Namen vermuten lassen, folgt OpenDaylight auch hier dem Builder-Pattern. Die entsprechenden Klassen werden auch mit dem Prefix DeleteRule erzeugt. Der Prefix für die Java-Import-Anweisung ist: org.opendaylight.yang.gen.v1.urn.opendaylight.params.xml.ns.yang.globalfirewall.rev150105.

Die übergebenen Daten stehen alle per set und get Methode bereit. Das bedeutet, dass bei der Auswertung des Inputs die Methode getName() ein Stringobjekt zurückliefert, welches den übergebenen Namen enthält.

Die Input-Parameter haben die folgende Bedeutung:

srcip Der Quellprefix der Firewall-Regel im Format 1.2.3.0/24. Wird der Wert nicht eingegeben, dann greifen alle Pakete (dies entspricht 0.0.0.0/0).

dstip Der Zielprefix der Regel. Ebenfalls im Format 1.2.3.0/24. Auch dieser kann für eine Wildcard-Regel weggelassen werden.

protocol Das IP-Protokoll der Pakete. Momentan sind nur UDP und TCP in unserer Applikation unterstützt. Dies kann groß oder klein geschrieben sein und darf nicht weggelassen werden.

srcport Der Quellport der Regel als Zahl. Wird dieser Wert weggelassen, so greifen alle Ports in diesem Filter.

dstport Der Zielport mit denselben Regeln wie der Quellport.

name Der eindeutige Name des Flows. Dieser muss eingegeben werden und wird als Schlüssel zum Löschen verwendet.

priority Die OpenFlow-Priorität des Flows. Der Wert muss größer als null sein. Über unterschiedliche Werte kann der Anwender die Priorität der Regeln steuern.

Es sind jetzt die folgenden Schritte notwendig, um den Code so zu erweitern, dass die Daten, die der Benutzer eingibt, auch zu einem Ergebnis führen:

1. Die Implementierung der Logik passiert in einer neuen Java-Klasse: GlobalfirewallImpl.java. Diese befindet sich im selben Verzeichnis wie alle anderen Klassen bisher src/main/java/org/openflowbuch/impl.
2. Die Implementierung des RPC ist in OpenDaylight-Logik ein Service. Diesen müssen wir, wie die anderen abstrakten Services, instanziieren und einer Klasse, die ihn implementiert (GlobalfirwallImpl), zuweisen.
3. Die Applikation muss ein Flow Objekt erzeugen, welches aus den Eingabedaten eine Firewall-Regel erzeugt. Dies gehört in die Klasse FlowManagement, die wir um die Methode buildFwFlow, sowie einige Methoden für die Einzelteile erweitern.

Im logischen Modell von OpenDaylight gibt es zum einen die Datenstruktur des Flows mit den Matchregeln und Aktionen und zum Anderen dann einen konkreten Eintrag in der Flowtabelle des Nodes. Beide werden in Listen gespeichert. Wobei die Liste der Einträge pro Node in der Klasse NodeRefWrapper gespeichert wird. Dazu importiert die Klasse die Klassen java.util.Hashtable und org.opendaylight.yang.gen.v1.urn.opendaylight.flow.types.rev131026.FlowRef. Die Klasse erhält die Variable nodeFlows vom Typ Hashtable<String, FlowRef> und diese wird im Konstruktor instanziiert.

Die folgenden drei Methoden sorgen im NodeRefWrapper für den Zugriff auf die Hashtable:

Listing 5.31: Erweiterung von NodeRefWrapper.

```
public void putFlow(String name, FlowRef fr)
{
    nodeFlows.put(name,fr);
}

public FlowRef getFlowrefByName(String name)
{
    return((FlowRef)nodeFlows.get(name));
}

public void deleteFlowrefByName(String name)
{
    nodeFlows.remove(name);
}
```

Hier ist die Klasse GlobalFirewallImpl

Listing 5.32: GlobalfirewallImpl.java.

```
/*
 * Copyright © 2015 Konstantin Agouros and others.  All rights reserved.
 *
 * This program and the accompanying materials are made available under the
 * terms of the Eclipse Public License v1.0 which accompanies this distri-
 * bution, and is available at http://www.eclipse.org/legal/epl-v10.html
 */

package org.openflowbuch.globalfirewall.impl;

import java.util.Enumeration;
import java.util.concurrent.Future;
import java.util.Hashtable;
import java.util.Vector;
import java.util.concurrent.atomic.AtomicLong;

import org.opendaylight.yang.gen.v1.urn.ietf.params.xml.ns.yang.ietf.inet.
    types.rev100924.Uri;

import org.opendaylight.yang.gen.v1.urn.opendaylight.params.xml.ns.yang.
    globalfirewall.rev150105.GlobalfirewallService;
import org.opendaylight.yang.gen.v1.urn.opendaylight.params.xml.ns.yang.
    globalfirewall.rev150105.AddRuleInput;
import org.opendaylight.yang.gen.v1.urn.opendaylight.params.xml.ns.yang.
    globalfirewall.rev150105.AddRuleOutput;
import org.opendaylight.yang.gen.v1.urn.opendaylight.params.xml.ns.yang.
    globalfirewall.rev150105.AddRuleOutputBuilder;
import org.opendaylight.yang.gen.v1.urn.opendaylight.params.xml.ns.yang.
    globalfirewall.rev150105.DeleteRuleInput;
import org.opendaylight.yang.gen.v1.urn.opendaylight.params.xml.ns.yang.
    globalfirewall.rev150105.DeleteRuleOutput;
import org.opendaylight.yang.gen.v1.urn.opendaylight.params.xml.ns.yang.
    globalfirewall.rev150105.DeleteRuleOutputBuilder;

import org.opendaylight.yang.gen.v1.urn.opendaylight.flow.inventory.
    rev130819.FlowCapableNode;
import org.opendaylight.yang.gen.v1.urn.opendaylight.flow.inventory.
    rev130819.FlowId;
import org.opendaylight.yang.gen.v1.urn.opendaylight.flow.inventory.
    rev130819.tables.table.Flow;
import org.opendaylight.yang.gen.v1.urn.opendaylight.flow.inventory.
    rev130819.tables.table.FlowKey;
import org.opendaylight.yang.gen.v1.urn.opendaylight.flow.inventory.
    rev130819.tables.Table;
import org.opendaylight.yang.gen.v1.urn.opendaylight.flow.inventory.
    rev130819.tables.TableKey;
```

```java

import org.opendaylight.yang.gen.v1.urn.opendaylight.flow.service.rev130819.AddFlowInputBuilder;
import org.opendaylight.yang.gen.v1.urn.opendaylight.flow.service.rev130819.AddFlowOutput;
import org.opendaylight.yang.gen.v1.urn.opendaylight.flow.service.rev130819.FlowTableRef;
import org.opendaylight.yang.gen.v1.urn.opendaylight.flow.service.rev130819.RemoveFlowInputBuilder;
import org.opendaylight.yang.gen.v1.urn.opendaylight.flow.service.rev130819.RemoveFlowOutput;

import org.opendaylight.yang.gen.v1.urn.opendaylight.flow.types.rev131026.FlowRef;

import org.opendaylight.yang.gen.v1.urn.opendaylight.inventory.rev130819.nodes.Node;
import org.opendaylight.yangtools.yang.binding.InstanceIdentifier;
import org.opendaylight.yangtools.yang.common.RpcResult;
import org.opendaylight.yangtools.yang.common.RpcResultBuilder;
import org.slf4j.Logger;
import org.slf4j.LoggerFactory;

public class GlobalfirewallImpl implements GlobalfirewallService
{
    private static final Logger LOG = LoggerFactory.getLogger(GlobalfirewallImpl.class);
    private NodeManagement nm;
    private AtomicLong firewallVersion = new AtomicLong();
    private Hashtable<String,Flow> myFlows;

    public GlobalfirewallImpl(NodeManagement n)
    {
        nm = n;
        myFlows = new Hashtable<String,Flow>();
    }

    public Future<RpcResult<AddRuleOutput>> addRule(AddRuleInput input)
    {
        TableKey tk = new TableKey((short)0);
        Flow fwFlow = nm.getFlowManagement().buildFwFlow(input.getSrcip(),
            input.getDstip(), input.getProtocol(), input.getSrcport(),
            input.getDstport(), input.getName());
        final AddFlowInputBuilder builder = new AddFlowInputBuilder(fwFlow);
        builder.setPriority(input.getPriority());
        firewallVersion.getAndIncrement();
        boolean success = true;
        String message = "All␣OK";

```

```
        myFlows.put(input.getName(), fwFlow);

        for(Enumeration<NodeRefWrapper> e = nm.getAllNodes().elements(); e.
            hasMoreElements();)
        {
            NodeRefWrapper nw = (NodeRefWrapper)e.nextElement();
            InstanceIdentifier<Node> nodeId = (InstanceIdentifier<Node>)nw.
                getNodeRef().getValue();
            builder.setNode(nw.getNodeRef());
            InstanceIdentifier<Table> tableId = nodeId.builder()
                .augmentation(FlowCapableNode.class)
                .child(Table.class, tk)
                .build();
            builder.setFlowTable(new FlowTableRef(tableId));
            FlowId fId = new FlowId(String.valueOf(nw.getFlowIdInc().
                getAndIncrement()));
            FlowKey flowKey = new FlowKey(fId);
            InstanceIdentifier<Flow> flowId = tableId.child(Flow.class,
                flowKey);
            FlowRef fr = new FlowRef(flowId);
            nw.putFlow(input.getName(), fr);
            builder.setFlowRef(fr);
            builder.setTransactionUri(new Uri(fwFlow.getId().getValue()));
            try
            {
                Future<RpcResult<AddFlowOutput>> result = nm.getFlowService
                    ().addFlow(builder.build());
                result.get();
                boolean b = result.get().isSuccessful();
                if(b)
                {
                    nw.setVersion(firewallVersion.get());
                }
                else
                {
                    success = false;
                    message = "Error";
                }
            }
            catch(java.lang.InterruptedException ex)
            {
                LOG.error("PushFlow␣was␣interrupted:␣"+ex);
            }
            catch(java.util.concurrent.ExecutionException cex)
            {
                LOG.error("PushFlow␣was␣interrupted:␣"+cex);
            }

        }
```

```

        AddRuleOutput aooutput = new AddRuleOutputBuilder()
            .setSuccessful(success)
            .setMessage(message)
            .build();
        return RpcResultBuilder.success(aooutput).buildFuture();
    }

    public Future<RpcResult<DeleteRuleOutput>> deleteRule(DeleteRuleInput
         input)
    {
        Flow fwFlow = (Flow)myFlows.get(input.getName());
        boolean success = true;
        String message = "All␣OK";

        if(fwFlow != null)
        {
            final RemoveFlowInputBuilder builder = new
                 RemoveFlowInputBuilder(fwFlow);
            firewallVersion.getAndIncrement();

            for(Enumeration<NodeRefWrapper> e = nm.getAllNodes().elements();
                  e.hasMoreElements();)
            {
                NodeRefWrapper nw = (NodeRefWrapper)e.nextElement();
                InstanceIdentifier<Node> nodeId = (InstanceIdentifier<Node>)
                     nw.getNodeRef().getValue();
                builder.setNode(nw.getNodeRef());
                builder.setFlowRef(nw.getFlowrefByName(input.getName()));
                try
                {
                    Future<RpcResult<RemoveFlowOutput>> result = nm.
                         getFlowService().removeFlow(builder.build());
                    result.get();
                    boolean b = result.get().isSuccessful();
                    if(b)
                    {
                        nw.setVersion(firewallVersion.get());
                        nw.deleteFlowrefByName(input.getName());
                    }
                    else
                    {
                        success = false;
                        message = "Error";
                    }
                }
                catch(java.lang.InterruptedException ex)
                {
                    LOG.error("PushFlow␣was␣interrupted:␣"+ex);
```

```
160                 }
161                 catch(java.util.concurrent.ExecutionException cex)
162                 {
163                     LOG.error("PushFlow␣was␣interrupted:␣"+cex);
164                 }
165             }
166 
167             myFlows.remove(input.getName());
168         }
169         else
170         {
171             success = false;
172             message = "Flow␣with␣name␣"+input.getName()+"␣not␣found";
173         }
174 
175         DeleteRuleOutput doutput = new DeleteRuleOutputBuilder()
176             .setSuccessful(success)
177             .setMessage(message)
178             .build();
179 
180         return RpcResultBuilder.success(doutput).buildFuture();
181 
182     }
183 }
```

In Zeile 19 importiert die Java-Klasse (eigentlich ist es ein Interface) den aus der YANG-Datei erzeugten GlobalfirewallService, dessen Methoden von der aktuellen Klasse implementiert werden. Die folgenden sechs Zeilen importieren die Input-, Output- und InputBuilderklassen für die beiden RPCs.

Der Konstruktor in Zeile 56 erzeugt die ein Objekt vom Typ GlobalfirewallImpl und damit eine Instanz von GlobalfirewallService. Als Argument bekommt er eine Referenz auf die NodeManagement-Instanz, die die Liste der bekannten Nodes enthält, damit alle Nodes mit der neuen Regel versorgt werden können bzw. die zu löschende Regeln entfernt werden kann. Außerdem definiert die Klasse eine Hashtable mit dem Namen eines Flows als Key sowie dem Flow als Wert, damit beim Löschen eines Flows dieser auch wiedergefunden wird.

Die Methode addRule erzeugt in Zeile 65 einen Flow aus den Daten, die dem RPC über RESTCONF übergeben wurden. Die jeweiligen get-Methoden kommen zum Einsatz, um die Daten auszulesen. Aus diesem Flow baut die Methode dann einen AddFlowOutputBuilder. Dieser erhält die Priorität aus den RPC-Parametern.

Nun setzt die Methode die Rückgabewerte auf den „Gut-Fall“ und setzt sie im weiteren Verlauf nur um, wenn etwas schiefgeht. Bevor nun die Schleife in Zeile 74 beginnt, wird der erzeugte Flow noch in seiner Hashtabelle gespeichert.

Die Schleife über alle Nodes, die die Firewall-Regel erhalten sollen, holt sich aus dem Iterator als erstes eine Referenz auf das NodeWrapper-Objekt und baut aus diesem dann den InstanceIdentifier vom Typ Node. Der AddFlowOutputBuilder erhält als Zielnode die NodeRef aus dem NodeRefWrapper und das InstanceIdentifier Objekt (nodeId) dient dazu, eine Referenz auf die Tabelle des Nodes im MD-SAL-Baum zu erlangen.

Nachdem die Instanz bereitsteht, erhält der AddFlowOutputBuilder sie in Zeile 83 zugewiesen. Die folgenden Zeilen erzeugen eine Referenz auf einen konkreten Flow im MD-SAL-Baum. Dies steht in Relation zu dem am Anfang erzeugten Flow der die Regel und Aktion enthält, etwa wie die Instanz einer Klasse zu ihrer Klasse ist, wobei der Flow der Regel die Klasse ist und die Referenz hier in der Variable für die Instanz steht. Schließlich speichert die Methode die FlowRef in der Hashtabelle des Nodes, setzt im AddFlowOutputBuilder die Referenz des Flows, und die TransaktionsURI wird auf die URI der FlowReferenz gesetzt.

In Zeile 93 gibt die Methode den Auftrag, den Flow auf den Switch zu schieben, an das Framework. Da dieser Aufruf asynchron ist, und in dieser einfachen Implementierung eine Verwaltung asynchroner Aufrufe den Rahmen sprengen würde, wartet die Methode in der nächsten Zeile durch den get() Aufruf des Ergebnisobjektes ab, bis OpenDaylight sich zurückmeldet. Ob der Aufruf erfolgreich war, wird in der Variablen b zwischengespeichert und bei einem positiven Ergebnis setzt die Methode die Firewall-Regelversion auf den aktuellen Wert, anderenfalls setzt sie die Parameter für die Rückgabe auf Fehlerwerte. Der gesamte Block muss aufgrund des asynchronen Verhaltens in einem try/catch-Block stehen.

Nach dem Abarbeiten der Schleife baut die Methode am Ende noch den Output der addRule-Methode zusammen. Dieser besteht aus dem Inhalt der beiden Variablen success und message. Der Rückgabewert der Buildmethode des AddRuleOutputBuilders ist auch der Rückgabewert der Methode addRule.

Der aufmerksame Leser wird feststellen, dass die vorgestellte Implementierung kein konsistentes Regelwerk auf allen Switchen erzeugt. Dazu würde noch ein Hashtable mit der Regelversion als Schlüssel und dem Flow als Wert benötigt und beim Durchlaufen der Schleife müsste die Methode dann überprüfen, welche Regeln fehlen, und diese nachträglich eintragen. Dies würde allerdings den Platzrahmen sprengen und sei dem Leser als Übung überlassen.

Analog zum Anlegen einer Regel ist die Methode deleteRule in Zeile 124 für das Löschen zuständig. In den per RPC übergebenen Daten steht der Name des Flows, damit über die Hashtables die zu löschenden Floweinträge wiedergefunden werden.

Als erstes sucht die Methode über den Namen im input den richtigen Flow. Gibt es diesen nicht, weil der Anwender etwa einen unbekannten Flownamen in das Feld eingegeben hat, so passiert nichts weiter, außer dass die Rückgabewerte auf false und eine Nachricht, dass es den Flow nicht gibt, gesetzt werden. Wie beim Hinzufügen der Regeln wird nun der RemoveInputFlowBuilder (analog zum AddFlowInputBuilder) mit diesem Flow als Argument instanziiert. Die Rückgabewerte werden genauso auf den Gut-Fall gestellt und die Schleife über alle Nodes beginnt. Analog zum Code in addRule extrahiert die Klasse das NodeRefWrapper Objekt aus der Enumeration und daraus auch den Node. Der RemoveFlowInputBuilder bekommt die NodeRef zugewiesen und in Zeile 140 holt die Methode aus der Hashtable des NodeRefWrappers die richtige Flowreferenz und weist sie dem Builder zu. Nun folgt der try/catch-Block in der Methode, der den Flow entfernt, auf das Ergebnis der Operation wartet und abhängig vom Ausgang eine neue Version des Regelwerks setzt, und dann den Flow aus der Tabelle des NodeRefWrappers löscht oder aber die Rückgabewerte auf den Fehlerfall stellt.

Nach der Schleife wird der Flow noch aus der Gesamttabelle gelöscht, und die Methode erzeugt den Rückgabewert des RPC und gibt ihn zurück.

Um das Werk zu beenden, fehlen jetzt noch die Ergänzungen in FlowManagement.java und der Providerklasse GlobalfirewallProvider. In letzterer ist eine weitere Import-Zeile notwendig:

```
import org.opendaylight.yang.gen.v1.urn.opendaylight.params.xml.ns.yang.
globalfirewall.rev150105.GlobalfirewallService;
```

Am Ende der Methode onSessionInitiated wird noch die folgende Zeile eingefügt:

```
fwService = session.addRpcImplementation(GlobalfirewallService.class,
new GlobalfirewallImpl(nm));
```

Die Erweiterungen von der Klasse FlowManagement sehen folgendermaßen aus:

Listing 5.33: Ergänzungen von FlowManagement.java.

```
    private EthernetMatch createEthMatchByType(long ethertype)
    {
        EthernetMatchBuilder ethernetMatchBuilder = new
            EthernetMatchBuilder()
            .setEthernetType(new EthernetTypeBuilder()
                            .setType(new EtherType(ethertype)).build());
        return(ethernetMatchBuilder.build());
    }

    private Ipv4Match createIpv4Match(String source, String dest)
    {
        Ipv4MatchBuilder ipv4MatchBuilder = new Ipv4MatchBuilder();
        if(source != null)
            ipv4MatchBuilder.setIpv4Source(new Ipv4Prefix(source));

        if(dest != null)
            ipv4MatchBuilder.setIpv4Destination(new Ipv4Prefix(dest));

        return ipv4MatchBuilder.build();
    }

    private IpMatch createIpMatch(short protocol)
    {
```

```
        IpMatchBuilder ipMatchBuilder = new IpMatchBuilder()
            .setIpProtocol(protocol);
        return(ipMatchBuilder.build());
    }

    private TcpMatch createTcpMatch(Integer srcport, Integer destport)
    {
        TcpMatchBuilder tcpMatchBuilder = new TcpMatchBuilder();
        if(srcport != null)
            tcpMatchBuilder.setTcpSourcePort(new PortNumber(srcport));
        if(destport != null)
            tcpMatchBuilder.setTcpDestinationPort(new PortNumber(destport
                ));
        return(tcpMatchBuilder.build());
    }

    private UdpMatch createUdpMatch(Integer srcport, Integer destport)
    {
        UdpMatchBuilder udpMatchBuilder = new UdpMatchBuilder();
        if(srcport != null)
            udpMatchBuilder.setUdpSourcePort(new PortNumber(srcport));
        if(destport != null)
           udpMatchBuilder.setUdpDestinationPort(new PortNumber(destport)
               );
        return(udpMatchBuilder.build());
    }

    private Match createFwMatch(String sourceip, String destip, String
        protocol, Integer srcport , Integer destport)
    {
        MatchBuilder mb = new MatchBuilder()
            .setEthernetMatch(createEthMatchByType((long)0x800))
            .setLayer3Match(createIpv4Match(sourceip, destip));

        if(protocol.equalsIgnoreCase("UDP"))
        {
            mb.setIpMatch(createIpMatch((short)17));
            mb.setLayer4Match(createUdpMatch(srcport,destport));
        }
        else if(protocol.equalsIgnoreCase("TCP"))
        {
            mb.setIpMatch(createIpMatch((short)6));
            mb.setLayer4Match(createTcpMatch(srcport,destport));
        }

        return(mb.build());
    }
```

```
67
68      public Flow buildFwFlow(String sourceip, String destip, String
            protocol, Integer srcport , Integer destport, String name)
69      {
70          FlowBuilder fb = new FlowBuilder()
71              .setTableId(new Short((short)0))
72              .setFlowName(name);
73
74          fb.setId(new FlowId(Long.toString(fb.hashCode())));
75          Match fwMatch = createFwMatch(sourceip, destip, protocol, srcport
                , destport);
76          fb.setMatch(fwMatch);
77
78          return(fb.build());
79      }
```

Da ein OpenFlow-Flow, der Pakete verwerfen soll, keine Aktion hat, wird nur ein Match mit den entsprechenden Filtern erzeugt, der dem in Zeile 70 erzeugten Flow hinzugefügt wird. Die Methode buildFwFlow setzt ansonsten noch die Tabelle auf 0, den Namen auf den übergebenen Wert und die Id auf einen eindeutigen Wert, wie dies in der Methode buildNormalFlow auch schon geschah. Alles Interessante erledigt dann die Methode createFwMatch. Diese Methode baut die Filterbedingungen zusammen. Dem Builderpattern folgend gibt es einen MatchBuilder, der dann über set*typ* Methoden Filter der verschiedenen Sorten (Ethernet, IPv4 etc.) gesetzt bekommt. Die Methode createFwMatch setzt den EthernetMatch fest auf Typ 0x800 (IPv4). Dann wird die weiter oben definierte Methode createIpv4Match aufgerufen, deren Ergebnis für die Konstruktion eines Layer3-Match dient. Die createIpv4Match Methode bekommt die Quell- und Ziel-IP-Adresse als Argument. Ist eine von ihnen leer, so wird dies im Ipv4Match weggelassen, was gleichbedeutend mit einem Wildcard-Match ist. Ist das IP-Protokoll UDP, so wird die Methode createIpMatch mit dem Argument 17 (Protokollnummer von UDP) aufgerufen, und der Rückgabewert wird mit setIpMatch dem Builder zugewiesen. In der darauffolgenden Zeile wird die Methode createUdpMatch mit den beiden Ports aufgerufen. Ist einer der Ports nicht übergeben (null-Wert), so wird er weggelassen, und damit kann der Port beliebig sein, damit der Filter gilt. Ist das übergebene Protokoll TCP, so ruft die Methode createIpMatch mit dem Wert 6 für TCP auf, und danach wird die Methode createTcpMatch aufgerufen, die genauso funktioniert wie createUdpMatch, nur dass sie einen Filter vom Typ tcpMatch zurückgibt.

Wie kommt der RPC jetzt zum Einsatz? Am einfachsten verwendet der Admin dafür das YANG-UI des DLUX-Gui von OpenDaylight. Abbildung 5.5 zeigt, wo dies zu finden ist.

Die URL für das POST Request in unserem RFC ist http://ODLSERVER:8181/restconf/operations/globalfirewall:add-rule. Der JSON-Code zu der Regel steht in Listing 5.34.

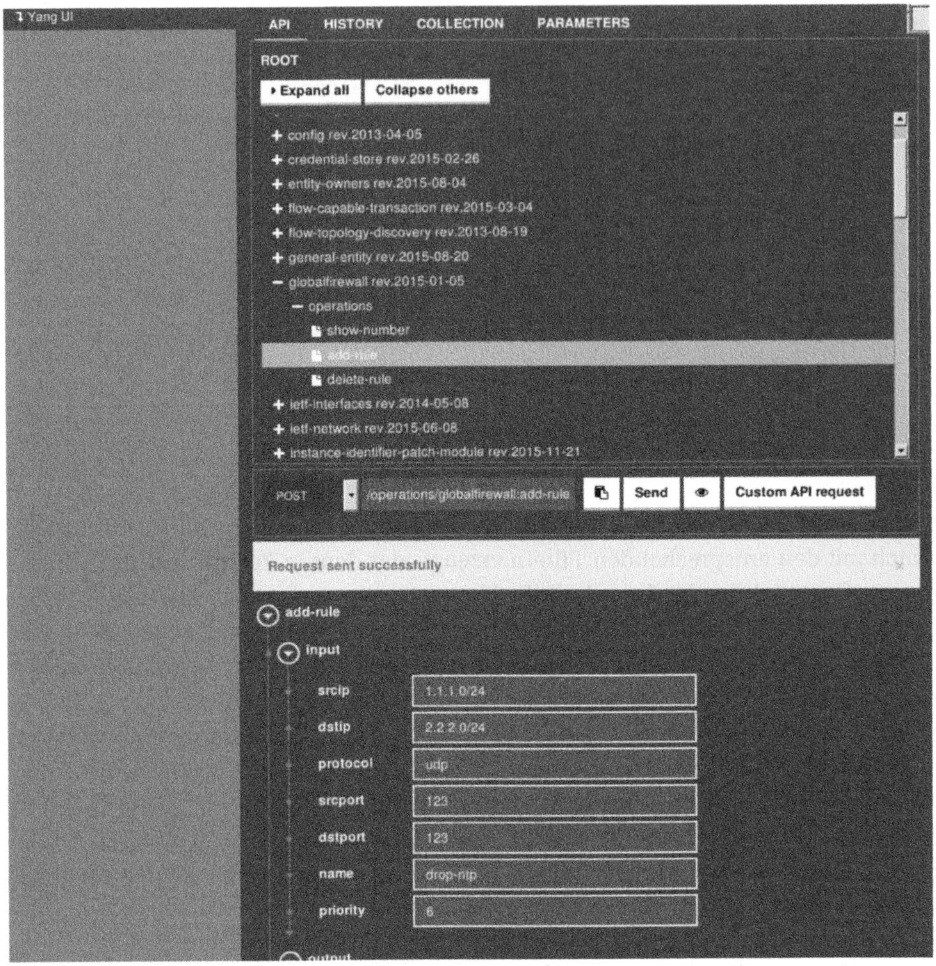

Abb. 5.5: Eingabe der globalfirewall-Parameter im DLUX-UI.

Listing 5.34: JSON-Code für den eigenen RPC.

```
{
    "input": {
        "srcip": "1.2.3.0/24",
        "dstip": "2.2.2.0/24",
        "protocol": "udp",
        "srcport": "123",
        "name": "drop-ntp",
        "priority": "6"
    }
}
```

Dementsprechend sieht der JSON-Code für das Löschen der Regel, wie folgt aus:

Listing 5.35: JSON-Code für den eigenen RPC.

```
{
    "input": {
        "name": "drop-ntp"
    }
}
```

5.4.2.5 MDSAL Data Store

Bisher sind die Daten der globalfirewall über die beiden definierten von außen zugreifbar. Zur eigenen Verwaltung der Liste der Regeln wurden Hashtables angelegt, aber diese sind nur innerhalb der eigenen Klassen verfügbar. Um diese in das OpenDaylight-Framework einzubinden, sollten sie in einem Teilbaum der MD-SAL-Registry gespeichert werden. Um dies zu erreichen, muss die YANG-Datei um einen Registry-Eintrag ergänzt werden. Diese Registry enthält die Parameter der Flows, wobei der Name, wie in der Hashtable, die Rolle des Schlüssels übernimmt.

Die Ergänzung der Datei globalfirewall.yang ist in Listing 5.36 abgebildet.

Listing 5.36: Erweiterung der Datei globalfirewall.yang für die Registry.

```
    container globalfirewall-registry {
        list globalfirewall-registry-entry {
            key "name";
            leaf srcip {
                type string;
            }
            leaf dstip {
                type string;
            }
            leaf protocol {
                type string;
            }
            leaf srcport {
                type uint16;
            }
            leaf dstport {
                type uint16;
            }
            leaf name {
                type string;
            }
            leaf priority {
                type uint16;
            }
        }
    }
```

Nach dieser Änderung empfiehlt es sich, im Verzeichnis api mit `mvn clean compile` neu zu übersetzen.

Damit die Klasse GlobalfirewallImpl nun sowohl schreibend wie lesend zugreifen kann, benötigt sie eine Instanz der Klasse DataBroker. Eine Instanz der Klasse kann sich GlobalfirewallProvider über den Aufruf `DataBroker db = session.getSALService(DataBroker.class);` besorgen. Damit das funktioniert, muss die Klasse org.opendaylight.controller.md.sal.binding.api.DataBroker importiert werden. Das gilt für die Klassen GlobalfirewallImpl und GlobalfirewallProvider.

Die Instanziierung des Firewall-Service ändert sich zu folgendem Aufruf, damit der DataBroker an die GlobalfirewallImpl Klasse übergeben wird. `fwService = session.addRpcImplementation(GlobalfirewallService.class, new GlobalfirewallImpl(nm, db));`

Der Anfang der Klasse GlobalfirewallImpl ändert sich zu dem folgenden:

Listing 5.37: Änderung in GlobalfirewallImpl.

```
private DataBroker db;

public GlobalfirewallImpl(NodeManagement n, DataBroker d)
{
    nm = n;
    myFlows = new Hashtable<String,Flow>();
    db = d;
    initializeRegistry();
}
```

Nun muss der Dienst die Registry initialisieren. Dies erledigt die Methode initialize Registry, die im Folgenden aufgelistet ist[7]:

Listing 5.38: Änderung in GlobalfirewallImpl.

```
private void initializeRegistry()
{
    WriteTransaction transaction = db.newWriteOnlyTransaction();
    InstanceIdentifier<GlobalfirewallRegistry> gfi =
        InstanceIdentifier.create(GlobalfirewallRegistry.class);
    GlobalfirewallRegistry gfr = new GlobalfirewallRegistryBuilder()
            .build();
    transaction.put(LogicalDatastoreType.OPERATIONAL, gfi, gfr);
    try
    {
        transaction.submit().get();
    }
```

7 Dieser Teil des Codes basiert auf einem der Tutorials auf der OpenDaylight-Wiki-Seite.

```
        catch(java.lang.InterruptedException ex)
        {
            LOG.error("InitializeReg␣was␣interrupted:␣"+ex);
        }
        catch(java.util.concurrent.ExecutionException cex)
        {
            LOG.error("InitializeReg␣was␣interrupted:␣"+cex);
        }
    }
```

Da die Methode neue Klassen, die aus der YANG-Erweiterung rühren verwendet, müssen diese auch importiert werden. Die folgenden Import-Anweisungen sind notwendig:

Listing 5.39: Neue Imports in GlobalfirewallImpl.

```
import org.opendaylight.controller.md.sal.binding.api.DataBroker; /* new */
import org.opendaylight.controller.md.sal.binding.api.WriteTransaction;
import org.opendaylight.controller.md.sal.common.api.data.
    LogicalDatastoreType;
import org.opendaylight.controller.md.sal.common.api.data.
    TransactionCommitFailedException;

import org.opendaylight.yang.gen.v1.urn.opendaylight.params.xml.ns.yang.
    globalfirewall.rev150105.GlobalfirewallRegistry;
import org.opendaylight.yang.gen.v1.urn.opendaylight.params.xml.ns.yang.
    globalfirewall.rev150105.GlobalfirewallRegistryBuilder;
import org.opendaylight.yang.gen.v1.urn.opendaylight.params.xml.ns.yang.
    globalfirewall.rev150105.globalfirewall.registry.
    GlobalfirewallRegistryEntry;
import org.opendaylight.yang.gen.v1.urn.opendaylight.params.xml.ns.yang.
    globalfirewall.rev150105.globalfirewall.registry.
    GlobalfirewallRegistryEntryBuilder;
import org.opendaylight.yang.gen.v1.urn.opendaylight.params.xml.ns.yang.
    globalfirewall.rev150105.globalfirewall.registry.
    GlobalfirewallRegistryEntryKey;
```

Die letzten drei Imports sind erst in der Methode writeRuleToRegistry notwendig, um aus den Daten des AddRuleInput einen Registry-Eintrag zu schaffen.

Unser RPC hat außer dem Hinzufügen einer Regel auch eine Methode zum Löschen. So definieren wir auch noch eine Methode deleteRuleFromRegistry. Die beiden Methoden sind in Listing 5.40 abgedruckt.

Listing 5.40: Manipulation der Registry.

```
    private void deleteRuleFromRegistry(DeleteRuleInput input)
    {
        WriteTransaction transaction = db.newWriteOnlyTransaction();
        InstanceIdentifier<GlobalfirewallRegistryEntry> iigfre = InstanceIdentifier.
             create(GlobalfirewallRegistry.class)
                        .child(GlobalfirewallRegistryEntry.class, new
                            GlobalfirewallRegistryEntryKey(input.getName()));
        transaction.delete(LogicalDatastoreType.OPERATIONAL ,iigfre);
        try
        {
            Object o = (Object)transaction.submit().get();
        }
        catch(java.lang.InterruptedException ex)
        {
            LOG.error("DeleteFromReg␣was␣interrupted:␣"+ex);
        }
        catch(java.util.concurrent.ExecutionException cex)
        {
            LOG.error("DeleteFromReg␣was␣interrupted:␣"+cex);
        }

    }

    private void writeRuleToRegistry(AddRuleInput input)
    {
        WriteTransaction transaction = db.newWriteOnlyTransaction();
        InstanceIdentifier<GlobalfirewallRegistryEntry> iigfre = InstanceIdentifier.
             create(GlobalfirewallRegistry.class)
            .child(GlobalfirewallRegistryEntry.class, new
                GlobalfirewallRegistryEntryKey(input.getName()));
        GlobalfirewallRegistryEntry gfre = new GlobalfirewallRegistryEntryBuilder()
            .setName(input.getName())
            .setSrcip(input.getSrcip())
            .setDstip(input.getDstip())
            .setProtocol(input.getProtocol())
            .setSrcport(input.getSrcport())
            .setDstport(input.getDstport())
            .setPriority(input.getPriority())
            .build();
        transaction.put(LogicalDatastoreType.OPERATIONAL, iigfre, gfre);
        try
        {
            transaction.submit().get();
        }
        catch(java.lang.InterruptedException ex)
        {
            LOG.error("WriteToReg␣was␣interrupted:␣"+ex);
        }
        catch(java.util.concurrent.ExecutionException cex)
        {
            LOG.error("WriteToReg␣was␣interrupted:␣"+cex);
        }
    }
```

Beide Methoden erzeugen zurerst eine neue WriteTransaction, die in der Variablen transaction gespeichert werden. Die zweite Zeile erzeugt je einen InstanceIdentifier vom Typ GlobalfirewallRegistryEntry (also einem Eintrag der Liste der Firewall-Regeln). Als Schlüsselwert (zum Wiederfinden) wird dabei der Flowname verwendet, der auch in der internen Verwaltung über die Hashtables zum Einsatz kommt. Bei der Methode writeRuleToRegistry hängt an diesem Wert allerdings ein leerer Eintrag und dieser wird in Zeile 27 erzeugt und mit den Werten aus dem übergebenen AddRuleInput befüllt. Nun übergibt die Methode die beiden Referenzen an den Operational DataStore und mit Submit werden die Daten tatsächlich geschrieben. Da dies wieder ein Future-Aufruf ist, wird mit .submit().get() auf das Ergebnis gewartet. Dies enthält keine Fehlerbehandlung, reicht aber im Rahmen des Beispieles aus.

In der Methode deleteRuleFromRegistry geht es nach der Instanziierung des InstanceIdentifiers etwas anders weiter. Da das Objekt in der Registry schon gefunden wurde, kommt statt der put- die delete-Methode der WriteTransaction zum Zuge. Diese erhält als Argumente den DataStore (wieder LogicalDataStoreType.OPERATIONAL) und dann das zu löschende Objekt in Form des Instance Identifiers. Schließlich wird .submit().get() aufgerufen und dies in einem try/catch-Block, damit die Exceptions des asynchronen Aufrufes abgefangen werden können.

Analog zur WriteTransaction bietet die DataBroker-Klasse auch eine ReadTransaction. Diese wird mit der Methode newReadOnlyTransaction() erzeugt, und stellt dann die Methode read zur Verfügung. read hat zwei Argumente: Den DataStore (im Beispiel oben etwa LogicalDataStoreType.OPERATIONAL) und einen InstanceIdentifier vom gesuchten Klassentyp (im Beispiel hier GlobalfirewallRegistryEntry). Dieser wird wie in der Löschmethode mit dem richtigen Schlüsselwert initialisiert und wenn ein Eintrag gefunden wurde, findet sich dieser im Rückgabewert der get() Methode der ReadonlyTransaction. Einige Zeilen Code verdeutlichen die Zusammenhänge besser:

Listing 5.41: ReadTransactions im Einsatz.

```
ReadTransaction ro = db.getReadOnlyTransAction();
InstanceIdentifier<GlobalfirewallRegistryEntry> iigfre =
     InstanceIdentifier.create(GlobalfirewallRegistry.class)
         .child(GlobalfirewallRegistryEntry.class, new
             GlobalfirewallRegistryEntryKey(nameDerRegel))
Optional<GlobalfirewallRegistryEntry> odata = readOnlyTransaction.read(
     LogicalDatastoreType.OPERATIONAL, iigfre).get();
if(odata.isPresent())
    doSomething(odata.get())
```

Somit könnte die Hashtable der Firewall-Regeln weggelassen werden und stattdessen die komplette Verwaltung auf die Registry umgestellt werden.

Die in der Regeistry gespeicherten Daten sind auch per RESTCONF API-Aufruf von außen abrufbar. Ein Aufruf der URL http://ODLSERVER:8181/restconf/operational/globalfirewall:globalfirewall-registry liefert ein Ergebnis wie das folgende:

Listing 5.42: Ausgabe des Abrufes der in der Registry gespeicherten Daten.

```
<globalfirewall-registry xmlns="
    urn:opendaylight:params:xml:ns:yang:globalfirewall">
  <globalfirewall-registry-entry>
    <name>drop-dns</name>
    <dstip>2.2.2.0/24</dstip>
    <priority>6</priority>
    <srcip>1.2.3.0/24</srcip>
    <protocol>udp</protocol>
    <srcport>53</srcport>
  </globalfirewall-registry-entry>
</globalfirewall-registry>
```

Dies ist auch im YANG-UI Teil von DLUX sichtbar:

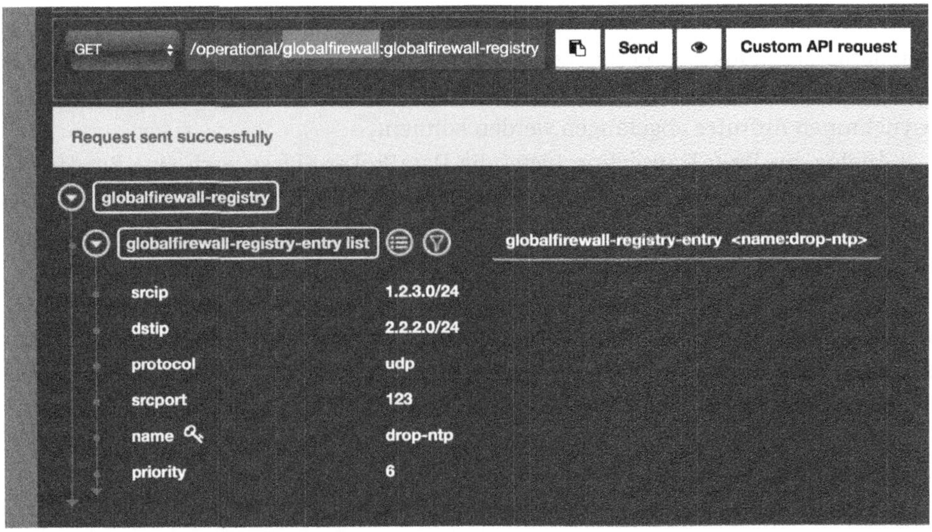

Abb. 5.6: Firewall-Registry im DLUX-UI.

5.4.3 Pakete lesen und schreiben

Die letzte Applikation hat Flows zur Filterung auf die angeschlossenen Geräte geschoben. Das OpenFlow-Protokoll erlaubt es aber auch, Pakete auszulesen und einzufügen.

Ist auf einem Switch ein Flow mit der Output-Aktion „Controller" definiert, so wird das Paket (oder ein Teil davon) an den Controller geschickt. Ist dort im Fall von OpenDaylight der richtige Listener aufgesetzt, so bekommt dieser das Paket zugestellt und kann es analysieren.

Dieser Abschnitt zeigt zuerst, wie sich eine Applikation registriert, sodass sie Pakete empfängt und wie diese dann auseinandergenommern werden. Die erste Erweiterung sendet Pakete über einen RPC und die zweite Erweiterung nimmt ein eingehendes Paket, manipuliert es und schickt es dann wieder auf den Weg.

5.4.3.1 Pakete empfangen

Als ersten Schritt erzeugen wir aus dem Archetyp-Projekt ein neues. Die GroupID ist org.openflowbuch.packetmagic und die ArtefactID ist packetmagic.

Wie auch beim globalfirewall-Projekt sollte der Entwickler als erstes nach dem Erzeugen des Projektes mit dem Maven-Aufruf die notwendigen pom.xml Dateien und die features.xml anpassen, damit die notwendigen Pakete (vor allem das OpenFlow-Plugin und openflowjava mit einigen Hilfsfunktionen, die dem Entwickler das Leben einfacher machen) beim Compilieren gefunden und in das Ergebnis eingebunden werden.

Die erste Datei ist impl/pom.xml. In den Dependency-Block kommen die folgenden Ergänzungen:

Listing 5.43: Ergänzungen in impl/pom.xml für das packetmagic Projet.

```
<dependency>
  <groupId>org.opendaylight.openflowplugin.model</groupId>
  <artifactId>model-flow-base</artifactId>
  <version>0.2.2-Beryllium-SR2</version>
</dependency>
<dependency>
  <groupId>org.opendaylight.openflowplugin.model</groupId>
  <artifactId>model-flow-service</artifactId>
  <version>0.2.2-Beryllium-SR2</version>
</dependency>
<dependency>
  <groupId>org.opendaylight.openflowplugin</groupId>
  <artifactId>openflowplugin-api</artifactId>
  <version>0.2.2-Beryllium-SR2</version>
</dependency>

<dependency>
  <groupId>org.opendaylight.openflowplugin.model</groupId>
  <artifactId>model-flow-service</artifactId>
  <version>0.2.2-Beryllium-SR2</version>
</dependency>

<dependency>
  <groupId>org.opendaylight.openflowplugin.model</groupId>
  <artifactId>model-flow-base</artifactId>
  <version>0.2.2-Beryllium-SR2</version>
</dependency>
```

```
    <dependency>
      <groupId>org.opendaylight.openflowplugin</groupId>
      <artifactId>openflowplugin-api</artifactId>
      <version>0.2.2-Beryllium-SR2</version>
    </dependency>

    <dependency>
      <groupId>org.opendaylight.openflowjava</groupId>
      <artifactId>openflowjava-util</artifactId>
      <version>0.7.2-Beryllium-SR2</version>
      <type>bundle</type>
    </dependency>
```

Die Datei features/pom.xml erhält die folgenden Erweiterungen:

Listing 5.44: Ergänzungen in features/pom.xml für das packetmagic Projet.

```
    <dependency>
        <groupId>org.opendaylight.openflowplugin.model</groupId>
        <artifactId>model-flow-service</artifactId>
        <version>0.2.2-Beryllium-SR2</version>

    </dependency>
    <dependency>
        <groupId>org.opendaylight.openflowplugin</groupId>
        <artifactId>features-openflowplugin</artifactId>
        <version>0.2.2-Beryllium-SR2</version>
    </dependency>
```

Schließlich bleibt noch die Datei features.xml im Verzeichnis features/src/main/features.

Listing 5.45: Ergänzungen in features.xml für das packetmagic Projet.

```
<?xml version="1.0" encoding="UTF-8"?>
<!--
Copyright © 2015 Konstantin Agouros and others. All rights reserved.

This program and the accompanying materials are made available under the
terms of the Eclipse Public License v1.0 which accompanies this distribution,
and is available at http://www.eclipse.org/legal/epl-v10.html
-->
<features name="odl-packetmagic-${project.version}" xmlns="http://karaf.apache.org/xmlns/features/v1.2.0"
  xmlns:xsi="http://www.w3.org/2001/XMLSchema-instance"
  xsi:schemaLocation="http://karaf.apache.org/xmlns/features/v1.2.0 http://karaf.apache.org/xmlns/features/v1.2.0">
```

```
12 <repository>mvn:org.opendaylight.openflowplugin/features-openflowplugin
     /{{VERSION}}/xml/features</repository>
13 <repository>mvn:org.opendaylight.yangtools/features-yangtools/{{VERSION
     }}/xml/features</repository>
14 <repository>mvn:org.opendaylight.controller/features-mdsal/{{VERSION}}/
     xml/features</repository>
15 <repository>mvn:org.opendaylight.mdsal.model/features-mdsal-model/{{
     VERSION}}/xml/features</repository>
16 <repository>mvn:org.opendaylight.netconf/features-restconf/{{VERSION}}/
     xml/features</repository>
17 <repository>mvn:org.opendaylight.dlux/features-dlux/{{VERSION}}/xml/
     features</repository>
18 <feature name='odl-packetmagic-api' version='${project.version}'
     description='OpenDaylight␣::␣packetmagic␣::␣api'>
19   <feature version='${mdsal.model.version}'>odl-mdsal-models</feature>
20   <bundle>mvn:org.openflowbuch.packetmagic/packetmagic-api/{{VERSION}}<
       /bundle>
21 </feature>
22 <feature name='odl-packetmagic' version='${project.version}'
     description='OpenDaylight␣::␣packetmagic'>
23   <feature version='${mdsal.version}'>odl-mdsal-broker</feature>
24   <feature version='${project.version}'>odl-packetmagic-api</feature>
25   <feature version="0.2.2-Beryllium-SR2">odl-openflowplugin-flow-
       services</feature>
26   <bundle>mvn:org.openflowbuch.packetmagic/packetmagic-impl/{{VERSION}}
       </bundle>
27   <configfile finalname="${configfile.directory}/packetmagic.xml">
       mvn:org.openflowbuch.packetmagic/packetmagic-impl/{{VERSION}}/xml
       /config</configfile>
28 </feature>
29 <feature name='odl-packetmagic-rest' version='${project.version}'
     description='OpenDaylight␣::␣packetmagic␣::␣REST'>
30   <feature version="${project.version}">odl-packetmagic</feature>
31   <feature version="${restconf.version}">odl-restconf</feature>
32 </feature>
33 <feature name='odl-packetmagic-ui' version='${project.version}'
     description='OpenDaylight␣::␣packetmagic␣::␣UI'>
34   <feature version="${project.version}">odl-packetmagic-rest</feature>
35   <feature version="${restconf.version}">odl-mdsal-apidocs</feature>
36   <feature version="${mdsal.version}">odl-mdsal-xsql</feature>
37   <feature version="${dlux.version}">odl-dlux-yangui</feature>
38 </feature>
39
40 </features>
```

Die Ergänzungen sind in den Zeilen 12 und 25.

Das Projekt besteht in der ersten Version aus zwei eigenen Java-Dateien. Zum einen die aus dem Projekt erzeugte Datei PacketmagicProvider.java und die Datei PacketManagement.java, die die Verarbeitung der gesendeten Pakete übernimmt.

Die Datei PacketmagicProvider.java ist in Listing 5.46 abgebildet.

Listing 5.46: PacketmagicProvider.java.

```java
/*
 * Copyright © 2015 Konstantin Agouros and others.  All rights reserved.
 *
 * This program and the accompanying materials are made available under the
 * terms of the Eclipse Public License v1.0 which accompanies this distribution,
 * and is available at http://www.eclipse.org/legal/epl-v10.html
 */
package org.openflowbuch.packetmagic.impl;

import org.opendaylight.controller.sal.binding.api.BindingAwareBroker.ProviderContext;
import org.opendaylight.controller.sal.binding.api.BindingAwareProvider;
import org.opendaylight.controller.sal.binding.api.NotificationProviderService;

import org.opendaylight.yang.gen.v1.urn.opendaylight.packet.service.rev130709.PacketProcessingService;

import org.opendaylight.yangtools.concepts.Registration;

import org.slf4j.Logger;
import org.slf4j.LoggerFactory;

public class PacketmagicProvider implements BindingAwareProvider, AutoCloseable {

    private static final Logger LOG = LoggerFactory.getLogger(PacketmagicProvider.class);
    private PacketProcessingService packetProcessingService;
    private Registration packetInRegistration;
    private PacketManagement pm;

    @Override
    public void onSessionInitiated(ProviderContext session)
    {
        LOG.info("PacketmagicProvider␣Session␣Initiated");
        NotificationProviderService salNotifiService = session.getSALService(NotificationProviderService.class);
        packetProcessingService = session.getRpcService(PacketProcessingService.class);
        pm = new PacketManagement();
        packetInRegistration = salNotifiService.registerNotificationListener(pm);
    }

    @Override
    public void close() throws Exception {
        LOG.info("PacketmagicProvider␣Closed");
    }

}
```

Die Imports zwischen Zeile 12 und 16 sind hinzugefügt. In Zeile 32 ruft die Klasse die Methode getSALService der Session auf. Als Argument wird die Klasse NotificationProviderService übergeben. Diesen verwendet onSessionInitiated dann in Zeile 35, um die Instanz der Klasse PacketManagement als Listener für Pakete an den Controller zu registrieren.

Die Logik ist der Klasse PacketManagmeent implementiert.

Listing 5.47: PacketManagement.java.

```
/*
 * Copyright © 2015 Konstantin Agouros and others.  All rights reserved.
 *
 * This program and the accompanying materials are made available under
 * the terms of the Eclipse Public License v1.0 which accompanies this
 * distribution, and is available at
 * http://www.eclipse.org/legal/epl-v10.html
 */

package org.openflowbuch.packetmagic.impl;

import java.util.Arrays;

import org.opendaylight.yang.gen.v1.urn.opendaylight.packet.service.
    rev130709.PacketProcessingListener;
import org.opendaylight.yang.gen.v1.urn.opendaylight.packet.service.
    rev130709.PacketReceived;

import org.slf4j.Logger;
import org.slf4j.LoggerFactory;

import org.opendaylight.yang.gen.v1.urn.opendaylight.inventory.rev130819.
    node.NodeConnector;
import org.opendaylight.yang.gen.v1.urn.opendaylight.inventory.rev130819.
    node.NodeConnectorKey;

import static org.opendaylight.openflowjava.util.ByteBufUtils.
    bytesToHexString;
import static org.opendaylight.openflowjava.util.ByteBufUtils.
    macAddressToString;
import static org.opendaylight.openflowjava.util.ByteBufUtils.
    readIpv4Address;

import io.netty.buffer.ByteBuf;
import io.netty.buffer.Unpooled;


public class PacketManagement implements PacketProcessingListener
```

```
{
    private static final Logger LOG = LoggerFactory.getLogger(PacketmagicProvider.class);

    public void onPacketReceived(PacketReceived packetReceived)
    {
        byte[] data = packetReceived.getPayload();
        final byte[] srcmac = Arrays.copyOfRange(data, 6, 12);
        final byte[] dstmac = Arrays.copyOfRange(data, 0, 6);
        final byte[] ethtype = Arrays.copyOfRange(data, 12, 14);
        final byte[] ethpayload = Arrays.copyOfRange(data, 14, data.length);

        LOG.info("Packet Received on port"+packetReceived.getIngress().getValue().firstKeyOf(NodeConnector.class, NodeConnectorKey.class).getId());

        String smac = macAddressToString(srcmac);
        String dmac = macAddressToString(dstmac);
        String eth = bytesToHexString(ethtype);
        LOG.info("PM Mac Addresses of Packet:"+smac+"->"+dmac+" Ethtype "+eth);
        if(eth.equals("08 06")) // arp
        {
            byte[] ip = Arrays.copyOfRange(data, 38, 42);
            final ByteBuf ipbuf = Unpooled.copiedBuffer(ip);
            LOG.info("PM ARP-Target: "+readIpv4Address(ipbuf));
        }
        else if(eth.equals("08 00")) //ip
        {
            final byte[] sip = Arrays.copyOfRange(ethpayload, 12, 16);
            final byte[] dip = Arrays.copyOfRange(ethpayload, 16, 20);

            final ByteBuf sipbuf = Unpooled.copiedBuffer(sip);
            final ByteBuf dipbuf = Unpooled.copiedBuffer(dip);
            byte[] proto = Arrays.copyOfRange(ethpayload, 9, 10);
            LOG.info("PM IP packet: "+readIpv4Address(sipbuf)+"->"+readIpv4Address(dipbuf)+" proto: "+ubyte(proto[0]));
        }
    }

    private int ubyte(byte b)
    {
        return((int)(b &0xff));
    }

}
```

Die import-Anweisungen in Zeile 14 und der darauf folgenden importieren die Listener Klasse sowie die Klasse für das empfangene Paket. Die imports in den Zeilen 23 und den beiden darauf folgenden importieren Hilfsfunktionen zum Zerlegen der Rohdaten der Pakete.

Zeile 37 extrahiert das Paket als Byte-Array aus der übergebenen PacketReceived Instanz. Die nächsten vier Zeilen zeigen die halbe Arbeit des Zerlegens eines Paketes in seine logischen Bestandteile. Die ersten drei Zeilen des Vierer-Blocks extrahieren die Quell- und Ziel-MAC-Adresse sowie den Ethernettyp des Paketes. Die vierte Zeile kopiert die Ethernetpayload in ein eigenes Paket. Dadurch wird das Zerlegen etwa eines IP-Paketes einfacher, da die Offsets bei 0 beginnen können und nicht den Ethernetanteil mit einberechnen müssen.

Zeile 45 und die folgende verwenden die Hilfsroutine macAddressToString aus dem openflowjava-Paket, um aus den Bytes eine lesbare Adresse in Stringform zu erzeugen. Mithilfe der Routine bytesToHexString erzeugt die Methode aus den zwei Byte des Ethernet Typs ebenfalls einen lesbaren String.

Abhängig vom Wert des Ethernet-Types extrahiert die Methode entweder die gesuchte IP-Adresse eines ARP-Requests (Zeile 51) oder die Quell- und Ziel-IP-Adresse sowie das IP-Protokoll im Falle eines IP-Paketes (Zeile 57).

Da die Hilfsmethode readIpv4Address einen ByteBuf als Argument benötigt, wird das byte[] Array erst in einen solchen umkopiert, bevor die Adresse dann generiert werden kann.

Die Methode gibt die gesammelten Daten über den Logger aus. Als erstes den Eingangsport, dann die MAC-Adressen und den Typ und schließlich die ARP- oder IP-Informationen.

Nach dem Übersetzen mit mvn -DskipTests clean install und dem Start des Karaf-Containers im Verzeichnis karaf/target/assembly, sind noch zwei Arbeitsschritte notwendig, damit Paketinformationen im Logfile auftauchen:

1. Ein Switch muss dem Controller zugewiesen werden.
2. Der Switch benötigt neben angeschlossenen Geräten einen Flow, der alle Pakete zum Controller schickt.

Bei Verwendung von Open vSwitch geschieht dies mit den folgenden Kommandos:

```
ovs-vsctl set-controller testswitch
tcp:ip-des-entwicklungsrechners:6653 ovs-ofctl add-flow testswitch
actions=controller.
```

Schickt nun ein angeschlossenes Gerät ein Paket (in der Regel am Anfang ein ARP-Request) auf den Switch, erscheinen Meldungen wie die folgenden im Logfile:

Listing 5.48: Logmeldungen der PacketMangement Klasse.

```
2016-06-21 16:08:33,601 | INFO  | pool-29-thread-1 | PacketmagicProvider
                    | 180 - org.openflowbuch.packetmagic.impl - 1.0.0.
    SNAPSHOT | Packet Received on portUri [_value=openflow
    :226551477325892:12]
2016-06-21 16:08:33,601 | INFO  | pool-29-thread-1 |
PacketmagicProvider                | 180 -
org.openflowbuch.packetmagic.impl - 1.0.0.SNAPSHOT | PM Mac Addresses of
    Packet:52:54:00:F2:FD:A3->FF:FF:FF:FF:FF:FF Ethtype 08 06
2016-06-21 16:08:33,601 | INFO  | pool-29-thread-1 | PacketmagicProvider
                    | 180 - org.openflowbuch.packetmagic.impl - 1.0.0.
    SNAPSHOT | PM ARP-Target: 10.5.1.4
```

5.4.3.2 Pakete einfügen

Der umgekehrte Weg ist genauso möglich. Der PacketProcessingService besitzt auch eine Methode transmitPacket. Das bedeutet, dass sich eine Applikation selber ein Paket zusammenbauen kann, und dann über einen NodeConnector (die MD-SAL Repräsentation eines Ports an einem Switch) auf das Kabel schicken kann. Die im letzten Abschnitt vorgestellte Variante „verbraucht" das Paket, da sie es bei dem zum Test angewandten Flow auf dem Switch nur an den Controller schickt, das ARP-Paket also nie ein anderes Ziel am Switch sieht. Es ist natürlich möglich, das Paket an den Controller und z.B. per NORMAL-Aktion normal weiterzuverteilen, dann kann es aber nicht manipuliert werden. Die manipulierte Weiterleitung zeigt dann der nächste Abschnitt.

Dies wird die Applikation in diesem Abschnitt durchführen. Damit nicht alles hart codiert ist, bekommt sie einen RPC, in den der Anwender einen Text, eine Ziel-IP und eine Ziel-MAC-Adresse eingeben kann und die Anwendung baut daraus ein UDP-Paket zusammen, welches den eingegebenen Text in den Nutzdaten des Paketes enthält. Dies bedeutet allerdings auch, dass vom Ethernet bis zum UDP-Header alles selber zusammengebaut werden muss.

Der erste Schritt für einen RPC ist die Erweiterung der YANG-Datei im API-Verzeichnis.

Listing 5.49: packetmagic.yang.

```
module packetmagic {
    yang-version 1;
    namespace "urn:opendaylight:params:xml:ns:yang:packetmagic";
    prefix "packetmagic";

    revision "2015-01-05" {
        description "Initial revision of packetmagic model";
    }

```

```
10      rpc send-packet {
11          input {
12              leaf dstmac {
13                  type string;
14              }
15              leaf dstip {
16                  type string;
17              }
18              leaf message {
19                  type string;
20              }
21          }
22          output {
23            leaf message {
24                type string;
25            }
26          }
27      }
28  }
```

Ab Zeile 10 ist der neue RPC definiert. Die Eingabeparameter sind die Ziel-MAC- und IP-Adresse sowie ein Text, der im Paket stehen soll. Wie später im Java Code zu sehen ist, sind die Port Nummern und die Quell-Adressen hart codiert, um den Code übersichtlich zu halten. Eine Erweiterung sei dem Leser zur Übung überlassen.

Wie auch im erstem RPC-Beispiel benötigt die Applikation nun eine Klasse, die die Logik implementiert, entsprechend der Namenskonvenvtion „PacketmagicImpl" und in der Klasse PacketmagicProvider muss diese dem RPC-Service zugewiesen werden. Listing 5.50 zeigt die Erweiterungen in der Klasse PacketmagicProvider.

Listing 5.50: PacketmagicProvider erweiterte version.

```
import org.opendaylight.controller.md.sal.binding.api.DataBroker;
import org.opendaylight.controller.md.sal.binding.api.ReadTransaction;

import org.opendaylight.controller.sal.binding.api.BindingAwareBroker.
    RpcRegistration;

import org.opendaylight.yang.gen.v1.urn.opendaylight.packet.service.
    rev130709.PacketProcessingService;

import org.opendaylight.yang.gen.v1.urn.opendaylight.params.xml.ns.yang.
    packetmagic.rev150105.PacketmagicService;

import org.opendaylight.yangtools.yang.binding.InstanceIdentifier;

import org.opendaylight.yangtools.concepts.Registration;
```

```
13  ...
14
15      public void onSessionInitiated(ProviderContext session)
16      {
17          db = session.getSALService(DataBroker.class);
18          LOG.info("PacketmagicProvider␣Session␣Initiated");
19          NotificationProviderService salNotifiService = session.
                getSALService(NotificationProviderService.class);
20          packetProcessingService = session.getRpcService(
                PacketProcessingService.class);
21          pm = new PacketManagement();
22          packetInRegistration = salNotifiService.
                registerNotificationListener(pm);
23          pmService = session.addRpcImplementation(PacketmagicService.class
                , new PacketmagicImpl(packetProcessingService, db));
24      }
```

Die ersten Zeilen sind die zusätzlich notwendigen Imports. DataBroker und ReadTransaction sind notwendig, damit die Applikation die Nodes, die OpenDaylight kennt, aus der Liste der Nodes auslesen kann und nicht wie bei der ersten Applikation einen Listener implementieren muss, um an die Nodes und deren Interfaces, auf denen das Paket ausgesendet werden soll, zu gelangen. Die RpcRegistration ist zur Anmeldung der -Impl-Klasse als Implementierung des Service notwendig. Die Klasse PacketProcessingService stellt die Methode transmitPacket bereit, mit der das generierte Paket dann gesendet wird. Die aus der YANG-Datei generierte Klasse PacketmagicService muss auch importiert werden, damit die Zuweisung in Zeile 23 funktioniert. In der Methode onSessionInitiated sind nur zwei Zeilen hinzugekommen, 17 und 23. Die Zeile 17 ruft eine DataBroker-Instanz ab und Zeile 23 instanziiert PacketmagicImpl und weist dies als Implementierung dem PacketmagicService zu.

Die Arbeit erledigt nun die Klasse PacketmagicImpl. Einige der Aufrufe beim Zusammenbau der Pakete sehen etwas umständlich aus, allerdings eignet sich Java auch nicht besonders gut zur Manipulation von Daten mit einem vorgegebenen Binärformat. Im Speziellen der Datentyp byte, den es nur in einer vorzeichenbehafteten Version gibt, erzwang ein paar Umwege[8].

8 Der Autor ist kein hauptberuflicher Java-Entwickler, sodass angemerkt sei, dass elegantere Versionen des abgedruckten Codes sehr gut möglich sind. Jedoch ist der Code getestet und funktioniert.

Die Klasse ist in Listing 5.51 abgedruckt.

Listing 5.51: PacketmagicImpl.

```
/*
 * Copyright © 2015 Konstantin Agouros and others.  All rights reserved.
 *
 * This program and the accompanying materials are made available under the
 * terms of the Eclipse Public License v1.0 which accompanies this distribution,
 * and is available at http://www.eclipse.org/legal/epl-v10.html
 */

package org.openflowbuch.packetmagic.impl;

import java.nio.ByteBuffer;
import java.util.ArrayList;
import java.util.Arrays;
import java.util.Enumeration;
import java.util.List;
import java.util.StringTokenizer;
import java.util.concurrent.ExecutionException;
import java.util.concurrent.Future;

import org.opendaylight.controller.md.sal.binding.api.DataBroker;
import org.opendaylight.controller.md.sal.binding.api.ReadOnlyTransaction;
import org.opendaylight.controller.md.sal.common.api.data.LogicalDatastoreType;

import org.opendaylight.yang.gen.v1.urn.opendaylight.packet.service.rev130709.
    PacketProcessingService;
import org.opendaylight.yang.gen.v1.urn.opendaylight.packet.service.rev130709.
    TransmitPacketInput;
import org.opendaylight.yang.gen.v1.urn.opendaylight.packet.service.rev130709.
    TransmitPacketInputBuilder;

import org.opendaylight.yang.gen.v1.urn.opendaylight.params.xml.ns.yang.
    packetmagic.rev150105.PacketmagicService;
import org.opendaylight.yang.gen.v1.urn.opendaylight.params.xml.ns.yang.
    packetmagic.rev150105.SendPacketInput;
import org.opendaylight.yang.gen.v1.urn.opendaylight.params.xml.ns.yang.
    packetmagic.rev150105.SendPacketOutput;
import org.opendaylight.yang.gen.v1.urn.opendaylight.params.xml.ns.yang.
    packetmagic.rev150105.SendPacketOutputBuilder;

import org.opendaylight.yang.gen.v1.urn.opendaylight.inventory.rev130819.nodes.
    Node;
import org.opendaylight.yang.gen.v1.urn.opendaylight.inventory.rev130819.NodeId;
import org.opendaylight.yang.gen.v1.urn.opendaylight.inventory.rev130819.nodes.
    NodeKey;
import org.opendaylight.yang.gen.v1.urn.opendaylight.inventory.rev130819.Nodes;
import org.opendaylight.yang.gen.v1.urn.opendaylight.inventory.rev130819.node.
    NodeConnector;
import org.opendaylight.yang.gen.v1.urn.opendaylight.inventory.rev130819.node.
    NodeConnectorKey;
```

```
import org.opendaylight.yang.gen.v1.urn.opendaylight.inventory.rev130819.NodeConnectorId;
import org.opendaylight.yang.gen.v1.urn.opendaylight.inventory.rev130819.NodeConnectorRef;
import org.opendaylight.yang.gen.v1.urn.opendaylight.inventory.rev130819.NodeRef;
import org.opendaylight.yang.gen.v1.urn.opendaylight.inventory.rev130819.NodesBuilder;
import org.opendaylight.yangtools.yang.binding.InstanceIdentifier;

import org.opendaylight.yangtools.yang.common.RpcResult;
import org.opendaylight.yangtools.yang.common.RpcResultBuilder;
import org.slf4j.Logger;
import org.slf4j.LoggerFactory;

import com.google.common.base.Optional;

public class PacketmagicImpl implements PacketmagicService
{
   private static final Logger LOG = LoggerFactory.getLogger(PacketmagicImpl.class);
   PacketProcessingService pps;
   DataBroker db;
   byte [] srcmac = {0x00, 0x01, 0x02, 0x03, 0x04, 0x05};
   byte [] ethtype = {0x08, 0x00};
   public static final int  SHORTMASK = (1 << Short.SIZE) - 1;


   public PacketmagicImpl(PacketProcessingService p, DataBroker d)
   {
      pps = p;
      db = d;
   }

   public Future<RpcResult<SendPacketOutput>> sendPacket(SendPacketInput sendInput)
   {
      byte [] payload = buildPayload(sendInput);
      String msg = "All␣OK";

      TransmitPacketInputBuilder tpib  = new TransmitPacketInputBuilder()
          .setPayload(payload);

      InstanceIdentifier.InstanceIdentifierBuilder<Nodes> nib =
           InstanceIdentifier.<Nodes>builder(Nodes.class);
      Nodes nodes = null;
      ReadOnlyTransaction readOnlyTransaction = db.newReadOnlyTransaction();

      try
      {
          Optional<Nodes> optdata = readOnlyTransaction
              .read(LogicalDatastoreType.OPERATIONAL, nib.build()).get();
          if (optdata.isPresent())
              nodes = (Nodes) optdata.get();
      }
```

```
        catch (InterruptedException ie)
        {
            LOG.error("NodeRead␣failed␣"+ie);
            msg = "NodeRead␣failed␣"+ie;
        }
        catch (ExecutionException ee)
        {
            LOG.error("NodeRead␣failed␣"+ee);
            msg = "NodeRead␣failed␣"+ee;
        }
        readOnlyTransaction.close();

         if (nodes != null)
        {
            LOG.info("PMI:␣Size␣of␣Nodes:"+nodes.getNode().size());
            for (Node node : nodes.getNode())
            {
                NodeRef nr = getNodeRef(node.getId());

                tpib.setNode(nr);
                List<NodeConnector> ncs = node.getNodeConnector();
                if (ncs != null)
                {
                    for (NodeConnector nc : ncs)
                    {
                        NodeConnectorRef ncr = getNodeConnectorRef(nc.getId());
                        tpib.setEgress(ncr);
                        pps.transmitPacket(tpib.build());
                    }
                }
            }
        }

        SendPacketOutput spout = new SendPacketOutputBuilder()
            .setMessage(msg)
            .build();
        return RpcResultBuilder.success(spout).buildFuture();
    }

     byte[] buildPayload(SendPacketInput input)
    {
        byte[] dstmac = new byte[6];
        byte[] ethPacket = new byte[14];
        int i = 0;
        byte[] ipv4Packet = new byte[20];

        StringTokenizer st = new StringTokenizer(input.getDstmac(), ":");
        while(st.hasMoreTokens())
        {
            String s = st.nextToken();
            dstmac[i++] = (byte) Short.parseShort(s, 16);
        }

        System.arraycopy(dstmac, 0, ethPacket, 0, 6);
```

```
System.arraycopy(srcmac, 0, ethPacket, 6,6);
System.arraycopy(ethtype, 0, ethPacket, 12, 2);

String ipv4packetstr = "45␣c0␣ff␣ff␣00␣00␣40␣0␣40␣11␣ff␣ff␣01␣01␣01␣01";

st = new StringTokenizer(ipv4packetstr, "␣");
i = 0;
while(st.hasMoreTokens())
{
    String s = st.nextToken();
    ipv4Packet[i++] = (byte) Short.parseShort(s, 16);
}
st = new StringTokenizer(input.getDstip(), ".");
while(st.hasMoreTokens()))
{
    String s = st.nextToken();
    ipv4Packet[i++] = (byte) Short.parseShort(s, 10);
}

short iplen = new Integer(input.getMessage().length()).shortValue();
iplen += 28;
ByteBuffer buf = ByteBuffer.allocate(2);
buf.mark();
buf.putShort(iplen);
byte[] iplenar =  buf.array();
ipv4Packet[2] = iplenar[0];
ipv4Packet[3] = iplenar[1];
byte[] ipchecksum = calculateChecksum(ipv4Packet);
ipv4Packet[10] = ipchecksum[0];
ipv4Packet[11] = ipchecksum[1];

byte[] udpheader = new byte[8];
udpheader[0] = 4;
udpheader[1] = 0;
udpheader[2] = 4;
udpheader[3] = 0;
buf.reset();
buf.putShort((short)(iplen-20));
byte[] udplen = buf.array();
udpheader[4] = udplen[0];
udpheader[5] = udplen[1];
udpheader[6] = 0; //udp checksum initial auf null
udpheader[7] = 0;

byte[] wholepacket = new byte[ethPacket.length + ipv4Packet.length +
     udpheader.length + input.getMessage().length()];
int copyindex=0;
System.arraycopy(ethPacket, 0, wholepacket, copyindex, ethPacket.length);
copyindex += ethPacket.length;
System.arraycopy(ipv4Packet, 0, wholepacket, copyindex, ipv4Packet.length);
copyindex += ipv4Packet.length;
System.arraycopy(udpheader, 0, wholepacket, copyindex, udpheader.length);
copyindex += udpheader.length;
```

```
        System.arraycopy(input.getMessage().getBytes(), 0, wholepacket, copyindex,
            input.getMessage().length());
        byte[] udpchksum = calculateUdpChecksum(Arrays.copyOfRange(wholepacket, 14,
             wholepacket.length));
        wholepacket[40] = udpchksum[0];
        wholepacket[41] = udpchksum[1];
        return(wholepacket);
    }

    byte[] calculateChecksum(byte[] ipv4Packet)
    {
        int cksumi = 0;

        for(short i = 0; i < 20; i+=2)
        {
            if(i != 10)
            {
                ByteBuffer bb = ByteBuffer.allocate(2);
                bb.mark();
                bb.put(ipv4Packet[i]);
                bb.put(ipv4Packet[i+1]);
                bb.reset();
                short s = bb.getShort();

                if(s < 0) // ueberlauf
                    cksumi += (s+65536);
                else
                    cksumi += s;
            }
        }
        while((cksumi >> Short.SIZE) > 0)
            cksumi = (cksumi & SHORTMASK) + (cksumi >> 16);
        short invert = (short)~((short)betwsum & SHORTMASK);

        ByteBuffer buf = ByteBuffer.allocate(2);
        buf.putShort(invert);
        return(buf.array());
    }

    byte[] calculateUdpChecksum(byte[] ipv4Packet)
    {
        int cksumi = 0;

        // IP-Adressen
        for(int i = 12; i < 20; i+=2)
        {
            ByteBuffer bb = ByteBuffer.allocate(2);
            bb.mark();
            bb.put(ipv4Packet[i]);
            bb.put(ipv4Packet[i+1]);
            bb.reset();
            short s = bb.getShort();
            if(s < 0) // ueberlauf
                cksumi += (s+65536);
```

```
            else
                cksumi += s;
        }
        cksumi += 17; // protokoll udp
        cksumi += ipv4Packet.length - 20; // laenge udp header + nutzdaten

        for(int i = 20; i < ipv4Packet.length; i+=2) // der Rest des Paketes ab dem
              UDP-Header
        {
            ByteBuffer bb = ByteBuffer.allocate(2);
            bb.mark();
            bb.put(ipv4Packet[i]);
            if(i+2 > ipv4Packet.length)
                bb.put((byte)0);// padding
            else
                bb.put(ipv4Packet[i+1]);
            bb.reset();
            short s = bb.getShort();
            if(s < 0) // ueberlauf
                cksumi += (s+65536);
            else
                cksumi += s;
        }

        while((cksumi >> Short.SIZE) > 0)
            cksumi = (cksumi & SHORTMASK) + (cksumi >> 16);
        short invert = (short)~((short)cksumi & SHORTMASK);
        ByteBuffer buf = ByteBuffer.allocate(2);
        if(invert == 0)
            buf.putShort((short)((short)cksumi & SHORTMASK));
        else
            buf.putShort(invert);
        return(buf.array());
    }

    public static NodeRef getNodeRef(NodeId ni)
    {
        return new NodeRef(InstanceIdentifier.builder(Nodes.class)
                               .child(Node.class, new NodeKey(ni))
                               .build());
    }

    public static NodeConnectorRef getNodeConnectorRef(NodeConnectorId
         nodeConnectorId) {
        NodeId nodeId = getNodeId(nodeConnectorId);
        return new NodeConnectorRef(InstanceIdentifier.builder(Nodes.class)
                                        .child(Node.class, new NodeKey(nodeId))
                                        .child(NodeConnector.class, new
                                             NodeConnectorKey(nodeConnectorId))
                                        .build());
    }

    public static NodeRef getNodeRef(NodeConnectorRef nodeConnectorRef) {
        InstanceIdentifier<Node> nodeIID = nodeConnectorRef.getValue()
```

```
296             .firstIdentifierOf(Node.class);
297         return new NodeRef(nodeIID);
298     }
299 
300 
301     public static NodeId getNodeId(NodeConnectorRef nodeConnectorRef) {
302         return nodeConnectorRef.getValue()
303             .firstKeyOf(Node.class, NodeKey.class)
304             .getId();
305     }
306 
307     public static NodeId getNodeId(NodeConnectorId nodeConnectorId) {
308         if (nodeConnectorId == null)
309             return null;
310         String[] tokens = nodeConnectorId.getValue().split(":");
311         if (tokens.length == 3)
312             return new NodeId("openflow:" + Long.parseLong(tokens[1]));
313         else
314             return null;
315     }
316 }
```

Der erste Block der Imports der Klasse (ab Zeile 11) lädt Standard-Java-Klassen nach. Besonders java.nio.ByteBuffer spielt eine wichtige Rolle in der Umwandlung und Manipulation der Binärdaten des Paketes.

Der zweite Block ab Zeile 20 importiert 3 Klassen, die den Zugriff auf die Liste der Nodes aus den MDSAL-Daten umsetzen.

Die folgenden drei Zeilen sind die Klassen des PacketProcessing Service, die für die Übergabe des fertigen Paketes und dann die Übertragung notwendig sind.

Ab Zeile 28 importiert die Klasse die Klassen, die aus der YANG-Datei erzeugt wurden. PacketmagicService ist notwendig, da diese Klasse das dort definierte Interface implementiert. Die Input- und Output-Klassen sind für das Auslesen und Befüllen der RPC-Daten zuständig.

Der nächste Block importiert alle Klassen aus dem Datenmodell, die mit den Nodes und Nodeconnectoren (Interfaces) zu tun haben.

Schließlich importiert die Klasse noch RpcResult und RpcResultBuilder, damit die sendPacket Methode, die ja den RPC aus der YANG-Datei umsetzt und daher auch ein RpcResult zurückgeben muss, sie verwenden kann.

Der Konstruktor der Klasse in Zeile 62 speichert die übergebene Referenz auf den DataBroker und den PacketProcessingService in den Klassenvariablen db und pps zur Verwendung in der Methode sendPacket.

Die Methode sendPacket in Zeile 68 wird von OpenDaylight aufgerufen. Als Argument bekommt sie eine Instanz von SendPacketInput, aus der die Argumente (Ziel-MAC- und IP-Adresse sowie die Nachricht) ausgelesen werden können. Dieses Objekt übergibt die Methode gleich im ersten Aufruf der Methode buildPayload, die das Datenpaket, das später gesendet wird, zusammenbaut. Ein Array vom Typ byte ist das Argument für die Methode setPayload des TransmitPacketInputBuilders, der dem Builderpattern folgend das Eingabeobjekt für die transmitPacket Methode erzeugt. Das Builder-Objekt benötigt noch zwei weitere Argumente, eine NodeRef zur Angabe, welcher Node das Paket verwenden soll und eine NodeConnectorRef zur Angabe des Ports des Nodes. Diese werden später in zwei geschachtelten Schleifen gesetzt, bevor das Paket gesendet wird[9]. Das Objekt in der Variablen tpib wird dabei wieder verwendet.

Nun folgt die Abfrage der Liste der Nodes aus den MDSAL Daten. Dazu erzeugt die Methode im ersten Schritt einen InstanceIdentifierBuilder vom Typ Nodes, welcher als Argument an die read-Methode der Abfrage geht. Allgemein funktionieren Abfragen an den MDSAL DataStore so, dass ein Builder von dem Typ der Daten erzeugt wird, der gesucht wird. So ist es auch möglich einen einzelnen Node nach Namen zu suchen, indem der InstanceIdentifier vom Typ Node gebildet wird und bei der Instanziierung der gesuchte Node übergeben wird. Da die Methode aber über alle Nodes läuft reicht das Containerobjekt der Klasse Nodes.

In Zeile 78 erzeugt die Methode die readOnlyTransaction. Da die Abfrage der Daten asynchron erfolgt, muss diese nun wieder in einem try/catch-Block erfolgen. Die Abfrage in Zeile 82 liefert als Rückgabewert ein Objekt der Klasse Optional mit Typ Nodes zurück. Hat die Suche ein Ergebnis geliefert, so legt die Methode dieses in die Variable nodes.

War die Suche erfolgreich, so startet in Zeile 102 eine Schleife über alle gefundenen Nodes.

Innerhalb der Schleife erzeugt die Methode ein NodeRef-Objekt aus der ID der Node-Klasse mithilfe der Methode getNodeRef in Zeile 279. Dies ist notwendig, da transmitPacket ein solches Objekt und kein Objekt vom Typ Node benötigt. Die NodeRef wird dann dem TransmitPacketInputBuilder übergeben. Aus dem Node-Objekt ruft die Methode mithilfe des Aufrufes getNodeConnectors eine Liste der NodeConnectoren ab. Ist diese nicht leer, so startet eine Schleife über diese Liste analog zur Schleife über die Nodes. Auch hier muss erst mithilfe der Methode getNodeConnectorRef aus dem NodeConnector eine NodeConnectorRef erzeugt werden, die dann den TransmitPacketBuilder übergeben mit dem Aufruf setEgress wird.

Nun sind alle Daten vorhanden um das Paket zu senden und dies führt die Methode in Zeile 114 aus.

Damit sendet die Methode das Paket auf allen Ports aller angeschlossenen Switches.

Nun baut die Methode noch den Rückgabewert des RPC zusammen und gibt ihn als RPC-Ergebnis zurück.

---

9 Der logische Port ALL würde die gleiche Funktion erfüllen, aber um dem Leser zu zeigen, wie der Zugriff auf die NodeRefs funktioniet, wählte der Autor diesen Weg.

Die Methode buildPayload ab Zeile 126 baut aus den übergebenen Werten und einigen statisch vorgegebenen das komplette Ethernetpaket zusammen.

In den Zeilen 133 bis 142 extrahiert sie mittels StringTokenizer die Ziel-MAC-Adresse aus den übergebenen Daten (im Format XX:XX:XX:XX:XX:XX) und füllt damit ein byte-Array. Danach kopiert die Methode die MAC-Adressen und den statischen Ethernettyp 0x800 (IPv4) zu einem gültigen Ethernet-Header zusammen, und speichert diesen in der Variablen ethpacket.

Nun folgt der IP-Header. Der Einfachheit halber startet die Methode mit einer statischen Liste von Bytes, die vom Anfang des Headers bis zur statischen Quell-IP-Adresse des Pakete (1.1.1.1) vorgegeben sind. Dies wird ebenfalls über einen StringTokenizer in ein byte-Array umgewandelt (Schleife in Zeile 148). Die Schleife in Zeile 154 ergänzt das Paket um die Ziel-IP-Adresse aus den RPC-Daten.

Im IP-Header stimmen aber so zwei Daten nicht, die von den Eingabedaten abhängen: Die Länge des IP-Paketes und die Checksumme. Die Länge ergibt sich aus der Summe der Länge der übergebenen Nachricht, der Länge des IP-Headers und der Länge des UDP-Headers. Kommen keine IP-Optionen zum Einsatz, so ergibt sich die Länge der Nachricht + 28. Mit Hilfe eines Bytebuffers, wird jetzt dieser Wert als Java Short in dem Bytebuffer gespeichert und dann wieder mit der Methode array als byte-Array ausgelesen. Dieser Mechanismus wird im Folgenden noch häufiger zum Einsatz kommen.

Für die Berechnung der Checksumme des IP-Headers kommt eine eigene Methode zum Einsatz und das Ergebnis wird an die richtige Stelle im Header kopiert (Zeile 168 und die beiden folgenden).

Nun konstruiert die Methode den UDP-Header. Dieser besteht aus den beiden Portnummern, der Länge des Paketes (UDP-Header + Länge der Nutzdaten) und wiederum einer Checksumme. Die Ports stehen hart codiert auf 1024 (0x400) und sind direkt in die Bytes geschrieben, um den Code einfach zu halten. Die Länge wird wiederum über den Bytebuffer gesetzt. Dabei zieht die Methode von der Gesamtlänge des IP-Pakets die Länge des IP-Headers (20 byte) ab. Die Checksumme wird zunächst auf null gesetzt, da die Methode calculateUdpChecksum über das gesamte Paket rechnet und sich die Checksumme sonst selbst beeinflussen würde.

Nun kopiert die Methode das gesamte Paket beginnend beim Ethernetheader zusammen (Zeile 185 bis 193). Das Ergebnis übergibt sie dann ohne den Ethernetheader (die ersten 14 Byte) an die Methode calculateUdpChecksum, deren Returnwert sie dann an die richtige Stelle im Gesamtpaket kopiert und dieses dann als Rückgabewert liefert.

Es bleiben in der Klasse die beiden Methoden zur Berechnung der IP- und der UDP-Checksumme. In beiden Fällen ist der Algorithmus ähnlich, allerdings kommt bei der UDP-Checksumme (dies ist bei der TCP-Checksumme genauso) noch ein Pseudoheader mit Informationen aus dem IP-Header in der Berechnung dazu.

Bei der IP-Header-Checksumme wird nur der IP-Header **ohne** das Checksummen-Feld in 16bit-Worte zerlegt und diese werden addiert. Wegen der Signed/Unsigned

Problematik hat die Schleife in Zeile 215 eine Abfrage, ob der Wert negativ geworden ist und rechnet ggfs. 65536 darauf. Die Summe ist eine 32-Bit-Zahl, da logischerweise größere Werte als in 16bit passen herauskommen können. Dieser Übertrag wird nach der Schleife herausgezogen und zu dem Teil der Summe, der in 16bit passt, addiert (sollte das Ergebnis nochmals einen Übertrag haben, wird der Vorgang wiederholt.) Nun wird der binäre Komplementärwert (alle Bits genau auf den Gegenwert also die NOT Operation) auf das Ergebnis angewendet. Dies ist das Ergebnis, welches die Methode über den ByteBuffer-Mechanismus in Arrayform zurückgibt.

Die Berechnung der UDP-Checksumme summiert als erstes die 16-Bit-Worte des Pseudo-Headers auf. Dazu zählt die Schleife in Zeile 235 die IP-Adressen aus dem IP-Paket ab Index 12 zusammen. Dann folgen das IP-Protokoll (UDP ist Protokoll 17) und die Länge des Pakete ohne den IP-Header. Nun werden alle weiteren Daten des Paketes inklusive des UDP-Headers summiert. Im Gesamtpaket beginnt dies bei Index 20 und die Schleife in Zeile 249 erledigt diese Arbeit. Dabei packt sie (fast) immer das Byte am Zählerindex und das Byte dahinter in einen Bytebuffer, um sie dann als Short-Wert wieder auszulesen. Das „fast" bezieht sich auf das letzte Byte. Haben die Nutzdaten eine ungerade Anzahl an Bytes, so wird hinten 00 angehängt. Das bedeutet aber beim letzten Byte 1, dass sich die Summe um den Wert 256 (0x100) erhöht.

Um die 1er-Komplement-Summe auszurechnen, verwendet die Methode den gleichen Algorithmus wie die IP-Checksumme und gibt das Ergebnis zurück. Der RFC hat dabei allerdings im Gegensatz zur IP-Checksumme eine Besonderheit. Eigentlich ist die Verwendung der UDP-Checksumme optional und ein Wert von 0 zeigt dies an (moderne Betriebssysteme akzeptieren solche Pakete aber trotzdem nicht). Daher ist die Regel: Sollte bei der Berechnung der Checksumme 0 herauskommen, so ist der Wert auf den Komplementärwert zu setzen (also 0xFFFF) um anzuzeigen, dass eigentlich 0 die Checksumme ist.

Zur Ausprobieren des RPC empfiehlt sich das folgende Vorgehen:

- Starten der OpenDaylight-Instanz mit dem Kommando bin/karaf im karaf/target/assembly-Verzeichnis.
- Einem Switch diese OpenDaylight-Instanz als Controller zuweisen (ovs-vsctl set-controller switchname tcp:ip-von-odl:6633)
- Auf dem Host des Switches dem LOCAL-Interface des Switches eine IP-Adresse geben (wenn der Switch den Namen „testswitch" besitzt ifconfig testswitch 10.10.10.10)
- Auf dem Host, auf dem der virtuelle Switch läuft, das Kommando netcat so starten, das es auf port 1024/udp Daten annimmt (nc -u -l -p 1024)
- Über das DLUX-UI im YANG-UI den neuen RPC Finden und dort die Daten eingeben. Die Ziel-IP ist im Beispiel 10.10.10.10 die Ziel-MAC ist entweder die Broadcast-Adresse oder die MAC-Adresse des Interfaces testswitch und schließlich einen Text.

Abbildung 5.7 Zeigt die Eingabe:

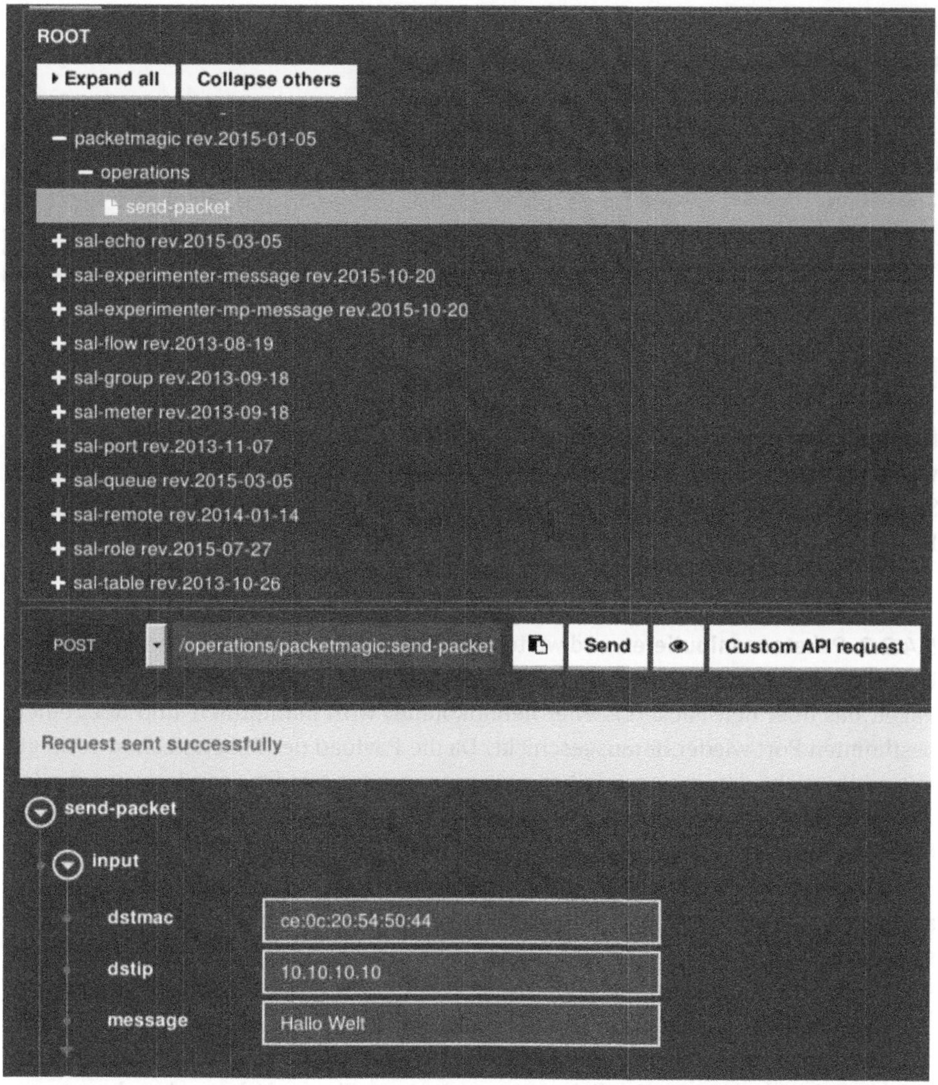

Abb. 5.7: Eingabe der Paket Parameter im DLUX-UI.

Das Ergebnis auf dem Host ist:

```
\# nc -u -l -p 1024
nc: using datagram socket
Hello World
```

Alternativ steht der RPC unter der URL http://ODLSERVER:8181/restconf/operations/packetmagic:send-packet bereit. Als Argument (entsprechend dem in Abbildung 5.7) funktioniert der folgende JSON-Code:

Listing 5.52: JSON-Code zum Senden des Paketes via RPC.

```
{
    "input": {
        "dstmac": "ce:0c:20:54:50:44",
        "dstip": "10.10.10.10",
        "message": "Hello␣World"
    }
}
```

Dem aufmerksamen Leser fällt hier auf, dass die IP-Adresse ohne Netzmaske steht, was daran liegt, dass im Gegensatz zum letzten RPC in Abschnitt 5.4.2.4 nicht die Syntax des OpenFlow-Plugins zu beachten ist, sondern unsere eigene und diese das Parsing der IP-Adressen-Netzmasken gar nicht vorsieht.

5.4.3.3 Pakete manipulieren und weiterschicken

Die letzte Erweiterung in diesem Kapitel baut jetzt die beiden Teile zusammen. Ein Paket, das über den PacketListener hereinkommt, wird manipuliert und über einen bestimmten Port wieder herausgeschickt. Da die Payload des Paketes schon vorliegt, muss hier nicht das gesamte Paket zusammengebaut werden, sondern nur die logische Änderung vorgenommen werden. Trotzdem muss die UDP-Checksumme neu berechnet werden, sonst nimmt der Zielhost das Paket nicht an.

Allgemein ist zu bemerken, dass sich der Entwickler einer Applikation, die sich auf Pakete, die an den Controller geschickt werden, immer folgender Dinge bewusst sein muss:

- Sorgen die Flowdefinitionen dafür, dass ein Paket nur zum Controller gesendet wird, erreicht es sein Ziel nie, außer dass der PacketListener auf dem Controller weiß, wo es hin soll und es nach Prüfung selber dorthin sendet. Als Reaktion auf ein Paket, kann OpenDaylight zwar auch einen Flow schalten, aber dann muss zum einen der Sender das Paket nochmals schicken und zum anderen muss dieser Flow aktiv sein, **bevor** der letzte Übertragungsversuch stattgefunden hat.
- Wird ein Paket *auch* zum Controller übertragen, so kann dieser das Paket begutachten und daraufhin Aktionen anstoßen, aber das Paket kommt im Falle einer Aktionskombination wie „NORMAL, CONTROLLER“ erst einmal an.
- Gehen die Pakete den Weg über den Controller und dieser leitet sie weiter, so fügt dies Latenz ein. Diese kann schon im Fall, dass der Controller einfach nur das Paket ohne große Kalkulationen weiterschickt, signifikant sein. Kommen aber noch weitere Funktionsaufrufe oder gar Dinge wie Datenbankabfragen dazu,

dann kann sich die Weiterleitung des Paketes im Sekundenbereich verzögern, was häufig kritisch ist.

Bei diesen Überlegungen hilft es auch nicht, wenn der Switch Flows in Hardware abarbeiten kann, da diese Kommunikation und die Verarbeitung auf jeden Fall die CPU des Controllers beschäftigt. So sollte der Entwickler vorher sehr genau überlegen, welchen Einfluss der Einsatz dieser Technik hat. Ein weiterer (häufig viel zu spät) beachteter Aspekt ist die Skalierbarkeit. Funktioniert die Applikation mit fünf einzelnen Paketen im Testlabor gut, kann es sein, dass es zu undefinierten Verzögerungen kommt, wenn auf einmal in der Produktionsumgebung fünf Millionen Pakete durch den Controller wollen.

Die letzte Applikation führt folgende Funktion aus: Alle Pakete, die zum Controller geschickt werden, werden nach einem String durchsucht (der Nutzdaten-Teil der UDP-Pakete) und wenn dieser gefunden wird, ersetzt die Applikation den String durch einen anderen. Per RPC kann der Anwender den zu suchenden und den zu ersetzenden String hinterlegen. Diese Information wird in einem Registry-Eintrag gespeichert. Das Paket wird immer auf dem LOCAL-Port weitergeleitet, da sonst eine vollständige Verarbeitung eines lernenden Switches implementiert werden müsste, was den Rahmen in diesem Abschnitt sprengen würde.

Der Anwender kann dann auf dem Switch per FLOW-Definitionen bestimmen, welche Pakete über den Controller laufen sollen, muss aber gleichzeitig dafür sorgen, dass die anderen Pakete zumindest mit der NORMAL-Aktion ihren Weg finden. Dies ist im Beispiel hier auch manuell zu erledigen, in der Applikation in Abschnitt 5.4.2 wurde je bereits gezeigt, wie allen Switchen dieser Standardflow verpasst werden kann.

Wie der aufmerksame Leser sicher schon vermutet, definieren wir zuerst den neuen RPC in der YANG-Datei api/src/main/yang/packetmagic.yang. Außerdem steht dort auch die Registry.

Listing 5.53 zeigt die Ergänzungen.

Listing 5.53: JSON-Code zum Senden des Paketes via RPC.

```
    rpc store-filter {
        input {
            leaf search {
                type string;
            }
            leaf replace {
                type string;
            }
        }
        output {
          leaf message {
              type string;
          }
        }
    }
```

```

    container pm-registry {
        list pm-registry-entry {
            key "search";
            leaf search {
                type string;
            }
            leaf replace {
                type string;
            }
        }
    }
```

Nach dem Compilerlauf im api Unterverzeichnis benötigt die Klasse PacketmagicImpl die zusätzlichen Imports für StoreFilterInput, StoreFilterOutputBuilder und StoreFilterOutput. Dazu kommt noch eine Klasse für den schreibenden Zugriff auf den MDSAL-Datastore, in den die beiden Worte gespeichert werden. Entsprechend der ReadOnlyTransAction ist dies die WriteOnlyTransaction. Außerdem ist die Klasse org.opendaylight.controller.md.sal.common.api.data.LogicalDatastoreType; notwendig.

Für einen zweiten RPC in derselben Applikation muss in der Impl-Klasse nur eine entsprechende Methode hinzugefügt werden. Entsprechend dem Namen des RPCs ist dies storeFilter. Die Registry muss vor dem ersten Zugriff initialisiert werden, dies passiert im Konstruktor, der jetzt als zweites Argument den DataBroker übergeben bekommt, damit die Methode über diese Referenz in der Registry arbeiten kann.

Listing 5.54 zeigt diese neue Methode für den RPC und den neuen Konstruktor der Klasse PacketmagicImpl.

Listing 5.54: Methode storeFilter zur Implementierung des neuen RPC.

```
    public PacketmagicImpl(PacketProcessingService p, DataBroker d)
    {
        pps = p;
        db = d;
        WriteTransaction transaction = db.newWriteOnlyTransaction();
        InstanceIdentifier<PmRegistry> piid = InstanceIdentifier.create(
            PmRegistry.class);
        PmRegistry pr = new PmRegistryBuilder()
            .build();
        transaction.put(LogicalDatastoreType.CONFIGURATION, piid, pr);
        try
        {
            transaction.submit().get();
        }
                catch(java.lang.InterruptedException ex)
        {
            LOG.error("InitializeReg␣was␣interrupted:␣"+ex);
        }
```

```
18          catch(java.util.concurrent.ExecutionException cex)
19          {
20              LOG.error("InitializeReg␣was␣interrupted:␣"+cex);
21          }
22      }
23
24      public Future<RpcResult<StoreFilterOutput>> storeFilter(
            StoreFilterInput storeinput)
25      {
26          WriteTransaction transaction = db.newWriteOnlyTransaction();
27          InstanceIdentifier<PmRegistryEntry> piid = InstanceIdentifier.
                create(PmRegistry.class)
28              .child(PmRegistryEntry.class, new PmRegistryEntryKey(
                    storeinput.getSearch()));
29
30          PmRegistryEntry pme = new PmRegistryEntryBuilder()
31                  .setSearch(storeinput.getSearch())
32                  .setReplace(storeinput.getReplace())
33                  .build();
34          transaction.put(LogicalDatastoreType.CONFIGURATION, piid, pme);
35          try
36          {
37              transaction.submit().get();
38          }
39          catch(java.lang.InterruptedException ex)
40          {
41              LOG.error("WriteToReg␣was␣interrupted:␣"+ex);
42          }
43          catch(java.util.concurrent.ExecutionException cex)
44          {
45              LOG.error("WriteToReg␣was␣interrupted:␣"+cex);
46          }
47
48          StoreFilterOutput sf = new StoreFilterOutputBuilder()
49              .setMessage("ALL␣OK")
50              .build();
51          return RpcResultBuilder.success(sf).buildFuture();
52      }
```

Wie im RPC in Abschnitt 5.4.2.5 initialisiert der Konstruktor in Zeile 5 zuerst die Registry, damit sie später bei Aufrufen des RPC bereitsteht.

Die Methode storeFilter, die den RPC implementiert, öffnet eine neue WriteTransaction und erzeugt in Zeile 27 einen InstanceIdentifier vom Typ PmRegistryEntry, der der Schlüssel eines der Argumente beim Erzeugen des zu ersetzenden Wortes ist. Nun erzeugt die Methode einen neuen Registry-Eintrag mit den Werten für das Such- und das zu ersetzende Wort und packt diese dann in die Transaktion.

Diese führt die Methode dann wieder in einem try/catch-Block aus, um gleich auf das Ergebnis zu warten. Schließlich setzt sie noch den Rückgabewert des RPCs in den letzten Zeilen.

Die Klasse PacketmagicProvider erhält nur eine kleine Änderung. Bei der Instanziierung der Variablen pmService muss die dort erzeugte Instanz der Klasse PacketmagicImpl wie folgt instanziiert werden:

```
pmService = session.addRpcImplementation(PacketmagicService.class, new
PacketmagicImpl(packetProcessingService, db));
```

Die eigentliche Arbeit erledigt nun die Klasse PacketManagement, genauer die Methode onPacketReceived, die im vorletzten Abschnitt das Paket ausgelesen hat, und dabei Werte wie die IP- und MAC-Adressen im Paket ausgab. Diese Methode prüft zuerst, ob in der Registry ein Wert hinterlegt ist. Wenn ja, prüft die Methode, ob das Suchwort in den Nutzdaten vorkommt, und wenn ja, wird es in allen Vorkommen ersetzt. Danach setzt die Methode die betroffenen Werte des IP- und UDP-Headers neu (Checksumme und gegebenenfalls die Längen) und schickt das Paket auf dem LOCAL-Port des Switches heraus. Der Importblock dieser Version das Klasse PacketManagement ändert sich ebenfalls.

Listing 5.55 zeigt die neue Version:

Listing 5.55: PacketManagement.java in der Version zur Paketmanipulation.

```
/*
 * Copyright © 2015 Konstantin Agouros and others.  All rights reserved.
 *
 * This program and the accompanying materials are made available under
 * the terms of the Eclipse Public License v1.0 which accompanies this
 * distribution, and is available at
 * http://www.eclipse.org/legal/epl-v10.html
 */

package org.openflowbuch.packetmagic.impl;

import java.nio.ByteBuffer;
import java.util.Arrays;
import java.util.List;
import java.util.concurrent.ExecutionException;

import org.opendaylight.controller.md.sal.binding.api.DataBroker;
import org.opendaylight.controller.md.sal.binding.api.ReadOnlyTransaction;

import org.opendaylight.controller.md.sal.common.api.data.
    LogicalDatastoreType;

import org.opendaylight.yang.gen.v1.urn.opendaylight.inventory.rev130819.
    NodeConnectorRef;
```

```
import org.opendaylight.yang.gen.v1.urn.opendaylight.inventory.rev130819.NodeId;
import org.opendaylight.yang.gen.v1.urn.opendaylight.inventory.rev130819.NodeRef;
import org.opendaylight.yang.gen.v1.urn.opendaylight.inventory.rev130819.Nodes;
import org.opendaylight.yang.gen.v1.urn.opendaylight.inventory.rev130819.NodeConnectorId;
import org.opendaylight.yang.gen.v1.urn.opendaylight.inventory.rev130819.node.NodeConnector;
import org.opendaylight.yang.gen.v1.urn.opendaylight.inventory.rev130819.node.NodeConnectorKey;
import org.opendaylight.yang.gen.v1.urn.opendaylight.inventory.rev130819.nodes.Node;
import org.opendaylight.yang.gen.v1.urn.opendaylight.inventory.rev130819.nodes.NodeKey;

import org.opendaylight.yang.gen.v1.urn.opendaylight.packet.service.rev130709.PacketProcessingListener;
import org.opendaylight.yang.gen.v1.urn.opendaylight.packet.service.rev130709.PacketReceived;
import org.opendaylight.yang.gen.v1.urn.opendaylight.packet.service.rev130709.PacketProcessingService;
import org.opendaylight.yang.gen.v1.urn.opendaylight.packet.service.rev130709.TransmitPacketInput;
import org.opendaylight.yang.gen.v1.urn.opendaylight.packet.service.rev130709.TransmitPacketInputBuilder;

import org.opendaylight.yang.gen.v1.urn.opendaylight.params.xml.ns.yang.packetmagic.rev150105.PmRegistry;
import org.opendaylight.yang.gen.v1.urn.opendaylight.params.xml.ns.yang.packetmagic.rev150105.PmRegistryBuilder;
import org.opendaylight.yang.gen.v1.urn.opendaylight.params.xml.ns.yang.packetmagic.rev150105.pm.registry.PmRegistryEntryBuilder;
import org.opendaylight.yang.gen.v1.urn.opendaylight.params.xml.ns.yang.packetmagic.rev150105.pm.registry.PmRegistryEntry;
import org.opendaylight.yang.gen.v1.urn.opendaylight.params.xml.ns.yang.packetmagic.rev150105.pm.registry.PmRegistryEntryKey;

import org.opendaylight.yangtools.yang.binding.InstanceIdentifier;
import org.opendaylight.yangtools.yang.binding.InstanceIdentifier.PathArgument;
import org.slf4j.Logger;
import org.slf4j.LoggerFactory;

import static org.opendaylight.openflowjava.util.ByteBufUtils.bytesToHexString;
import static org.opendaylight.openflowjava.util.ByteBufUtils.macAddressToString;
```

```
import static org.opendaylight.openflowjava.util.ByteBufUtils.readIpv4Address;

import io.netty.buffer.ByteBuf;
import io.netty.buffer.Unpooled;

import com.google.common.base.Optional;

public class PacketManagement implements PacketProcessingListener
{
    private static final Logger LOG = LoggerFactory.getLogger(PacketmagicProvider.class);
    private DataBroker db;
    private PacketProcessingService pps;

    public PacketManagement(DataBroker d, PacketProcessingService p)
    {
        super();
        db = d;
        pps = p;
    }

    public void onPacketReceived(PacketReceived packetReceived)
    {
        byte[] data = packetReceived.getPayload();
        final byte[] ethpayload = Arrays.copyOfRange(data, 14, data.length);
        NodeRef nr = PacketmagicImpl.getNodeRef(packetReceived.getIngress());
        NodeId ni = PacketmagicImpl.getNodeId(packetReceived.getIngress());
        NodeConnectorId ncilocal = new NodeConnectorId(ni.getValue()+":LOCAL");
        NodeConnectorRef localncr = new NodeConnectorRef(InstanceIdentifier.builder(Nodes.class)
                .child(Node.class, new NodeKey(ni))
                .child(NodeConnector.class, new NodeConnectorKey(ncilocal))
                .build());

        TransmitPacketInputBuilder tpib  = new TransmitPacketInputBuilder()
            .setNode(nr)
            .setEgress(localncr);

        PmRegistryEntry pre = null;
        ReadOnlyTransaction transaction = db.newReadOnlyTransaction();
        InstanceIdentifier<PmRegistry> priid = InstanceIdentifier.create(PmRegistry.class);
        try
        {
            Optional<PmRegistry> optdata = transaction.read(LogicalDatastoreType.CONFIGURATION, priid).get();
```

```
if(optdata.isPresent())
{
    pre = ((PmRegistry) optdata.get()).getPmRegistryEntry().get(0);
    if(pre != null)
    {
        byte[] udppayload = Arrays.copyOfRange(ethpayload, 28, ethpayload.length);
        String payload = new String(udppayload);
        if(payload.indexOf(pre.getSearch()) > -1)
        {
            String newpl = payload.replaceAll(pre.getSearch(), pre.getReplace());
            byte[] newpacket = new byte[42 + newpl.length()];
            System.arraycopy(data, 0, newpacket, 0, 42);
            System.arraycopy(newpl.getBytes(), 0, newpacket, 42, newpl.length());
            newpacket[40] = 0;
            newpacket[41] = 0;
            if(pre.getSearch().length() != pre.getReplace().length())
            {
                ByteBuffer buf = ByteBuffer.allocate(2);
                buf.mark();
                buf.putShort((short)(newpacket.length - 14));
                byte[] iplen = buf.array();
                newpacket[16] = iplen[0];
                newpacket[17] = iplen[1];

                byte[] ipchksum = PacketmagicImpl.calculateChecksum(Arrays.copyOfRange(newpacket, 14, 34));
                newpacket[24] = ipchksum[0];
                newpacket[25] = ipchksum[1];

                buf.reset();
                buf.putShort((short)(newpl.length() + 8));
                byte[] udplen = buf.array();
                newpacket[38] = udplen[0];
                newpacket[39] = udplen[1];
            }
            byte[] udpchksum = PacketmagicImpl.calculateUdpChecksum(Arrays.copyOfRange(newpacket, 14, newpacket.length));
            newpacket[40] = udpchksum[0];
            newpacket[41] = udpchksum[1];

            tpib.setPayload(newpacket);
        }
```

```
133                     else
134                         tpib.setPayload(data);
135                 }
136             }
137             else
138                 tpib.setPayload(data);
139             pps.transmitPacket(tpib.build());
140         }
141         catch (InterruptedException ie)
142         {
143             LOG.error("NodeRead␣failed␣"+ie);
144         }
145         catch (ExecutionException ee)
146         {
147             LOG.error("NodeRead␣failed␣"+ee);
148         }
149         transaction.close();
150     }
151 
152     private int ubyte(byte b)
153     {
154         return((int)(b &0xff));
155     }
156 }
```

Die erste Änderung ist ein Konstruktor, damit der DataBroker und der PacketProcessing-Service in der Klasse ankommen und für den weiteren Zugriff gespeichert werden.

Die Methode onPacketRecived kopiert das Paket in die Variable Data und die Daten ab dem IP-Header in die Variable ethpayload.

Der TransmitPacketBuilder, der die Daten für das Übertragen des Paketes liefert, benötigt 3 Parameter, das Paket, den Node, auf dem es ausgesandt werden soll, und den Connector/Port, auf dem es gesendet werden soll.

In der Variablen packetReceived, die die Methode bekommt, gibt es die Methode getIngress(), welche eine NodeConnectorRef zurückgibt. Zeile 75 sucht über diese Referenz die NodeRef über die Hilfsroutine getNodeRef in der Klasse PacketmagicImpl die passende NodeRef für den Switch, der das Paket empfangen hat. Nun ist noch die NodeConnectorRef des Local-Ports dieses Switches gesucht. Der Weg dahin ist etwas umständlich, wie die nächsten drei Zeilen zeigen. Über die NodeId, die mithilfe der Methode getNodeId(NodeConnectorRef) ermittelt wird, wird eine NodeConnectorId aus einem String der Art „openflow:*id*:LOCAL" erzeugt. Diese ID verwendet die Methode dann als Argument für den Konstruktor von NodeConnectorKey, der dann die NodeConnectorRef localncr in Zeile 78 und den beiden folgenden erzeugt.

Diese beiden Referenzen übergibt die Methode schon einmal dem TramitPacketInputBuilder, dem damit nur noch die Payload – das Paket – fehlt.

In Zeile 87 öffnet die Methode eine ReadTransaction um nach dem Suchwort und dem Wort zum Ersetzen zu suchen. Die Suche muss dann wieder in einem try/catch-Block stattfinden. Wird eine Regsitry gefunden, die auch einen Eintrag enthält, so kopiert die Methode in Zeile 98 die Nutzdaten des UDP-Paketes in ein eigenes Feld, aus dem sie dann einen String erzeugt. Dann prüft die Methode, ob das Suchwort in dem String vorkommt. Wenn ja, erzeugt sie einen neuen String mittels der Stringmethode replaceAll.

Jetzt kopiert die Methode den vollständigen Header des Originalpaketes in die Variable newpacket, die davor als byte-Array der Länge des Headers und des neuen Strings erzeugt wurde. Danach kopiert sie den veränderten String hinter den Header.

In Zeile 106 und der folgenden setzt onPacketReceived die beiden Bytes der UDP-Checksumme auf 0, damit der Originalwert nicht das Ergebnis am Ende verfälscht. Nun prüft die Methode, ob sich die Länge des Paketes geändert hat (wenn der String „aa" durch den String „bbb" ersetzt wird, ist das Paket länger). Ist dies der Fall, so muss die Methode die Längenfelder im IP- und UDP-Header verändern und außerdem die IP-Header-Checksumme neu berechnen, da sich der Header verändert.

Den IP-Header passt die Methode in den Zeilen 110 bis 119 an. Dabei setzt sie zuerst die Länge des Gesamtpaketes auf die Länge des newpacket Arrays - 14 (die Länge des Ethernet-Headers), und berechnet dann die IP-Checksumme neu.

Der Rest des Blockes in der If-Abfrage setzt die Länge im UDP-Paket auf die Länge des neuen Strings plus die 8 Byte des UDP-Headers.

Nach dem Block berechnet die Methode auf jeden Fall die UDP-Checksumme neu, da sich ja die Nutzdaten geändert haben. Schließlich setzt die Methode die Payload des TransmitPacketInputBuilders auf newpacket.

Wurde entweder kein Registry-Eintrag gefunden, oder das Suchwort nicht in den Nutzdaten gefunden, so erhält der TransmitPacketInputBuilder das Originalpaket zur Weiterleitung.

Schließlich ruft die Methode transmitPacket des packetProcessingService auf, um das Paket zu übertragen.

Um die Funktion zu testen, ist etwas mehr Aufwand notwendig. Um auf dem LOCAL-Port Pakete empfangen und mitschneiden zu können, ist es am einfachsten, Open vSwitch zu verwenden. Außerdem sollte mindestens eine VM an den Switch angeschlossen sein, die das Paket, welches verändert wird, sendet. Abbildung 5.8 zeigt dies als Blockdiagramm.

Auf dem Host in der Abbildung sind jetzt die folgenden Kommandos notwendig (gegeben sei, dass der Switch „testswitch" heißt):

```
\# ovs-vsctl set-controller testswitch tcp:10.1.1.1:6653
\# ovs-ofctl add-flow testswitch priority=1,actions=NORMAL
\# ovs-ofctl add-flow testswitch udp,udp\_dst=1024,priority=5,
    actions=CONTROLLER
```

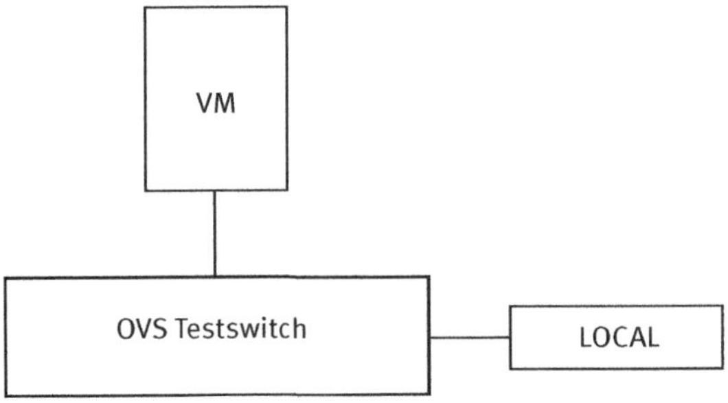

Abb. 5.8: Testaufbau für die Paketmanipulation.

Damit leitet der Switch alle Pakete außer UDP-Paketen auf Port 1024 weiter. Nur diese werden an den Controller geleitet und unterliegen damit der Verarbeitung. Nun benötigt der Test einen Filter. Dieser kann entweder über das DLUX-UI angelegt werden oder per RESTCONF und curl. Letzteres geschieht durch den Aufruf:

```
curl -u admin:admin -H 'Content-type:
   application/json' -X POST -d @setfilter.json\
http://10.1.1.1:8181/restconf/operations/ packetmagic:store-filter
```

Der Inhalt der Datei setfilter.json sieht dabei folgendermaßen aus:

Listing 5.56: setfilter.json.

```
{
    "input": {
        "searchword": "aa",
        "replaceword": "dddddd"
    }
}
```

Dann startet der Tester auf dem Host das Kommando tcpdump, um die Pakete mitzuschneiden mit den folgenden Optionen:

```
\# tcpdump -i testswitch -s 1500 -w pmtest.pcap port 1024
```

Die VM bekommt die IP-Adresse 10.5.1.20 mit der Netzmaske 255.255.255.0 und das Interface TestSwitch auf dem Host die IP-Adresse 10.5.1.1 mit der gleichen Netzmaske. Nun startet der Tester auf der VM das Kommando:

```
\# nc -u 10.5.1.1 1024}
```

Dieses Kommando liest von der Standardeingabe. Um ein normal weitergeleitetes Paket zu erzeugen, gibt der Tester z.B. „1234“ ein und drückt Enter. Danach folgt ein Test, der das Suchwort enthält, also „aa“. Danach das nc-Kommando mit CTRL-C beenden.

Nun wird die PCAP Datei auf einen Rechner mit der Software Wireshark kopiert, um die Pakete anzuschauen.

Abbildung 5.9 zeigt das zweite Paket in Großaufnahme.

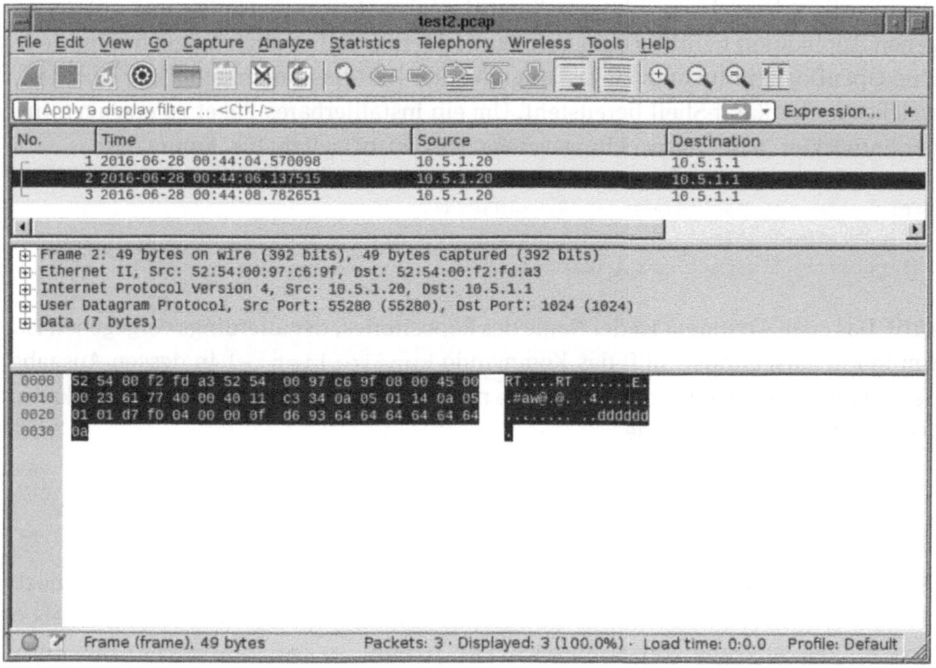

Abb. 5.9: Wireshark Ansicht des manipulierten Paketes.

5.4.3.4 Abschlussbemerkungen zur Applikationsentwicklung

Die Beschreibung der Entwicklung der beiden Applikationen war sehr manuell. Die wenigsten Java-Entwickler werden Projekte dieser Komplexität nur mit einem Texteditor angehen. Entwicklungsumgebungen wie Eclipse oder NetBeans sind eher der Standard und bieten, entsprechend kräftige Hardware als Entwicklungsumgebung vorausgesetzt, wesentlich mehr Komfort.

Im OpenDaylight-Wiki steht unter https://wiki.opendaylight.org/view/GettingStarted:_Eclipse beschrieben, welche Eclipse-Plugins notwendig sind. Dabei geht es vor allem um die Maven-Integration in Eclipse und Groovy[10].

Dies bietet dem Entwickler nach Integration der Plugins die Möglichkeit, Maven-Projekte zu importieren (über Datei → Import → Existing Maven Proejct) und es ist auch möglich ein neues Projekt über den Archetyp zu erzeugen, wobei die Parameter (groupId, ArtefactId usw.) dann in einem grafischen Dialog abgefragt werden.

10 Für Eclipse Mars gab es zum Zeitpunkt der Recherche für dieses Buch noch kein gültiges Groovy Plugin, eine kurze Internetsuche ergab aber eine Entwicklerversion, die integriert werden konnte.

Die Entwicklung der Applikationen in diesem Abschnitt geschieht immer in einer geschlossenen Umgebung. Aus dem Archetyp-Projekt wird danach eine vollständige OpenDaylight-Umgebung inklusive Karaf-Container heruntergeladen und mit der eigenen Applikation befüllt. Ist die Applikation fertig, soll es auch möglich sein, sie in eine OpenDaylight-Instanz zu installieren. Hier hilft das Kommando `kar:create`, welches in der Karaf-Shell bereitsteht. Um ein installierbares Paket zu erzeugen ruft der Entwickler in der Entwicklungsversion von OpenDaylight das Kommando

```
kar:create odl-packetmagic-1.0.0-SNAPSHOT
odl-packetmagic-api odl-packetmagic
odl-packetmagic-rest odl-packetmagic-ui
```

auf[11]. Das erste Argument ist der Name des Repositories, der allerdings vorgegeben ist. Um ihn herauszufinden hilft das Kommando `bundle:list -l` in dessen Ausgabe der Entwickler noch mit `grep -i name` nach der eigenen Entwicklung suchen kann. Dies ergibt eine Ausgabe wie

```
158 | Active  | 80 | 1.0.0.SNAPSHOT
mvn:org.openflowbuch.packetmagic/packetmagic-api/1.0.0-SNAPSHOT.
```

Der letzte Teil ist der Name des Repository. Nun folgen im kar:create-Aufruf noch die Namen der Features, die in das Archiv gepackt werden sollen. Diese ergeben sich aus der Ausgabe von `feature:list |grep -i eigenername`. Das Kommando gibt den Pfad aus, in dem die Datei erzeugt wurde (karaf/target/assembly/data/kar/reponame.kar). In der regulären OpenDaylight-Instanz sind zwei Schritte notwendig, um die Applikation zu installieren. Zuerst wird die Datei mit dem Kommando `kar:install url` installiert. URL kann dabei eine URL auf einem Webserver sein. Wenn die lokale Datei zum Einsatz kommt, dann ist dies eine URL der Form file:///pfad/zur/kardatei.kar.

Nun „kennt" die OpenDaylight-Instanz die Features, aber sie sind noch nicht installiert. Dies bewerkstelligt der Admin, wie am Anfang dieses Kapitels beschrieben, jetzt einfach mit feature:install.

11 Hier am Beispiel der packetmagic-Applikation aus dem letzten Abschnitt.

A Filter und Aktionen bei Open vSwitch

Open vSwitch bietet eine Reihe von Abkürzungen, die das Konfigurieren von Matches einfacher machen. Dieser Appendix gibt einen Zusammenfassung der Matches und Actions, die Open vSwitch versteht.

A.1 Matches

Die Filter sind strukturiert. Der Unterstrich _ trennt dabei die logischen Komponenten in einem Filter. Die erste Komponente gibt dabei die Protokollschicht an. Dies ist zum Teil an den Namen der Felder in OpenFlow-Version 1.0 angelehnt. Die folgenden Prefixe existieren:

dl_ Für alle Ethernet Felder inclusive der VLAN-Felder, bei denen noch „vlan" eingefügt wird.

nw_ Für alle Felder auf der ISO-Schicht 3. Bei IPv4 auch für die Quell- und Ziel-Adressen. Felder wie das IP-Protokoll, die sich auf Header des IP-Protokolls beziehen, gibt es auch mit dem Prefix ip_.

mpls_ Für alle Felder im MPLS-Header

ip_ Für Felder, die es im IPv4- und IPv6-Header gibt.

tp_ Für Portnummern des Transportprotokolls. Diese Syntax stammt aus OpenFlow 1.0

tcp_ udp_ sctp_ Entsprechend der neueren OpenFlow-Versionen dienen diese Felder für die Portnummern in den genannten Protokollen. Bei TCP gibt es im neuesten OpenFlow-Standard auch den Match auf die TCP-Flags.

icmp_ Analog zu den anderen Transportprotokollen nur für den ICMP-Type und -Code.

arp_ Für Matches in ARP-Paketen.

vlan_ Für Matches in VLAN-Headern, die erst in späteren OpenFlow-Versionen hinzukamen.

ipv4_ ipv6_ Bei IPv4 lassen sich hiermit nur die Adressen, bei IPv6 auch das Flowlabel erfassen.

nd_ Entsprechend den ARP-Paketen für IPv4 lassen sich hier die Felder der IPv6 Neighbor soliciation filtern.

Die folgenden Abkürzungen verkürzen die Angabe eines Filters auf der Kommandozeile. Die folgende Tabelle zeigt die Abkürzungen und was sie repräsentieren.

Tab. A.1: Abkürzungen in Open vSwitch.

Kurzfilter	Bedeutung
ip	dl_type=0x0800
ipv6	dl_type=0x86dd
icmp	dl_type=0x0800,nw_proto=1
icmp6	dl_type=0x86dd,nw_proto=58
tcp	dl_type=0x0800,nw_proto=6
tcp6	dl_type=0x86dd,nw_proto=6
udp	dl_type=0x0800,nw_proto=17
udp6	dl_type=0x86dd,nw_proto=17
sctp	dl_type=0x0800,nw_proto=132
sctp6	dl_type=0x86dd,nw_proto=132
arp	dl_type=0x0806
rarp	dl_type=0x8035
mpls	dl_type=0x8847
mplsm	dl_type=0x8848

DOI 10.1515/9783110451870-007

Die Liste aller möglichen Filter zeigt Tabelle A.2.

Tab. A.2: Abkürzungen in Open vSwitch.

Filter	Bedeutung	Feld aus dem Standard
in_port	Eingangsport als numerische ID oder einer der logischen Ports	
dl_vlan	KVLAN-ID wenn gesetzt. Der Wert 0xffff filtert Pakete ohne Tag	
dl_vlan_pcp	Numerischer Wert des PCP Feldes des VLAN-Headers	
dl_src	Quell-MAC-Adresse im Format XX:XX:XX:XX:XX:XX:XX oder XX:XX:XX:XX:XX:XX/XX:XX:XX:XX:XX:XX, wenn maskiert werden soll	
dl_dst	Ziel-MAC-Adresse im Format XX:XX:XX:XX:XX:XX:XX oder XX:XX:XX:XX:XX:XX/XX:XX:XX:XX:XX:XX, wenn maskiert werden soll	
dl_type	Der Ethernet-Type des Paketes, wichtig zur Unterscheidung des nächsthöheren Protokolls. Der Wert wird als Zahl angegeben	
nw_proto ip_proto	Das IP-Protokoll (UDP, ICMP etc) als Zahl. Ist das Protokoll arp oder rarp, so wird der OPCode des Paketes gefiltert	
nw_tos	Das IPv4 ToS/DSCP bzw. IPv6 Traffic Class Feld TOS als Zahl	
ip_dscp	Das IPv4 ToS/DSCP bzw. das IPv6 Traffic Class Feld dscp als Zahl	
nw_ecn ip_ecn	Die ECN-Bits im ToS-Feld des IPv4- oder IPv6-Headers als Zahl	
nw_ttl	Das TTL Feld im IPv4-Header bzw. das Hop Limit-Feld im IPv6-Header Zahl	
tcp_src tcp_dst udp_src udp_dst sctp_src sctp_dst	Die Quell- und Ziel-Ports eines Paketes des jeweiligen Protokolls entweder als Zahl oder als maskierte Zahl im Format port/mask	
tp_src tp_dst	Quell- bzw. Zielport in Abhängigkeit von ip_proto als Zahlwert	
tcp_flags	Ab OpenFlow-Version 1.5 entweder die Flags als Zahl mit Maske oder in der Form +syn-ack, um auf Pakete mit Syn und ohne Ack Flag zu filtern	
icmp_type icmp_code	Filter für ICMP-Typ und -Code als Zahl	
metadata	Ein Filter auf das 64bit-Feld mit den Metadaten entweder als Zahl oder in der Form Zahl/Maske	METADATA
vlan_tci	Das VLAN-Traffic Class-Feld als absolute Zahl oder maskiert	
ip_frag	Ein logischer Filter für IP-Fragmente. Das Argument „no“ filtert unfragmentierte Pakete, „yes“ alle fragmentierten Pakete, „first“ nur das erste, „later“ alle Fragmente außer dem ersten und „not_later“ nicht fragmentierte und das erste Fragment	

Tab. A.2: (fortgesetzt)

Filter	Bedeutung	Feld aus dem Standard
arp_spa arp_tpa	Die IP-Adressen der suchenden (spa) und gesuchten (tpa) IP-Adresse bei einer Anfrage und umgekehrt bei der Antwort. Der Wert ist entweder eine IP-Adresse oder eine Maske	
arp_sha arp_tpa	Die Hardware Adressen im Arp Header als MAC-Adresse oder Maske	
arp_op	Der Opcode 1 bedeutet Anfrage, 2 Antwort	
ipv6_src ipv6_dst	Die IPv6-Quell- oder Ziel-Adresse als Adresse oder Maske. Letztere in der Form XX:XX:XX::/Maske. dl_type muss 0x86dd sein	
ipv6_label	Das IPv6-Flowlabel als Zahl	
nd_target	dDie Gesuchte IPv6-Adresse in der Neighbor Discovery als IP oder Netzmaske	
nd_sll nd_tll	Die Quell- bzw. Ziel-MAC-Adresse in der Neighbor Discovery	
mpls_bos	Das MPLS-Bottom-Of-Stack-Bit 0 oder 1	
mpls_label	Der Wert des MPLS-Labels, setzt den dl_type 0x8847 oder 0x8848 voraus	
mpls_tc	Die MPLS-Traffic-Klasse als Wert zwischen 0 und 7, setzt den dl_type 0x8847 oder 0x8848 voraus	

A.2 Actions und Instructions

Der Block der Aktionen beginnt mit dem Schlüsselwort „actions=“. Da aber Werte zugewiesen werden sollen, muss dafür ein anderes Sonderzeichen dienen. Dies ist der Doppelpunkt. `actions=output:5` heißt also im Beispiel, dass der Outputport Nummer 5 verwendet werden soll.

Das Zuweisen von Werten kann über einzelne Anweisungen wie `mod_nw_dst:1.2.3.4` oder über die Aktion set_field mit einem der Felder aus den Matches und einer etwas verqueren Syntax `actions=set_field:1.2.3.4->nw_src` erfolgen.

Ausgaben auf logischen Ports werden einfach durch den Namen des Ports angegeben `actions=controller` sorgt dafür, dass alle Pakete an den Controller gesendet werden. Aus `actions=output:controller` macht Open vSwitch wieder die Kurzform.

Weitere Aktionen außer Modifikationen der Felder mit set_field sind:

group group folgt die ID der Gruppe auf die verwiesen werden soll

enqueue Wenn queues definiert sind, ist das Format Portnummer.Queuenummer um das Paket dort einzusortieren

drop Diese Aktion kann auch weggelassen werden um Pakete zu verwerfen

push_vlan Dies Aktion fügt einen VLAN-Tag ein und verlangt einen Ethertype als Argument, der 0x8100 sein muss.

strip_vlan Das Gegenteil zu push_vlan. Der äußerste Tag wird entfernt.

push_mpls Diese Aktion fügt einen MPLS-Tag ein und verlangt einen Ethertype als Argument, dieser muss 0x8847 oder 0x8848 sein.

pop_mpls Diese Aktion entfernt den äußersten MPLS-Tag und verlangt den Ethertype, den das Paket dann haben soll. Da dieser Ethertype in Open vSwitch-Implementierung aber kein MPLS-Tag sein darf, können damit nur Pakete, die nur einen MPLS-Tag enthalten, verarbeitet werden.

resubmit Mit dieser Action wird das Paket nochmals in die OpenFlow engine geschickt. Das Argument ist entweder ein Port oder Port,Tabellennummer.

dec_ttl Diese Aktion zählt die IPv4- oder IPv6-TTL um eins hinunter.

dec_mpls_ttl Diese Aktion zählt die MPLS-TTL um eins hinunter.

clear_actions Löscht das aktuelle Action Set

write_actions Dies ist eine Instruction und wird statt „actions“ verwendet. Die Liste der Aktionen wird genauso angegeben wie bei „actions“.

meter Dies ist auch eine Instruktion und bekommt als Argument eine numerische Meter-ID.

goto_table Mit dieser Instruktion springt die Verarbeitung in die Tabelle mit der Nummer, die als Argument übergeben wurde.

B Vollständige Klassendefinitionen

B.1 globalfirewall

Listing B.1: Die vollständige 2 Version von globalfirewall.

```
public boolean pushFlow(Hashtable<String,String> ht)package org.openflowbuch.floodlight;

import java.util.ArrayList;
import java.util.Collection;
import java.util.HashMap;
import java.util.Hashtable;
import java.util.Map;

import org.projectfloodlight.openflow.protocol.OFPortDesc;
import org.projectfloodlight.openflow.types.DatapathId;
import org.slf4j.Logger;
import org.slf4j.LoggerFactory;

import net.floodlightcontroller.core.IFloodlightProviderService;
import net.floodlightcontroller.core.IOFSwitch;
import net.floodlightcontroller.core.IOFSwitchListener;
import net.floodlightcontroller.core.PortChangeType;
import net.floodlightcontroller.core.internal.IOFSwitchService;
import net.floodlightcontroller.core.module.FloodlightModuleContext;
import net.floodlightcontroller.core.module.FloodlightModuleException;
import net.floodlightcontroller.core.module.IFloodlightModule;
import net.floodlightcontroller.core.module.IFloodlightService;
import net.floodlightcontroller.restserver.IRestApiService;

public class globalfirewall implements IFloodlightModule, IOFSwitchListener,IglobalfirewallService
{
    private static final Logger log = LoggerFactory.getLogger(globalfirewall.class);
    private IOFSwitchService switchService;
    protected IRestApiService restApiService;
    private FlowManagement myflowmanager;

    public Collection<Class<? extends IFloodlightService>> getModuleServices()
    {
        return null;
    }

```

DOI 10.1515/9783110451870-008

```
    public Map<Class<? extends IFloodlightService>, IFloodlightService> getServiceImpls()
    {
        Map<Class<? extends IFloodlightService>, IFloodlightService> m = new HashMap<Class<? extends IFloodlightService>, IFloodlightService>();
        m.put(IglobalfirewallService.class, this);
        return m;
    }

    public Collection<Class<? extends IFloodlightService>> getModuleDependencies()
    {
        Collection<Class<? extends IFloodlightService>> l = new ArrayList<Class<? extends IFloodlightService>>();
        l.add(IFloodlightProviderService.class);
        l.add(IOFSwitchService.class);
        l.add(IRestApiService.class);
        return l;
    }

    public void init(FloodlightModuleContext context) throws FloodlightModuleException
    {
        switchService = context.getServiceImpl(IOFSwitchService.class);
        switchService.addOFSwitchListener(this);
        restApiService = context.getServiceImpl(IRestApiService.class);
    }
// src/main/java/net/floodlightcontroller/testmodule/TestModule.java koennen wir fast alles abschreiben

    public void startUp(FloodlightModuleContext context) throws FloodlightModuleException
    {
        log.info("GlobalFirwall␣startup");
        myflowmanager = new FlowManagement(switchService);
        restApiService.addRestletRoutable(new GlobalFirewallRestRoutable(myflowmanager));
    }

    public void switchAdded(DatapathId switchId)
    {
        log.info("Switch␣"+switchId.toString()+"␣is␣added␣now");
        IOFSwitch sw = switchService.getSwitch(switchId);
        log.info("Write␣returned␣"+myflowmanager.pushNormalFlow(switchService.getSwitch(switchId)));
    }

    public void switchRemoved(DatapathId switchId)
```

```
    {
        log.info("Switch␣"+switchId.toString()+"␣is␣active␣now");
    }

    public void switchActivated(DatapathId switchId)
    {

    }

    public void switchPortChanged(DatapathId switchId, OFPortDesc port,
        PortChangeType type)
    {

    }

    public void switchChanged(DatapathId switchId)
    {

    }

    public boolean pushFlow(Hashtable<String,String> ht)
    {
        return myflowmanager.pushFlowToAll(ht);
    }
}
```

B.2 FlowManagement

Listing B.2: Die vollständige 2 Version von FlowManagement.

```
package org.openflowbuch.floodlight;

import java.util.ArrayList;
import java.util.Hashtable;
import java.util.Map;

import org.projectfloodlight.openflow.protocol.OFFactory;
import org.projectfloodlight.openflow.protocol.OFFlowMod;
import org.projectfloodlight.openflow.protocol.action.OFAction;
import org.projectfloodlight.openflow.protocol.action.OFActionOutput;
import org.projectfloodlight.openflow.protocol.action.OFActions;
import org.projectfloodlight.openflow.protocol.actionid.OFActionIdOutput;
import org.projectfloodlight.openflow.protocol.instruction.OFInstruction;
import org.projectfloodlight.openflow.protocol.instruction.
    OFInstructionApplyActions;
import org.projectfloodlight.openflow.protocol.instruction.OFInstructions;
import org.projectfloodlight.openflow.protocol.match.Match;
```

```java
import org.projectfloodlight.openflow.protocol.match.MatchField;
import org.projectfloodlight.openflow.types.DatapathId;
import org.projectfloodlight.openflow.types.EthType;
import org.projectfloodlight.openflow.types.IPv4AddressWithMask;
import org.projectfloodlight.openflow.types.IpProtocol;
import org.projectfloodlight.openflow.types.OFPort;
import org.projectfloodlight.openflow.types.TransportPort;
import org.slf4j.Logger;
import org.slf4j.LoggerFactory;

import net.floodlightcontroller.core.IOFSwitch;
import net.floodlightcontroller.core.internal.IOFSwitchService;

public class FlowManagement
{
    private IOFSwitchService switchService;
    private static final Logger log = LoggerFactory.getLogger(FlowManagement.class);

    public FlowManagement(IOFSwitchService sws)
    {
        switchService = sws;
    }

    boolean pushFlowFromHashtable(IOFSwitch ofswitch, Hashtable<String, String> ht)
    {
        OFFactory f = ofswitch.getOFFactory();
        OFFlowMod.Builder fmb = f.buildFlowAdd();
        Match.Builder mb = f.buildMatch()
            .setMasked(MatchField.IPV4_SRC, IPv4AddressWithMask.of(ht.get("srcip")))
            .setMasked(MatchField.IPV4_DST, IPv4AddressWithMask.of(ht.get("dstip")));
        if(ht.get("protocol").equalsIgnoreCase("udp"))
            {
                mb.setExact(MatchField.IP_PROTO, IpProtocol.UDP);
                mb.setExact(MatchField.UDP_DST, TransportPort.of(new Integer(ht.get("dstport")).intValue()));
            }
        else if(ht.get("protocol").equalsIgnoreCase("tcp"))
            {
                mb.setExact(MatchField.IP_PROTO, IpProtocol.TCP);
                mb.setExact(MatchField.TCP_DST, TransportPort.of(new Integer(ht.get("dstport")).intValue()));
            }
        else if(ht.get("protocol").equalsIgnoreCase("sctp"))
            {
                mb.setExact(MatchField.IP_PROTO, IpProtocol.SCTP);
```

```
                mb.setExact(MatchField.SCTP_DST, TransportPort.of(new
                    Integer(ht.get("dstport")).intValue()));
            }
        mb.setExact(MatchField.ETH_TYPE, EthType.IPv4);
        fmb.setMatch(mb.build());
        fmb.setPriority(5);
        return(ofswitch.write(fmb.build()));
    }

    boolean pushNormalFlow(IOFSwitch ofswitch)
    {
        OFFactory f = ofswitch.getOFFactory();
        OFFlowMod.Builder fmb = f.buildFlowAdd();
        ArrayList<OFAction> listOfActions = new ArrayList<OFAction>();
        OFActions actions = f.actions();
        OFActionOutput outputAction = actions.output(OFPort.NORMAL, 0);
        listOfActions.add(outputAction);
        fmb.setPriority(1);
        if(f.getVersion().name().equals("OF_13"))
            {
                OFInstructions inst=f.instructions();
                OFInstructionApplyActions applyAction=inst.
                    buildApplyActions().setActions(listOfActions).build();
                ArrayList<OFInstruction> instList= new ArrayList<
                    OFInstruction>();
                instList.add(applyAction);
                fmb.setInstructions(instList);
                log.info("Doing␣of13␣flow");
            }
        else if(f.getVersion().name().equals("OF_10"))
            {
                fmb.setActions(listOfActions);
                log.info("Doing␣of10␣flow");
            }
        OFFlowMod newflow = fmb.build();
        return ofswitch.write(newflow);
    }

    boolean pushFlowToAll(Hashtable<String,String> ht)
    {
        boolean success = true;
        for(Map.Entry<DatapathId, IOFSwitch> ofswitch : switchService.
            getAllSwitchMap().entrySet())
                success &= pushFlowFromHashtable(ofswitch.getValue(), ht);

        return success;
    }
}
```

B.3 packetMagic erweiterte Version

Listing B.3: Die vollständige 2 Version von FlowManagement.

```
package org.openflowbuch.floodlight;

import java.util.ArrayList;
import java.util.Collection;
import java.util.Map;

import org.projectfloodlight.openflow.protocol.OFMessage;
import org.projectfloodlight.openflow.protocol.OFType;
import org.slf4j.Logger;
import org.slf4j.LoggerFactory;

import net.floodlightcontroller.core.FloodlightContext;
import net.floodlightcontroller.core.IFloodlightProviderService;
import net.floodlightcontroller.core.IOFMessageListener;
import net.floodlightcontroller.core.IOFSwitch;
import net.floodlightcontroller.core.module.FloodlightModuleContext;
import net.floodlightcontroller.core.module.FloodlightModuleException;
import net.floodlightcontroller.core.module.IFloodlightModule;
import net.floodlightcontroller.core.module.IFloodlightService;
import net.floodlightcontroller.packet.Ethernet;
import net.floodlightcontroller.packet.IPv4;
import net.floodlightcontroller.packet.IPv6;
import net.floodlightcontroller.restserver.IRestApiService;

public class packetMagic implements IOFMessageListener, IFloodlightModule
{
    private static final Logger log = LoggerFactory.getLogger(packetMagic
        .class);
    protected IFloodlightProviderService floodlightProvider;
    protected IRestApiService restApiService;

    public String getName()
    {
        return("packetMagic");
    }

    public Collection<Class<? extends IFloodlightService>>
        getModuleServices()
    {
        return null;
    }

    public Map<Class<? extends IFloodlightService>, IFloodlightService>
        getServiceImpls()
    {
```

```
        return null;
    }

    public Collection<Class<? extends IFloodlightService>>
        getModuleDependencies()
    {
        Collection<Class<? extends IFloodlightService>> l = new ArrayList
            <Class<? extends IFloodlightService>>();
        l.add(IFloodlightProviderService.class);
        l.add(IRestApiService.class);
        return l;
    }

    public void init(FloodlightModuleContext context) throws
        FloodlightModuleException
    {
        floodlightProvider = context.getServiceImpl(
            IFloodlightProviderService.class);
        restApiService = context.getServiceImpl(IRestApiService.class);

    }

    public void startUp(FloodlightModuleContext context) throws
        FloodlightModuleException
    {
        floodlightProvider.addOFMessageListener(OFType.PACKET_IN, this);
        restApiService.addRestletRoutable(new PacketMagicRestletRoutable
            ());

    }

    public net.floodlightcontroller.core.IListener.Command receive(
        IOFSwitch sw, OFMessage msg, FloodlightContext cntx)
    {
        Ethernet ethpacket = IFloodlightProviderService.bcStore.get(cntx,
             IFloodlightProviderService.CONTEXT_PI_PAYLOAD);

        log.info("Packet␣Received␣on␣Switch␣"+sw.getId().toString()+"␣"+
            msg.getClass()+"␣"+ethpacket.getSourceMACAddress()+"␣"+
            ethpacket.getDestinationMACAddress()+"␣"+ethpacket.
            getEtherType());
        if(ethpacket.getEtherType().toString().equals("0x800"))
        {
            IPv4 ipkt = (IPv4)ethpacket.getPayload();
            log.info("IPv4␣Packet␣received␣␣"+ipkt.getSourceAddress()+"␣"
                +ipkt.getDestinationAddress()+"␣"+ipkt.getProtocol());
        }
        else if(ethpacket.getEtherType().toString().equals("0x86dd"))
        {
```

```
            IPv6 ipkt = (IPv6)ethpacket.getPayload();
            log.info("IPv6 Packet received  "+ipkt.getSourceAddress()+" "
                +ipkt.getDestinationAddress()+" ");

        }
        return Command.CONTINUE;
    }

    public boolean isCallbackOrderingPrereq(OFType type, String name)
    {
        return false;
    }

    public boolean isCallbackOrderingPostreq(OFType type, String name)
    {
        return false;
    }
}
```

B.4 PacketMagicRestletRoutable erweiterte Version

Listing B.4: Die vollständige 2 Version von PacketMagicRestletRoutable.

```
package org.openflowbuch.floodlight;

import org.restlet.Context;
import org.restlet.Restlet;
import org.restlet.routing.Router;

import net.floodlightcontroller.restserver.RestletRoutable;

public class PacketMagicRestletRoutable implements RestletRoutable
{

    public Restlet getRestlet(Context context)
    {
        Router r = new Router(context);
        r.attach("/sendpacket", packetSender.class);
        r.attach("/setsearchreplace", storeSearchReplace.class);
        return r;
    }

    public String basePath()
    {
        return("/wm/sp");
    }
}
```

B.5 packetMagic.java finale Version

Listing B.5: Finale Version von packetMagic.java.

```
package org.openflowbuch.floodlight;

import java.util.ArrayList;
import java.util.Collection;
import java.util.Enumeration;
import java.util.HashMap;
import java.util.Hashtable;
import java.util.Map;

import org.projectfloodlight.openflow.protocol.OFMessage;
import org.projectfloodlight.openflow.protocol.OFType;
import org.projectfloodlight.openflow.types.DatapathId;
import org.projectfloodlight.openflow.types.IpProtocol;
import org.projectfloodlight.openflow.types.MacAddress;
import org.slf4j.Logger;
import org.slf4j.LoggerFactory;

import net.floodlightcontroller.core.FloodlightContext;
import net.floodlightcontroller.core.IFloodlightProviderService;
import net.floodlightcontroller.core.IOFMessageListener;
import net.floodlightcontroller.core.IOFSwitch;
import net.floodlightcontroller.core.internal.IOFSwitchService;
import net.floodlightcontroller.core.module.FloodlightModuleContext;
import net.floodlightcontroller.core.module.FloodlightModuleException;
import net.floodlightcontroller.core.module.IFloodlightModule;
import net.floodlightcontroller.core.module.IFloodlightService;
import net.floodlightcontroller.packet.Ethernet;
import net.floodlightcontroller.packet.Data;
import net.floodlightcontroller.packet.IPv4;
import net.floodlightcontroller.packet.IPv6;
import net.floodlightcontroller.packet.UDP;
import net.floodlightcontroller.restserver.IRestApiService;

public class packetMagic implements IOFMessageListener, IFloodlightModule,
    IpacketMagicService
{
    private static final Logger log = LoggerFactory.getLogger(packetMagic.
        class);
    protected IFloodlightProviderService floodlightProvider;
    protected IRestApiService restApiService;
    protected IOFSwitchService switchService;
    protected String search,replace;

    public String getName()
    {
        return("packetMagic");
    }

```

```
    public Collection<Class<? extends IFloodlightService>>
        getModuleServices()
    {
        return null;
    }

    public Map<Class<? extends IFloodlightService>, IFloodlightService>
        getServiceImpls()
    {
        Map<Class<? extends IFloodlightService>, IFloodlightService> m =
            new HashMap<Class<? extends IFloodlightService>,
            IFloodlightService>();
        m.put(IpacketMagicService.class, this);
        return m;

    }

    public Collection<Class<? extends IFloodlightService>>
        getModuleDependencies()
    {
        Collection<Class<? extends IFloodlightService>> l =
            new ArrayList<Class<? extends IFloodlightService>>();
        l.add(IFloodlightProviderService.class);
        l.add(IRestApiService.class);
        return l;
    }

    public void init(FloodlightModuleContext context) throws
        FloodlightModuleException
    {
        floodlightProvider = context.getServiceImpl(
            IFloodlightProviderService.class);
        restApiService = context.getServiceImpl(IRestApiService.class);
        switchService = context.getServiceImpl(IOFSwitchService.class);

    }

    public void startUp(FloodlightModuleContext context) throws
        FloodlightModuleException
    {
        floodlightProvider.addOFMessageListener(OFType.PACKET_IN, this);
        restApiService.addRestletRoutable(new PacketMagicRestletRoutable())
            ;
    }

    public net.floodlightcontroller.core.IListener.Command receive(
        IOFSwitch sw, OFMessage msg, FloodlightContext cntx)
    {
        boolean isUdp = false;

        Ethernet ethpacket = IFloodlightProviderService.bcStore.get(cntx,
            IFloodlightProviderService.CONTEXT_PI_PAYLOAD);

```

```
        log.info("Packet␣Received␣on␣Switch␣"+sw.getId().toString()+"␣"+msg.getClass()+"␣"+ethpacket.getSourceMACAddress()+"␣"+ethpacket.getDestinationMACAddress()+"␣"+ethpacket.getEtherType());
        if(ethpacket.getEtherType().toString().equals("0x800"))
        {
            IPv4 ipkt = (IPv4)ethpacket.getPayload();
            if(ipkt.getProtocol() == IpProtocol.UDP)
                isUdp = true;
            log.info("IPv4␣Packet␣received␣␣"+ipkt.getSourceAddress()+"␣"+ipkt.getDestinationAddress()+"␣"+ipkt.getProtocol());
        }
        else if(ethpacket.getEtherType().toString().equals("0x86dd"))
        {
            IPv6 ipkt = (IPv6)ethpacket.getPayload();
            log.info("IPv6␣Packet␣received␣␣"+ipkt.getSourceAddress()+"␣"+ipkt.getDestinationAddress()+"␣");

        }
        if((search != null) && (isUdp))
        {
            IPV4 i4pkt = (IPv4)ethpacket.getPayload();
            UDP udp = (UDP)i4pkt.getPayload();
            Data data = (Data)udp.getPayload();
            String sdata = new String(data.getData());

            if(sdata.indexOf(search) > -1)
            {
                String newpl = sdata.replaceAll(search, replace);
                data.setData(newpl.getBytes());
                udp.resetChecksum();
            }
            packetSender.sendPacket(sw, ethpacket.serialize());
        }
        return Command.CONTINUE;
    }

    public boolean isCallbackOrderingPrereq(OFType type, String name)
    {
        return false;
    }

    public boolean isCallbackOrderingPostreq(OFType type, String name)
    {
        return false;
    }

    public void storeSandRData(String s, String r)
    {
        search = s;
        replace = r;
    }
}
```

C Glossar

Dieser Abschnitt soll einige Begriffe und Abkürzungen im Buch erläutern und als Referenz dienen.

Action Im OpenFlow-Kontext eine Aktion, die mit oder an einem Paket durchgeführt wird.

BGP Border Gateway Protocol, ein Routing-Protokoll, das zum Austausch von Routing-Informationen zwischen Routern dient.

BOS Bottom-Of-Stack. Ein 1bit-breites Feld im MPLS-Header, welches anzeigt, ob es sich bei dem Label um das letzte der Label handelt.

DSCP Differentiated Services Code Point, ein Feld im IP-Header, welches einen 6-Bit-Wert enthält, Router können dieses Feld auswerten, um Pakete zu priorisieren.

GENEVE Ein Tunnelprotokoll für IP oder Ethernet über UDP-Tunnel.

GRE Generic Router Encapsulation, ein Protokoll, welches es erlaubt IP in IP bzw. Ethernet in IP zu tunneln.

Instruction Im OpenFlow-Kontext ein Oberbegriff, für die Schritte, die in der Verarbeitung eines Paketes durch OpenFlow stattfinden. Aktionen sind eine Möglichkeit, der Verweis auf eine andere Tabelle etwa eine andere.

Match Im OpenFlow-Kontext die Bezeichnung eine Filters, der dazu dient, Pakete zu erkennen, die dann Instruktionen zugeordnet werden.

MPLS Multi Protocol Label Switching, eine Technologie, die einen Header zwischen Ethernet- und IP-Header einfügt, welcher ein Label enthält. Mithilfe dieses Labels können Router, die dies auswerten, schnellere Entscheidungen über das Weiterleiten eines Paketes treffen.

OSPF Open Shortest Path First, ein Routing-Protokoll, das zum Austausch von Routing-Informationen zwischen Routern dient.

PCP Priority Code Point. Ein Feld im VLAN-Header, welches einen Wert zur Priorisierung von Paketen enthält.

SDN Software Defined Networking, der Oberbegriff für viele verschiedene Technologien, die sich darum drehen, den Fluss von Paketen durch das Netzwerk programmierbarer zu machen.

TTL Ein Zähler in IP- (und MPLS-)Paketen, der bei jedem Router, den das Paket passiert, um eins gesenkt wird. Ist der Wert null, so wird das Paket verworfen.

VLAN Virtual LAN, eine Technologie, die auf Layer 2-Ebene die Aufteilung eines physischen Netzes in mehrere logische erlaubt.

VXLAN Ein Tunnelprotokoll für IP oder Ethernet über UDP-Tunnel.

DOI 10.1515/9783110451870-009

Literatur

[1] Die Hompage der Open Networking Foundation
[2] Der OpenFlow-Standard in der Version 1.5.1 von der Open Networking Foundation unter https://www.opennetworking.org/images/stories/downloads/sdn-resources/onf-specifications/openflow/openflow-switch-v1.5.1.pdf
[3] Die Homepage des OpenDaylight-Projektes unter http://www.opendaylight.org
[4] Die Homepage des Floodlight Projektes unter http://www.projectfloodlight.org
[5] Die Homepage des Mininet-Projektes unter http://www.mininet.org
[6] Erklärungen zu Fibbing unter http://fibbing.net
[7] Homepage des Karaf-Projektes http://karaf.apache.org
[8] Homepage des Open vSwitch-Projektes http://www.openvswitch.org

Stichwortverzeichnis

Printed and bound by CPI Group (UK) Ltd, Croydon, CR0 4YY
30/09/2026
14973051-0001